基 于
Python
的数据分析丛书

时间序列分析
基于**Python**

王　燕　编著

中国人民大学出版社
·北京·

前　言

  时间序列分析是统计学的一个重要分支，它主要研究随着时间的变化，事物发生、发展的过程，寻找事物发展变化的规律，并预测未来的走势。在日常生产和生活中，时间序列比比皆是，目前时间序列分析方法广泛地应用于经济、金融、天文、气象、海洋、物理、化学、医学、质量控制等诸多领域，成为众多行业经常使用的统计分析方法。

  不同行业常用的数据分析工具不一样。根据我国《"十四五"普通高等教育本科国家级规划教材建设实施方案》的指导精神，教材建设要以需求为导向。为服务于不同行业、满足不同人群的需求，我们编写了基于不同软件的时间序列分析教材。本教材的定位是基于Python进行时间序列分析的入门级教材。

  Python是1990年由荷兰数学家Guido van Rossum开发的一种计算机编程语言。它从设计之初就定位为纯粹的开源软件，源代码和解释器都遵循GNU的GPL（General Public License，通用公共许可）协议。GPL协议授予程序使用者以任何目的（包括盈利性目的）运行此代码的权利；自由复制代码的权利；自由分发代码的权利；自由修改代码的权利。这四项权利极大地促进了知识的共享、发展和提高。

  除了开源特征之外，Python还具有语法简洁、代码编写效率高、功能强大等优点。这些优点使得Python成为数据分析领域的重要工具，而时间序列分析是数据分析常用的基础方法之一。

  党的二十大报告首次提出要"加强教材建设和管理"，将教材建设作为深化教育领域综合改革的重要环节。笔者遵循新时代教材建设的指导意见，本着认真的态度编写了本教材。本书是一本完全由Python来实现的时间序列分析入门教材。基于这样的定位，本书语言通俗，案例丰富，理论紧密联系实际，习题难易程度恰当，便于学生理解和练习。感谢所有使用这本教材的朋友，但是笔者水平有限，书中谬误之处在所难免，欢迎大家批评指正。

王　燕

目　录

第1章　时间序列分析简介 ………1

1.1　引　言 ……………………1

1.2　时间序列的定义 …………1

1.3　时间序列分析方法 ………2

　1.3.1　描述性时序分析 ……2

　1.3.2　统计时序分析 ………4

1.4　Python 简介 ……………6

　1.4.1　Python 的特点 ………6

　1.4.2　Python 的安装 ………7

　1.4.3　Anaconda 的安装 ……8

　1.4.4　Python 的基本语法规则 …13

　1.4.5　生成时间序列数据 …15

　1.4.6　绘制时序图 …………20

　1.4.7　时间序列数据的处理 …27

　1.4.8　时间序列数据的导出 …32

1.5　习　题 ……………………33

第2章　时间序列的预处理 ………34

2.1　平稳序列的定义 …………34

　2.1.1　特征统计量 …………34

　2.1.2　平稳时间序列的定义 …35

　2.1.3　平稳时间序列的统计
　　　　性质 …………………37

　2.1.4　平稳时间序列的意义 …38

2.2　平稳性检验 ………………39

　2.2.1　时序图检验 …………40

　2.2.2　自相关图检验 ………42

2.3　纯随机性检验 ……………44

　2.3.1　纯随机序列的定义 …44

　2.3.2　纯随机序列的性质 ……45

　2.3.3　纯随机性检验 …………46

2.4　习　题 ……………………52

第3章　ARMA 模型的性质 ………56

3.1　Wold 分解定理 …………56

3.2　AR 模型 …………………57

　3.2.1　AR 模型的定义 ………57

　3.2.2　AR 模型的平稳性判别 …58

　3.2.3　平稳 AR 模型的统计
　　　　性质 …………………64

3.3　MA 模型 …………………74

　3.3.1　MA 模型的定义 ………74

　3.3.2　MA 模型的统计性质 ……75

　3.3.3　MA 模型的可逆性 ……76

　3.3.4　MA 模型的偏自相关
　　　　系数 …………………80

3.4　ARMA 模型 ………………82

　3.4.1　ARMA 模型的定义 ……82

　3.4.2　ARMA 模型的平稳性与
　　　　可逆性 ………………83

　3.4.3　ARMA 模型的统计
　　　　性质 …………………84

3.5　习　题 ……………………85

第4章　平稳序列的拟合与预测 ……89

4.1　建模步骤 …………………89

4.2　单位根检验 ………………90

　4.2.1　DF 检验 ………………90

4.2.2　ADF 检验 ················· 96
4.3　模型识别 ·················· 98
4.4　参数估计 ················· 105
4.4.1　矩估计 ················· 106
4.4.2　极大似然估计 ········· 108
4.4.3　最小二乘估计 ········· 109
4.5　模型检验 ················· 112
4.5.1　模型的显著性检验 ····· 112
4.5.2　参数的显著性检验 ····· 114
4.6　模型优化 ················· 117
4.6.1　问题的提出 ··········· 117
4.6.2　AIC 准则 ·············· 121
4.6.3　BIC 准则 ·············· 122
4.7　序列预测 ················· 125
4.7.1　线性预测函数 ········· 125
4.7.2　预测方差最小原则 ····· 126
4.7.3　线性最小方差预测的
性质 ················· 127
4.7.4　修正预测 ············· 133
4.8　习　题 ··················· 135

第5章　无季节效应的非平稳
序列分析 ·········· 139
5.1　Cramer 分解定理 ········· 139
5.2　差分平稳 ················· 139
5.2.1　差分运算的实质 ······· 139
5.2.2　差分方式的选择 ······· 140
5.2.3　过差分 ··············· 145
5.3　ARIMA 模型 ············· 146
5.3.1　ARIMA 模型的结构 ···· 146
5.3.2　ARIMA 模型的性质 ···· 147
5.3.3　ARIMA 模型建模 ····· 149
5.3.4　ARIMA 模型预测 ····· 152
5.4　疏系数模型 ··············· 155
5.5　习　题 ··················· 160

第6章　有季节效应的非平稳
序列分析 ············ 166
6.1　因素分解理论 ··········· 166
6.2　因素分解模型 ··········· 168
6.2.1　因素分解模型的选择 ···· 168
6.2.2　趋势效应的提取 ······· 169
6.2.3　季节效应的提取 ······· 175
6.2.4　X11 季节调节模型 ····· 181
6.3　指数平滑预测模型 ········ 186
6.3.1　简单指数平滑 ········· 187
6.3.2　Holt 两参数指数平滑 ··· 191
6.3.3　Holt-Winters 三参数
指数平滑 ··········· 193
6.4　ARIMA 加法模型 ········· 197
6.5　ARIMA 乘法模型 ········· 202
6.6　习　题 ··················· 206

第7章　多元时间序列分析 ······· 210
7.1　伪回归 ··················· 210
7.2　协整模型 ················· 213
7.2.1　单整与协整 ··········· 213
7.2.2　协整模型 ············· 215
7.2.3　误差修正模型 ········· 224
7.3　干预模型 ················· 226
7.4　Granger 因果检验 ········· 232
7.4.1　Granger 因果关系的
定义 ··············· 233
7.4.2　Granger 因果检验 ····· 234
7.4.3　Granger 因果检验的
问题 ··············· 238
7.5　习　题 ··················· 239

附　录 ························· 253

参考文献 ························ 269

第1章　时间序列分析简介

1.1　引　言

最早的时间序列分析可以追溯到 7 000 年前的古埃及。当时，为了发展农业生产，古埃及人一直在密切关注尼罗河泛滥的规律。把尼罗河涨落的情况逐天记录下来，就构成了所谓的时间序列。通过对这个时间序列的长期观察，他们发现尼罗河的涨落非常有规律。天狼星和太阳同时升起的那一天之后，再过 200 天左右，尼罗河就开始泛滥，泛滥期将持续七八十天，洪水过后，土地肥沃，随意播种就会有丰厚的收成。由于掌握了尼罗河泛滥的规律，古埃及的农业迅速发展，解放出大批的劳动力去从事非农业生产，从而创建了古埃及的灿烂文明。

像占埃及人一样，按照时间的顺序把随机事件变化发展的过程记录下来就构成了一个时间序列。对时间序列进行观察、研究，寻找它变化发展的规律，预测它将来的走势，就是时间序列分析。

1.2　时间序列的定义

在统计研究中，常用按时间顺序排列的一组随机变量

$$X_1, X_2, \cdots, X_t, \cdots \tag{1.1}$$

来表示一个随机事件的时间序列，简记为 $\{X_t, \ t \in T\}$ 或 $\{X_t\}$。

用

$$x_1, x_1, \cdots, x_n \tag{1.2}$$

或 $\{x_t, t=1, 2, \cdots, n\}$ 表示该随机序列的 n 个有序观察值，称为序列长度为 n 的观察值序列，有时也称式（1.2）为式（1.1）的一个实现。

在日常生产生活中，观察值序列比比皆是。比如把全国 2005—2014 年普通高等学校每年的招生人数按照时间顺序记录下来，就构成了一个序列长度为 10 的全国普通高等学校招生人数时间序列（单位：万人）：

504.5，546.1，565.9，607.7，639.5，661.8，681.5，688.8，699.8，721.4

我们进行时序研究的目的是揭示随机时序 $\{X_t\}$ 的性质，要实现这个目标就要分析它的观察值序列 $\{x_t\}$ 的性质，由观察值序列的性质来推断随机时序 $\{X_t\}$ 的性质。

1.3 时间序列分析方法

1.3.1 描述性时序分析

早期的时序分析通常都是通过直观的数据比较或绘图观测，寻找序列中蕴涵的发展规律，这种分析方法就称为描述性时序分析。古埃及人就是依靠这种分析方法发现了尼罗河泛滥的规律。在天文、物理、海洋学等自然科学领域，这种简单的描述性时序分析方法常常能使人们发现意想不到的规律。

比如根据《史记·货殖列传》记载，早在春秋战国时期，范蠡和计然就提出我国农业生产具有"六岁穰，六岁旱，十二岁一大饥"的自然规律。《越绝书·计倪内经》描述得更加详细："太阴三岁处金则穰，三岁处水则毁，三岁处木则康，三岁处火则旱……天下六岁一穰，六岁一康，凡十二岁一饥。"

用现代汉语表述就是：木星绕天空运行，运行三年，如果处于金位，则该年为大丰收年；如果处于水位，则该年为大灾年；再运行三年，如果处于木位，则该年为小丰收年；如果处于火位，则该年为小灾年，所以天下平均六年一大丰收，六年一小丰收，十二年一大饥荒。这是 2 500 多年前我国对农业生产三年一小波动、十二年左右一个大周期的记录，是一个典型的描述性时序分析。

描述性时序分析是人们在认识自然、改造自然的过程中发现的实用方法。对于很多自然现象，只要观察时间足够长，就能运用描述性时序分析发现自然规律。根据自然规律做出恰当的政策安排，有利于社会的发展和进步。

比如范蠡根据"六岁穰，六岁旱，十二岁一大饥"的自然规律提出："夫粜，二十病农，九十病末。末病则财不出，农病则草不辟矣。上不过八十，下不减三十，则农末俱利，平粜齐物，关市不乏，治国之道也。"这段话的意思是：如果丰收年粮食贱卖，会挫伤农民种粮的积极性；如果大灾年粮价高涨，会危及老百姓的生存。所以要实行"平粜"法。政府应该在粮食丰收时以高于最低价的价格购买粮食进行储备，以保护农民的利益；在粮食短缺时，将储备的粮食投放市场，以稳定粮价，确保百姓的生存。这是对农民和百姓都有利的政策，是一个国家的治国之道。

在范蠡故去 2 000 多年之后，欧洲经济学家在研究欧洲各地粮食产量时发现了类似规律。比如 1884—1939 年英格兰和威尔士地区小麦的平均亩产量序列就具有这种规律（数据见表 A1-1），如图 1-1 所示。

小麦的产量直接影响到小麦的价格，丰收时价格便宜，价格指数就偏低；歉收时价格上涨，价格指数就偏高。在时间序列领域，有一个非常著名的序列叫作 Beveridge 小麦价格指数序列，它由 1500—1869 年的小麦价格构成（数据见表 A1-2）。1971 年 Granger 和 Hughes 分析该序列，发现该序列有一个 13 年左右的周期。部分 Beveridge 小麦价格指数序列的走势如图 1-2 所示。

西方学者致力于研究为什么粮食产量会有这样的周期波动。19 世纪中后期，德国药剂师、业余天文学家 S. H. Schwabe 经过几十年不间断的观察、记录，发现太阳黑子的活动具有 11～12 年的周期（数据见表 A1-3），如图 1-3 所示。太阳黑子的运动周期和农业生产的

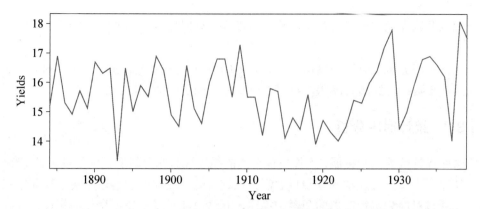

图 1-1　1884—1939 年英格兰与威尔士地区小麦的平均亩产量时序图

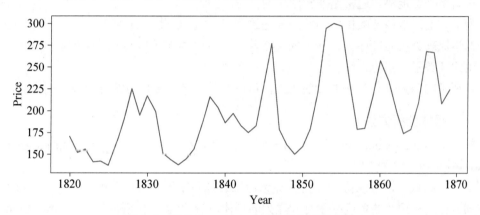

图 1-2　部分 Beveridge 小麦价格指数时序图

周期长度非常接近，这引起了英国天文学家、天王星的发现者 F. W. Herschel 的关注。最后他发现，当太阳黑子变少时，地球上的雨量也会减少。所以在没有良好人工灌溉技术的时代，农业生产会有和太阳黑子近似的变化周期。

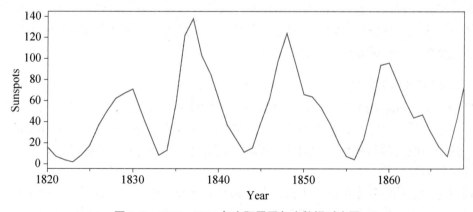

图 1-3　1820—1869 年太阳黑子年度数据时序图

人们没有采用任何复杂的模型，仅仅是按照时间顺序收集数据，描述和呈现序列的波动，就了解到小麦产量的周期波动特征，根据相同的周期特征，分析出产生该周期波动的气候原因以及该周期波动对价格的影响。所以描述性时序分析是非常有用的时间序列分析工具。

描述性时序分析具有操作简单、直观有效的特点。它通常是进行时间序列分析的第一步，通过收集数据，绘制时序图，直观地反映出序列的波动特征。

1.3.2　统计时序分析

随着研究领域的不断拓展，人们发现单纯的描述性时序分析有很大的局限性。在金融、保险、法律、人口、心理学等社会科学研究领域，随机变量的发展通常会呈现非常强的随机性，想通过对序列进行简单的观察和描述，总结出随机变量发展变化的规律，并准确预测出它们将来的走势，通常是非常困难的。

为了更准确地估计随机序列发展变化的规律，从 20 世纪 20 年代开始，学术界利用数理统计学原理分析时间序列，研究的重心从总结表面现象转移到分析序列值内在的相关关系，由此开辟了一门应用统计学科——时间序列分析。

纵观时间序列分析方法的发展历史，可以将时间序列分析方法分为以下两大类。

一、频域分析方法

频域（frequency domain）分析方法也称为"频谱分析"或"谱分析"（spectral analysis）方法。

早期的频域分析方法假设任何一种无趋势的时间序列都可以分解成若干不同频率的周期波动，它是从频率的角度揭示时间序列的规律，借助傅立叶变换（Fourier transform），用正弦、余弦项之和来逼近某个函数。20 世纪 60 年代，Burg 在分析地震信号时提出最大熵谱估计理论，该理论克服了传统谱分析所固有的分辨率不高和频率泄漏等缺点，使谱分析进入一个新阶段，称为现代谱分析阶段。

目前谱分析方法主要用于电力工程、信息工程、物理学、天文学、海洋学和气象科学等领域，它是一种非常有用的纵向数据分析方法。但是由于谱分析过程一般都比较复杂，研究人员通常要有很强的数学基础才能熟练使用它，同时它的分析结果也比较抽象，不易进行直观解释，所以谱分析方法的使用具有很大的局限性。

二、时域分析方法

时域（time domain）分析方法主要是从序列自相关的角度揭示时间序列的发展规律。相对于谱分析方法，它具有理论基础扎实、操作步骤规范、分析结果易于解释等优点。它广泛应用于自然科学和社会科学的各个领域，成为时间序列分析的主流方法。本书主要介绍时域分析方法。

时域分析方法的基本思想是事件的发展通常具有一定的惯性，这种惯性用统计语言来描述就是序列值之间存在一定的相关关系，而且这种相关关系具有某种统计规律。我们分析的重点就是寻找这种规律，并拟合出适当的数学模型来描述这种规律，进而利用这个拟合模型来预测序列未来的走势。

时域分析方法具有相对固定的分析套路，通常遵循如下分析步骤：

第一步：考察观察值序列的特征。

第二步：根据序列的特征选择适当的拟合模型。

第三步：根据序列的观察数据确定模型的口径。

第四步：检验模型，优化模型。

第五步：利用拟合好的模型来推断序列其他的统计性质或预测序列将来的发展。

时域分析方法最早可以追溯到 1927 年，英国统计学家 G. U. Yule（1871—1951）提出自回归（autoregressive，AR）模型。1931 年，英国数学家、天文学家 G. T. Walker 爵士在分析印度大气规律时使用了移动平均（moving average，MA）模型。1938 年，Herman Wold 在进行平稳序列分解时首次使用了自回归移动平均（autoregressive moving average，ARMA）模型。这些模型奠定了时间序列时域分析方法的基础。

1970 年，美国统计学家 G. E. P. Box 和英国统计学家 G. M. Jenkins 联合出版了《时间序列分析：预测与控制》（*Time Series Analysis：Forecasting and Control*）一书。在书中，Box 和 Jenkins 在总结前人研究的基础上，系统地阐述了对求和自回归移动平均（autoregressive integrated moving average，ARIMA）模型的识别、估计、检验及预测的原理和方法。这些知识现在称为经典时间序列分析方法，是时域分析方法的核心内容。为了纪念 Box 和 Jenkins 对时间序列发展的特殊贡献，现在人们常把 ARIMA 模型称为 Box-Jenkins 模型。

Box-Jenkins 模型实际上是主要用于单变量、同方差场合的线性模型。随着对各领域时间序列研究的深入，人们发现该经典模型在理论和应用上存在许多局限性，因此，统计学家纷纷转向多变量场合、异方差场合和非线性场合的时间序列分析方法的研究，并取得了突破性的进展。

在异方差场合，美国统计学家、计量经济学家 Robert F. Engle 在 1982 年提出了自回归条件异方差（ARCH）模型，用以研究英国通货膨胀率的建模问题。为了进一步放宽 ARCH 模型的约束条件，Bollerslov 在 1985 年提出了广义自回归条件异方差（GARCH）模型。随后 Nelson 等人又提出了指数广义自回归条件异方差（EGARCH）模型、方差无穷广义自回归条件异方差（IGARCH）模型和依均值广义自回归条件异方差（GARCH-M）模型等限制条件更为宽松的异方差模型。这些异方差模型是对经典的 ARIMA 模型的很好的补充。它们比传统的方差齐性模型更准确地刻画了金融市场风险的变化过程，因此 ARCH 模型及其衍生出的一系列拓展模型在计量经济学领域有广泛的应用。Engle 也因此获得 2003 年诺贝尔经济学奖。

在多变量场合，Box 和 Jenkins 在《时间序列分析：预测与控制》一书中研究过平稳多变量序列的建模，Box 和 Tiao 在 1970 年前后讨论过带干预变量的时间序列分析。这些研究实际上是把对随机事件的横向研究和纵向研究有机地融合在一起，提高了随机事件分析和预测的精度。1987 年，英国统计学家、计量经济学家 C. Granger 提出了协整（cointegration）理论，进一步为多变量时间序列建模松绑。有了协整的概念之后，在多变量时间序列建模过程中"变量是平稳的"不再是必需的条件，只要求变量的某种线性组合平稳。协整概念的提出极大地促进了多变量时间序列分析方法的发展，Granger 因此与 Engle 一起获得了 2003 年诺贝尔经济学奖。在多变量时间序列分析领域还有一种方法也获得了诺贝尔经济学奖。1980 年 Sims 提出向量自回归（VAR）模型。这种模型采用多方程联立的形式，不以经济学理论为基础，而是使用相关关系估计内生变量的动态变动关系。2011 年，Sims 因向量自回归模型获诺贝尔经济学奖。

在非线性场合，新的模型层出不穷。Granger 和 Andersen 在 1978 年提出了双线性模型，Howell Tong 于 1978 年提出了门限自回归模型，Priestley 于 1980 年提出了状态相依模型，Hamilton 于 1989 年提出了马尔可夫转移模型，Lewis 和 Stevens 于 1991 年提出了多元适应回归样条方法，Carlin 等人于 1992 年提出了非线性状态空间建模的方法，Chen 和 Tsay 于 1993 年提出了非线性可加自回归模型。现在基于机器学习，有更多的非线性方法被创造出来。非线性是一个异常广阔的研究空间，在非线性模型构造、参数估计、模型检验等各方面都有大量研究工作需要完成。

1.4　Python 简介

1.4.1　Python 的特点

Python 是由荷兰数学和计算机科学研究学会的 Guido van Rossum 于 1990 年开发的一种计算机编程语言。Python 的设计理念是优雅、明确和简单。这个设计理念使得 Python 具有如下优点：

第一，语法简洁。Python 简单易学，它具有高度一致的编程模式，保证了代码的规范性，很适合团队协同开发。Python 代码能打包成模块和包，方便管理、发布和修改，便于使用者在别人已有工作成果的基础上，进一步发展和创新。

第二，开源性。Python 从设计之初就定位为纯粹的开源软件，源代码和解释器都遵循 GPL（General Public License）协议。GPL 协议授予程序使用者如下四项权利：

（1）以任何目的运行此程序的权利（包括盈利性目的）；

（2）自由复制的权利；

（3）自由分发的权利；

（4）自由修改的权利。

使用 Python 的唯一约束是，如果想在自己的项目中使用部分 Python 代码，使用了这段代码的项目也必须遵循 GPL 协议。

第三，代码编写效率高。Python 往往只需几十行代码就可以开发出其他软件需要几百行代码才能实现的功能，而且 Python 无须编译，Python 解析器能很方便地进行代码调试和测试，也可作为一个编程接口嵌入一个应用程序中，这使得 Python 代码编写效率非常高。

第四，功能强大。Python 内置了很多预编码的库函数，这些内置的库函数可以完成文件读写、数据变换等许多基础功能。除了内置的库之外，Python 还有各领域的几万个应用库供全球用户分享和使用。

第五，可移植性、可扩展性强。Python 可以跨平台使用，在 Linux、Windows、MacOS、Unix 等不同的操作系统中都可以使用 Python。

Python 的这些优点使得它成为数据分析领域的重要工具。时间序列分析是数据分析常用的方法之一，为了便于数据分析人员在同一个软件平台进行数据分析，本书使用 Python

作为案例演示工具。

1.4.2　Python 的安装

打开 Python 官网（http：//www.python.org），进入下载界面，选择与自己的电脑操作系统（Windows/Linux/MacOS）相匹配的软件，即可下载最新版本的 Python 软件。本书基于 Windows 操作系统进行讲解。

点击下载到本地电脑的 Python 应用程序，进入 Python 安装界面。首先选中最下方"Add Python to PAHT"选项，这个选项意味着将 Python 加入系统环境。然后看一下"Install Now"下面显示的软件默认安装路径。如果认可这个默认的安装路径，就直接点击"Install Now"。如果想修改软件的安装路径或自定义安装内容，就点击"Customize installation"，进行个性化选择。当页面出现安装成功的弹窗时，软件就安装好了。

当 Python 软件安装成功后，点击 Windows 的"开始"菜单，在字母 P 打头的软件中可以看到 Python 系统的图标。点击该图标右侧的下拉按钮，可以看到该系统包中包含四个选项（见图 1-4）。

图 1-4　Python 选项

前两个选项都是 Python 的编辑窗口，区别是 IDLE 的编辑窗口背景色为白色，Python 的编辑窗口背景色为黑色。Python Manuals 中是 Python 的帮助文件。Python Module Docs 中是 Python 已安装的模块（包）清单。

点击 IDLE 或 Python 就进入 Python 自带的编辑器。在提示符">>>"后面输入代码，按回车键之后，系统就会立刻执行这条代码。例如，我们编辑一个简单的程序：定义 x=2，y=2x+1，让系统输出 y 的值。输入并执行三句代码之后，系统会立刻准确地输出 y=5 的结果。IDLE 编辑器简单、高效、直观。

但 IDLE 编辑器的缺点也非常明显。它每次只能执行一条指令。如果要修改前面的一条指令，将会非常麻烦。比如我们想重新定义 x=3，y 和 x 的函数关系不变，让系统重新输出 y 的值。这时我们不仅需要重新定义 x=3，还需要将 y=2x+1 这条命令重新执行一遍，否则 y 的值不会自动根据 x 值的改变而改变（见图 1-5）。

Python 内置编辑器的这个特征给大型程序的编辑和修改造成了不便。为了能更方便地使用 Python，人们开发了很多基于 Python 的辅助工作平台，以使 Python 的用户体验更好。Anaconda 是目前应用最广的 Python 工作平台。

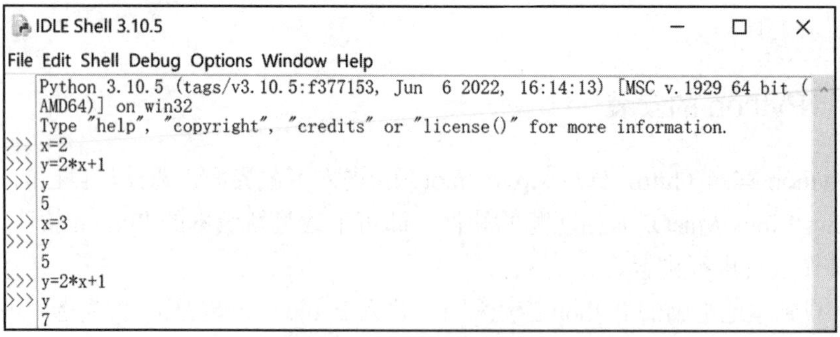

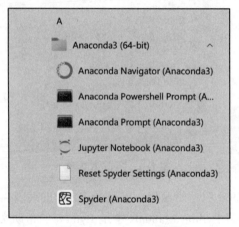

图 1-5　IDLE 编辑器示例

1.4.3　Anaconda 的安装

进入 Anaconda 下载界面（https：//www.anaconda.com/products/distribution#Downloads），根据自己电脑的系统（Windows/MacOS/Linux）选择适当的 Anaconda 版本。下载并安装 Anaconda 之后，点击 Windows 的开始菜单，在字母 A 打头的软件中可以看到 Anaconda 文件夹的图标。点击文件夹右侧的下拉按钮，可以看到该文件夹中包含六个选项（见图 1-6）。

图 1-6　Anaconda 选项

一、Anaconda Navigator

点击 Anaconda Navigator 选项，进入 Anaconda 领航界面（见图 1-7），该界面由四个模块构成：

（1）Home 模块显示并可安装所有应用程序。

（2）Environments 模块显示并可管理已安装的环境、包和通道。

（3）Learning 模块显示并可获得与 Python 或 Anaconda 有关的各种参考资料。

（4）Community 模块显示并可参与 Anaconda 论坛与会员社区的活动。

二、Anaconda Powershell Prompt

点击 Anaconda Powershell Prompt 选项，可以非常便捷地完成对虚拟环境的搭建和包的管理。

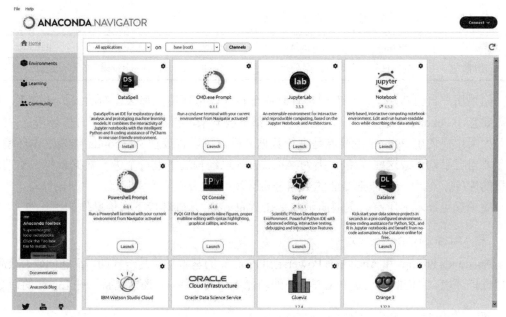

图 1-7　Anaconda Navigator 界面

（1）建立新的虚拟环境。

Python 的应用领域非常广，不同的领域需要的软件工具是不一样的。基于简洁、明确的原则，研究人员跨领域使用 Python 时，通常会针对不同的领域搭建不同的虚拟环境。不同的环境之间相互独立，这可以防止出现包管理混乱和版本冲突等问题。

建立新的虚拟环境的命令格式是：

　　　　conda create　　-n 虚拟环境名

如果研究人员使用 Python 的领域非常集中，不担心包管理混乱的问题，那么也可以直接把 Anaconda 作为默认的虚拟环境，不另外创建虚拟环境。

（2）搭建环境。

创建了某个虚拟环境之后，需要下载与该环境主题相关的模块（module）、包（package）或者库（library）作为未来分析的工具。这个下载相关工具的过程称为搭建环境。

所谓模块，是一个包含 Python 定义和语句的文件，一个以.py 为后缀的文件就可以称为一个模块。模块可以简单地理解为完成某项特定任务的 Python 文件。比如计算均值的函数是一个模块，计算方差的函数也是一个模块。

将某个领域多个模块放在一个文件夹中，就形成了包。比如可以把与时序分析相关的模块放在一起，建立一个时序分析包。

相同领域的多个包组合在一起就可以建立库。比如可以把回归分析包、时序分析包放一起，构建一个统计模型库。

Python 的强大就体现在，它集全球用户的智慧，以开源共享的方式，建设了庞大的共享资源库。作为用户，我们可以从现有资源中免费下载所需的包/库。

下载第三方包/库的命令格式是：

　　　　conda install 包/库名

本书相关内容的实现主要会用到如下五个库：

库名	numpy	pandas	matplotlib	statsmodels	statistics
功能	数值计算	数据处理	作图	统计建模	统计计算

如果用户自己新建了一个专门进行时序分析的虚拟环境，那么在新的虚拟环境下，用户需要基于 conda install 命令，把这些包/库都下载下来，搭建自己的时序分析环境。

如果用户使用 Python 主要就是进行数据分析，可以直接把 Anaconda 作为工作环境，不需要自己手动下载这些库/包。因为 Anaconda 已经预装了上百个进行数据收集、整理、分析的库/包，它是一个非常专业的数据分析环境。

简单起见，本书所有的案例演示都是在 Anaconda 基础环境下直接操作的。

三、Anaconda Prompt

Anaconda Prompt 和 Anaconda Powershell Prompt 的基本功能是一样的，都能创建、激活、搭建虚拟环境。它们的区别是 Powershell 的功能更强大一些，它还能支持一些 Linux 的命令。

四、Jupyter Notebook

Jupyter Notebook 是一个 Web 应用程序。它是一个交互式笔记本，用于创建和共享程序文档，是编写和实时运行 Python 代码的工作平台。它具有编辑修改方便、结果呈现直观、代码分享便捷等优点，是目前使用非常广泛的一款 Python 工作平台。

Jupyter Notebook 的使用步骤如下：

（1）进入 Jupyter 工作平台。

点击电脑"开始"键，打开 Anaconda 文件夹，点击"Jupyter Notebook"选项，就进入了 Jupyter Notebook 工作界面（见图 1-8）。

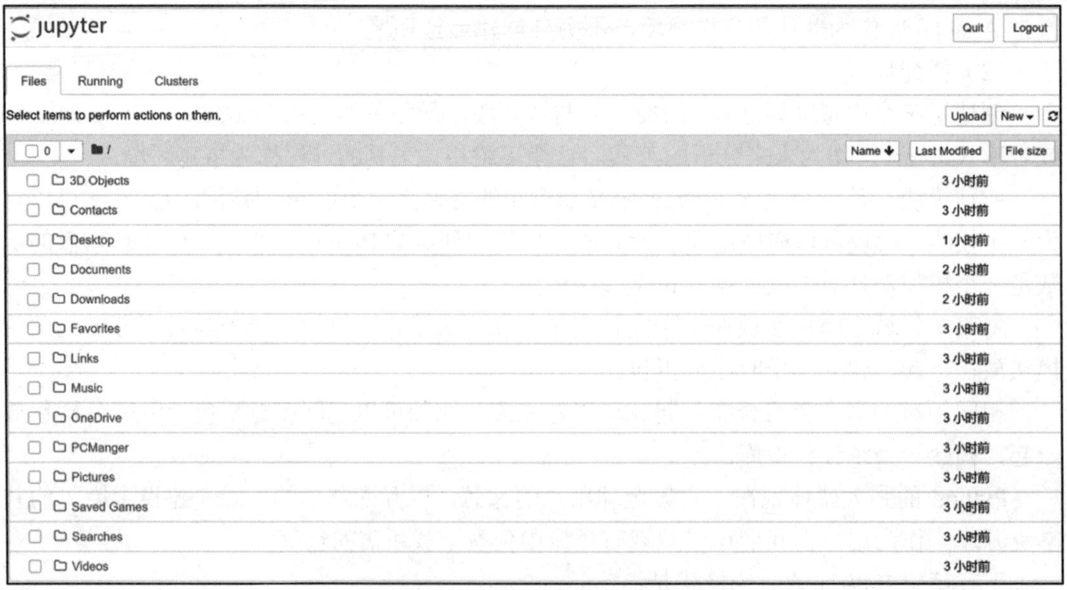

图 1-8　Jupyter Notebook 工作界面

（2）创建 Jupyter 新文件并指定新文件的存储路径。

进入 Jupyter Notebook 工作界面后，如果要建立一个新文件，点击右上角的"New"，再选择"Python 3[ipykernel]"，就进入了新文件编辑界面（见图 1-9）。

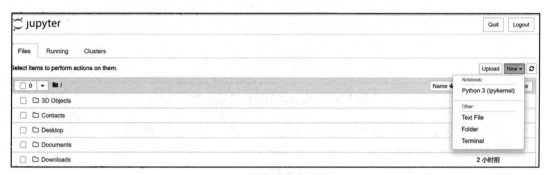

图 1-9　创建 Jupyter 新文件

（3）在工作文件中编辑、运行代码。

指定好新文件的工作环境之后，就进入了 Jupyter 的代码编辑与运行界面。In[ ]之后就是代码框。在代码框输入代码之后，点击代码框左侧的"▶"（运行）按钮，该代码框运行结果就会直接呈现在代码框下方。

例如，我们在代码框编辑简单的程序：定义 x=2，y=2x+1，输出 y 的值。输入这三行代码之后，点击代码框左侧的"▶"按钮，该代码框下方就直接显示 y 等于 5 的结果（见图 1-10）。

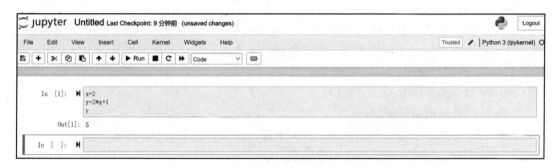

图 1-10　Jupyter 的代码编辑与运行界面

如果我们想重新定义 x=3，y 和 x 的函数关系不变，让系统重新输出 y 的值，我们只需要在之前的代码框中将 x=2 改为 x=3，然后点击"▶"按钮，系统会自动执行这个程序框中的所有命令行，准确地输出 y=7 的结果。因为这是系统第二次运行，程序框里的数字会自动显示为 In[2]（见图 1-11）。显然，和 IDLE 编辑器相比，Jupyter 的代码编辑、修改、运行要便捷很多。

鼠标停留在任意代码框，点击上方的"➕"按钮，就可以在该代码框下方添加新的代码框。用"⬆"和"⬇"可以实现代码框位置的上下移动。

（4）文件保存与调用。

点击代码框上方的存储按钮，文件会默认以 Jupyter 编辑窗口首行显示的默认文件名保

图 1-11　Jupyter 修改代码运行图示

存。本例编辑的代码将以 Untitled.ipynb 为名（图 1-11 首行显示的文件名），存储在系统指定路径中。当我们下次重新进入 Jupyter 工作平台时，在界面的左下方就会看到这个文件，点击这个文件名就可以再次打开并编辑该文件。

如果想自定义文件名，或者将文件存储在自己指定的路径中，可以在文件编辑窗口（见图 1-11）点击"File"，通过"Save as"自定义存储路径和文件名。例如，我们点击"Save as"之后，在对话框编辑"C：/Desktop/test.ipynb"，这是指定该文件以 test 为文件名，存储在电脑桌面。之后，我们就会在电脑桌面上看到一个文件名为 test.ipynb 的文件。文件保存并退出之后，想再次修改该文件，可以进入 Jupyter 界面，点击左边的 Desktop 文件夹，就会找到 test.ipynb 这个文件，点击该文件就可以再次编辑修改了。

五、Spyder

Anaconda 最后还有两个与 Spyder 相关的选项。

Spyder 是一种强大的交互式 Python 语言开发环境，提供便捷的代码编辑、交互测试、结果展示等功能。Spyder 对很多第三方库都进行了内置，第三方库的更新也十分方便，习惯用 Rstudio 的用户使用 Spyder 时体验会很好。

Spyder 默认的界面分为三个窗口：

（1）左侧是代码编辑窗口。

（2）右上方是一个功能可选窗口。在右上窗口下方有四个选项，点击不同选项，右上窗口就切换不同的功能。这四个选项分别是：

帮助（Help）窗口：查看帮助文档；

变量查看窗口（Variable explorer）：这个窗口会列出工作空间产生的所有变量信息；

图像展示窗口（Plots）：这个窗口会展示代码运行过程中产生的所有图像；

文件查看窗口（Files）：这个窗口可以查看当前文件夹下所有文件的信息。

（3）右下方是运行结果展示窗口。

下面用一个简单的案例，演示一下在 Spyder 界面的操作。

在编辑窗口重新编辑前面提到的简单程序：定义 x=2，y=2x+1，让系统输出 y 的值。输入三句代码之后，点击"运行"按钮（▶）或"部分指令运行"按钮（　），系统会在右下角的窗口输出 y=5 的结果。在编辑窗口修改为 x=3，然后选中这三条指令，点击"部分指令运行"按钮，第二次运行会准确地输出 y=7 的结果（见图 1-12）。

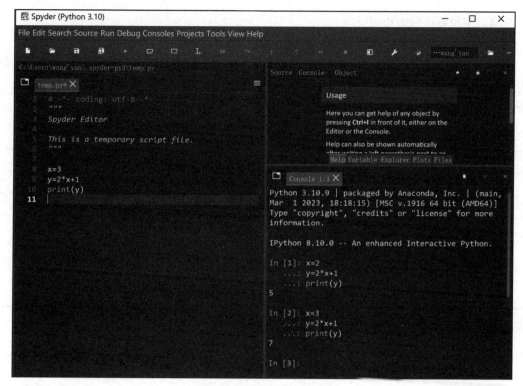

图 1-12　Spyder 工作界面

用户在编辑 Python 代码时，可以根据自己的习惯和爱好，在 Jupyter 和 Spyder 之间任意选择。本书以 Jupyter 作为案例的编辑演示平台。

六、Reset Spyder Settings

Anaconda 还提供了 Reset Spyder Settings 选项。根据字面意思就知道，该选项是重置 Spyder 默认设置的按钮。在实际应用中，Spyder 有时会出现无法打开或闪退等问题。如果无法解决这些问题，就点击 Reset Spyder，重置一下 Spyder 系统，问题就会解决。

1.4.4　Python 的基本语法规则

一、对象命名规则

Python 中出现的各种数据结构都称为对象（object）。我们在时序分析中最常用到的是数组（一列变量）和列表（多元变量），它们统称为对象。

要识别不同的对象，就需要给对象命名。对象的名称统称为标识符。Python 标识符的命名规则是：

（1）由字母（含中文字符）、数字和下划线组成。

（2）不能以数字开头。

（3）通常默认以下划线开头的标识符是有特殊意义的。以单下划线开头的标识符代表对象是不能直接访问的类属性，而以双下划线开头的标识符代表类的私有成员，是特殊方法专用的标识。

（4）字母要区分大小写。

（5）内置的关键词（见表 1-1）不能作为对象的标识符，一旦使用，系统会报错。

（6）可以用内置函数名作为对象的标识符，但新的标识符会替换原函数。比如 sum 是内置的求和函数，如果用户自定义了 sum=1，那么 sum 以后就是 1，不再具有求和功能。所以，尽管系统不会报错，但是尽量不要用内置函数名作为对象的标识符。

表 1-1　Python 的 33 个关键词

and	as	assert	break	class	continue	def	del	elif
else	expect	finally	for	from	global	if	import	in
try	while	with	yield	FALSE	TRUE			

二、运算符

Python 具有和大多数软件通用的运算符。Python 常用的运算符如表 1-2 所示。

表 1-2　Python 常用的运算符

算术运算符		比较运算符		逻辑运算符	
+	加	==	等于	and	与
−	减	!=	不等于	or	或
*	乘	>	大于	not	非
/	除	<	小于		
%	取余	>=	大于等于		
**	幂次运算	<=	小于等于		

三、注释

为了解释代码的作用，可以在代码中增加适当的注释。注释内容只起到解释作用，不会被系统执行。Python 的注释分为单行注释和多行注释两种。

"#"号是 Python 单行注释符，"#"号后面直到换行为止的文字都作为注释内容。

一对三引号是 Python 的多行注释符，两个三引号中间的多行文字都作为注释内容。所谓三引号，可以是三个单引号，也可以是三个双引号。在 Python 中，单引号和双引号通常具有相同的作用。

四、代码缩进

Python 用代码缩进和冒号区分代码之间的层次。缩进可以通过 Tab 键或空格键来实现。通常 1 个 Tab 键或者 4 个空格键作为一个缩进量。Python 对代码的缩进量有非常严格的要求，若通过 Tab 键缩进，就全程用 Tab 键；若通过空格键缩进，就全程用空格键，不能混用。而且，同一个级别的代码块缩进量必须相同。如果代码缩进格式不一致，系统就会报语法错误。

下面用一个简单的案例来演示上面提到的几点语法规则。

```
x=85            #x 是语文成绩
y=93            #y 是数学成绩
z=(x+y)/2       #z 是平均成绩

'''
平均分上 90，打印"恭喜"
平均分低于 90，打印"继续努力"
'''
if z>=90:
    print("恭喜")           # 代码缩进
else:                        #   else 和 if 是同级代码，要在相同位置
    print("继续努力")        # 代码缩进
```

继续努力

1.4.5　生成时间序列数据

一、直接录入

如果数据不多，我们可以采用直接录入的方式生成时间序列。

我们以表 1-3 的数据为例，直接在 Python 中以键盘录入的方式生成一个时间序列数据对象。

表 1-3

时间	价格	时间	价格
2015 年 1 月	101	2015 年 4 月	35
2015 年 2 月	82	2015 年 5 月	31
2015 年 3 月	66	2015 年 6 月	7

```
import numpy as np
import pandas as pd
time=pd.date_range(start="20150101",periods=6,freq="MS")
price=pd.Series([101,82,66,35,31,7],index=time)
print(price)
2015-01-01    101
2015-02-01     82
2015-03-01     66
2015-04-01     35
2015-05-01     31
2015-06-01      7
Freq: MS, dtype: int64
```

语句说明：

第一条指令：numpy 是 anaconda 已经预装好的第三方库，它的全称是 Numerical Python（Python 的数值计算）。numpy 中包含数字、数组、矩阵常用的运算函数，它是所有数据处理的基础工具库。"import numpy as np"是发出系统指令，将 numpy 库导入本次程序运

行，并且在本程序运行期间，该库简称 np。如果要调用 numpy 库中的函数，格式就是"np.函数名"。

第二条指令：pandas 也是 Anaconda 已经预装好的第三方库，它的全称是 Python Data Analysis（Python 数据分析库）。pandas 主要处理时间序列数据（Series）和数据框（DataFrame）格式的数据。我们进行时间序列分析时，序列的读入、序列时间索引的生成、时间频率的变换等操作都可以通过 pandas 库中的函数来实现。"import pandas as pd"就是向系统发出指令，将 pandas 库导入本次程序运行，并且在本次程序运行期间，该库简称 pd。如果要调用 pandas 库中的函数，格式就是"pd.函数名"。

第三条指令：调用 pandas 库中的 date_range 函数，产生序列的时间索引变量（也称为时间戳）。date_range 函数的命令格式是：

      pandas.date_range(start=, end=, periods=, freq=)

其中：start 是指定序列的开始时间，end 是指定序列的结束时间，periods 是指定序列的长度，freq 是指定序列读入的频率。指定一个序列的时间索引，只需要指定这四个参数中的三个即可。date_range 函数中 freq 常用的参数值类型及其说明见表 1-4。

表 1-4　date_range 函数中 freq 常用的参数值

参数值	时间类型	参数值说明
D	Day	每日
B	Business Day	每个工作日
H	Hour	每小时
T/min	Minute	每分
S	Second	每秒
M	Month End	每月最后一个日历日
BM	Business Month End	每月最后一个工作日
MS	Month Begin	每月第一个日历日
BMS	Business Month Begin	每月第一个工作日
W-MON W-TUE …	Week	从指定的星期几开始算起，每周一次
WOM-1MON WOM-2MON …	Week of Month	产生每月第一、二、三、四周的星期几 例如：WOM-1MON 表示每月的第一个星期一
Q-JAN Q-FEB …	Quarter End	对于以指定月份（JAN、FEB、…、DEC）结束的年度，每季度的最后一个月的最后一个日历日

本例调用 date_range 函数，发出系统指令，产生一个从 2015 年 1 月 1 日开始的、长度为 6 期的月度时间向量，而且把这个时间向量命名为 time。

第四条指令：调用 pandas 库中的 Series 函数，把向量[101，82，66，35，31，7]指定为时间序列，并且指定 time 变量为该序列的时间索引，然后把这个序列命名为 price。

pandas 库中的 Series 函数的命令格式是：

　　pandas.Series([序列值], index=索引变量名)

第五条指令：用来要求系统显示时间序列 price 的具体信息。输出结果的第一列是 price 每个序列值对应的时间索引，第二列是该时间点的序列值。最后一行会指出序列的时间频率是月度数据，以每月第一天代表该月（"MS"）。

date_range 函数输入的时间起始点和产生的时间标识，默认都以日期的方式呈现。如果对月度数据以日期结构呈现感觉不习惯，我们还可以调用 pandas 库中的 to_period 函数，指定序列的时间索引按照序列的时间频率呈现。比如，在本例中，运行下列语句，就可以实现序列的时间索引以月度格式呈现。

```
price=price.to_period()
print(price)
2015-01    101
2015-02     82
2015-03     66
2015-04     35
2015-05     31
2015-06      7
Freq:MS, dtype:int64
```

通过这几条指令，我们就可以以直接录入的方式，在 Python 中生成一个名为 price 的时间序列。

二、导入外部数据文件

当序列数据量很大时，采用直接录入的方式产生时间序列显然是不现实的。这时最好能直接将数据文件读入 Python。导入外部数据文件是最常用的时序数据生成方式。

目前，外部的数据文件通常存为 csv 格式或 Excel 格式。我们可以通过调用 pandas 包中的 read_csv 或 read_cxcel 函数，将这两种数据文件读入 Python。

（1）读入 csv 文件。

将一个 csv 文件读入 Python 的命令格式如下：

　　pandas.read_csv（"文件路径"）

其中：路径用 "/" 或 "\\" 号连接。测试数据见表 1-5。

表 1-5　test1.csv 数据

time	price	sold
2015/1/1	101	1 230
2015/2/1	82	2 423
2015/3/1	66	4 532
2015/4/1	35	7 561
2015/5/1	31	8 213
2015/6/1	7	13 523

假设我们将表 1–5 中的数据存为 test1.csv，并把文件存放在 D 盘 TS_Data 目录下。下面的指令可以将该文件读入 Python。

```
import numpy as np
import pandas as pd
test1=pd.read_csv('D:\\TS_Data\\test1.csv')
print(test1)

       time   price   sold
0    2015/1/1    101   1230
1    2015/2/1     82   2423
2    2015/3/1     66   4532
3    2015/4/1     35   7561
4    2015/5/1     31   8213
5    2015/6/1      7  13523
```

在 Python 中调用数据文件的某个变量，命令格式为：文件名［'变量名'］，或者文件名.变量名。我们查看 test1 文件中的 price 变量的详细情况，下方的输出结果显示 price 变量有 6 个观察值（Python 从 0 行开始计数）。由于没有指定时间索引，此时 price 只是一列向量，而不是时间序列。

```
print(test1['price'])

0    101
1     82
2     66
3     35
4     31
5      7
Name: price, dtype: int64
```

对于时序数据，我们可以借助 parse_dates 和 index_col 参数，为整个数据文件或某个指定向量添加时间索引，使其成为带时间戳的序列数据。

为 csv 格式的数据文件添加时间索引，命令格式如下：

pandas.read_csv（"文件路径"，parse_dates=［"索引变量名"］，
        index_col=［"索引变量名"］）

如果数据文件的第 k 列就是时间索引变量（Python 把第一列记为 0 列），那么读入数据文件并添加时间索引的命令还可以简化为：

pandas.read_csv（"文件路径"，parse_dates=True，index_col=k）

本例在读入 test1.csv 文件时，同时指定 time 为时间索引，相关指令和输出结果如下：

```
test1=pd.read_csv('D:\\TS_Data\\test1.csv',parse_dates=True,index_col=0)
print(test1)

'''
等价指令
test1=pd.read_csv('D:\\TS_Data\\test1.csv',parse_dates=['time'],index_col=['time'])
print(test1)
'''
```

```
              price      sold
time
2015-01-01     101       1230
2015-02-01      82       2423
2015-03-01      66       4532
2015-04-01      35       7561
2015-05-01      31       8213
2015-06-01       7      13523
```

没有指定 time 为时间索引时，time 和 price、sold 在平行位置，是三个向量。当指定 time 为时间索引时，time 和 price、sold 不在同一水平位置，time 的变量名位置明显偏低。这时 time 是 price 和 sold 的时间索引变量，price 和 sold 是两个带时间索引的时间序列。

单独查看 price 变量的情况，可以更直观地知道此时的 price 是一个自带时间索引的时间序列，输出结果的第一列是时间，第二列是该时点的序列值。

```
print(test1.price)

time
2015-01-01     101
2015-02-01      82
2015-03-01      66
2015-04-01      35
2015-05-01      31
2015-06-01       7
Name :price, dtype: int64
```

（2）读入 Excel 文件。

读入带时间索引的 Excel 文件的命令格式如下：

$$pandas.read\_excel(“文件路径”, parse\_dates=[“索引变量”],$$
$$index\_col=[“索引变量名”])$$

如果 Excel 文件有多个 sheet 表，那么需要增加 sheet_name 参数。默认设置是 sheet_name=0，表示读取第一张 sheet 表中的数据。如果要读入第二张 sheet 表，指定 sheet_name=1，依此递推。

不妨将表 1-5 中的数据拆分为两张数据表，把 time 和 price 序列存放在第一张 sheet 表中，把 time 和 sold 序列存放在第二张 sheet 表中。假设该数据文件命名为 test2.xlsx，存放在 D 盘 TS_Data 目录下。

下面的指令可以将 test2 中的两张 sheet 表读入 Python，并将多张 sheet 表按列合并为一个数据文件。

```
price=pd.read_excel('D:\\TS_Data\\test2.xlsx',sheet_name=0,parse_dates=True,index_col=0)
print(price)

              price
time
2015-01-01     101
2015-02-01      82
2015-03-01      66
```

2015-04-01	35
2015-05-01	31
2015-06-01	7

```
sold=pd.read_excel('D:\\TS_Data\\test2.xlsx',sheet_name=1,parse_dates=True,index_col=0)
print(sold)
```

	sold
time	
2015-01-01	1230
2015-02-01	2423
2015-03-01	4532
2015-04-01	7561
2015-05-01	8213
2015-06-01	13523

```
test2=pd.concat([price,sold],axis=1)
print(test2)
```

	price	sold
time		
2015-01-01	101	1230
2015-02-01	82	2423
2015-03-01	66	4532
2015-04-01	35	7561
2015-05-01	31	8213
2015-06-01	7	13523

第一部分指令是读入数据文件中第一张 sheet 表中的数据，并指定第一列为时间索引，数据读入 Python 后，命名为 price。

第二部分指令是读入数据文件中第二张 sheet 表中的数据，并指定第一列为时间索引，数据读入 Python 后，命名为 sold。

第三部分指令是调用 pandas 库中的 concat 函数，将多个序列合并在一个数据文件中，其中，axis=1 表示按列合并，axis=0 表示按行合并。

1.4.6 绘制时序图

一、绘制单变量时序图

导入 matplotlib 库中的 pyplot 模块，调用该模块中的 plot 函数，通过丰富的参数设置，可以绘制出多姿多彩的时序图。

基于 Matplotlib 库中的 plot 函数绘制时序图，需要四个步骤：

第一步：导入 matplotlib 库中的 pyplot 模块。

第二步：指定绘图序列。

第三步：个性化设置时序图属性，图的所有属性参数都属于可选项，是否需要该属性、需要怎样的属性都由用户自由指定。时序图中常用的属性参数包括：

（1）图参数：时序图点的形状、线的颜色、线的形状、线的宽度等。

（2）坐标轴参数：坐标轴的范围和间隔。

（3）图文本参数：标题名称、坐标轴名称、注释等。

（4）其他参数：图片尺寸、添加参照线或阴影、多图排列格式等。

第四步：把时序图绘制出来。

以 test1 中的 price 变量为例，先演示单变量时序图的绘制步骤。

如果不加任何个性化的参数设置，运行下面两条指令可以绘制出默认设置的时序图（见图 1-13）。

```
import matplotlib.pyplot as plt
plt.plot(test1['price'])
```

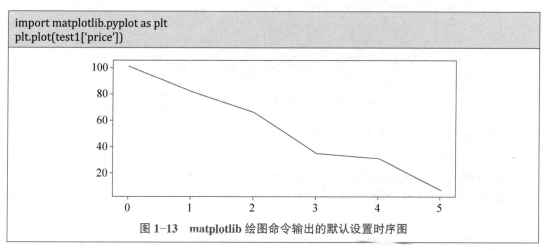

图 1-13　matplotlib 绘图命令输出的默认设置时序图

二、时序图参数设置

下面演示一些常用的时序图参数的设置。

```
#图参数的设置
plt.figure(figsize=(7,4),dpi=100)
plt.plot(test1['price'],color='#fe01b1',marker='o',linewidth=1,linestyle='--')
#坐标轴范围和间隔参数的设置
plt.xticks(pd.date_range('20150101','20150601',freq='2MS'))
plt.yticks(range(0,110,10))

#图文本参数的设置
plt.rcParams['font.sans-serif']=['SimHei']
plt.xlabel('月度')
plt.ylabel('单价(元)')
plt.title('单变量时序图演示')

#其他参数的设置，运行结果见图 1-14
plt.axhspan(ymin=0,ymax=40,facecolor='blue',alpha=0.3)
plt.axvline(x=pd.to_datetime('20150401'),c='green',ls='--')
```

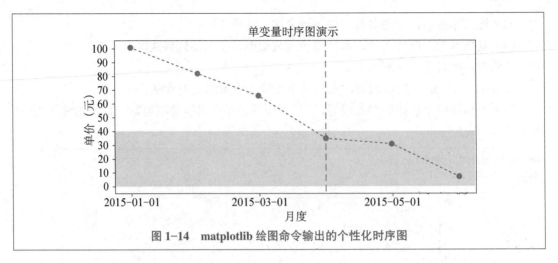

图 1-14 matplotlib 绘图命令输出的个性化时序图

下面解释一下绘图常用参数的设置：

（1）图参数设置。

第一句中的 figure 函数指定了图的长宽比为 7：4，像素为 100。

第二句中的 plot 函数指定了与图相关的参数，诸如时序图点的形状、点线的颜色、线的形状、线的宽度等。其中：

color 指定的是点和线的颜色。matplotlib 可以提供几百种颜色，我们可以在 matplotlib 官网（https://matplotlib.org/stable/gallery/color/named_colors.html）上看到所有可选颜色的色板、名称和颜色代码。找到自己心仪的颜色，把颜色代码赋值给 color 即可。本例设置的颜色代码为#fe01b1（明粉色）。对于简单的黑、红、蓝、绿等颜色，直接写出英文即可。

marker 指定的是观察值点的形状。时序图中的观察值点一旦要特别标记出来，通常使用填充形状（filled markers）。图 1-15 显示的是 matplotlib 提供的 14 种填充形状示例。本例中点的形状设置的是 marker='o'，o 是第一种圆形填充点的代码。要选择其他点的形状，只需要输入该形状前的英文字母代码即可。

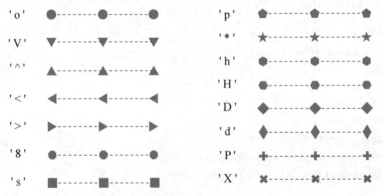

图 1-15 marker 参数值图示

linewidth 指定的是线的粗细。系统默认的线宽为 1。该参数越大，线越粗；该参数越小，线越细。用户可以根据自身需要设置线宽。

linestyle 指定的是线的类型。时序图中最常用的四种线型如表 1-6 所示。

表 1-6　linestyle 参数值设置

线型	参数值设置	线形示例
实线	"-" 或 "sold"	——————————
虚线	"--" 或 "dashed"	– – – – – – – – – ·
虚点线	"-." 或 "dash-dot"	— · — · — · — · —
点线	":" 或 "dotted"	····················

（2）坐标轴参数设置。

如果对系统默认输出的坐标轴（起始点、间隔）不满意，可以自己设置坐标轴参数。

plt.xticks 函数设置横轴坐标。时序图的横轴一般都是时间。我们需要借助适当的时间函数给出坐标轴的时间起点和终点，以及坐标轴的间隔时间。本例我们借助 pandas 库中的 date_range 函数，指定坐标轴起点是 2015 年 1 月 1 日，终点是 2015 年 6 月 1 日，每隔 2 个月在月初标识一次（2MS）。

plt.yticks 函数设置纵轴坐标。时序图的纵轴一般是序列值（实数）。通常调用 range 函数，指定纵轴的最小值、最大值和坐标轴间隔即可。本例纵轴指定区间是 0～110，间隔为 10，实际显示的就是 1～100。这是因为 range 函数是左闭右开区间，110 作为开区间端点不会展示出来。

（3）图文本参数设置。

matplotlib 库默认输出的时序图没有坐标轴名称和图标题。如果需要，我们可以自己添加这些图文本。

可以用 plt.xlabel 函数指定横轴名称，plt.ylabel 函数指定纵轴名称，plt.title 指定图标题。

另外，如果图文本中有中文，还需要调用 plt.rcParams 函数，进行中文字体识别。下面这条指令可以解决中文字体识别问题，而且要求系统输出的中文字体为黑体（SimHei）。

> plt.rcParams['font.sans-serif']=['SimHei']

如果观察值有正有负，也需要调用 plt.rcParams 函数，进行坐标轴正负号指定。下面这条指令可以解决坐标轴正负号显示的问题。

> plt.rcParams['axes.unicode_minus'] = False

（4）参照线或阴影的参数设置。

有时，我们会在序列中添加参照线或阴影，以突出某些想要强调的事件。

本例中，假如市场上该商品的平均价格在 40 元左右，我们把价格低于 40 元的部分添加蓝色阴影，用以强调此时该产品的价格低于市场平均价格，很有市场竞争力。添加阴影的指令如下：

> plt.axhspan(ymin=0, ymax=40, facecolor='blue', alpha=0.3)

plt.axhspan 是添加水平阴影函数，ymax 和 ymin 是设置阴影的上下边界，facecolor 是阴影的颜色，alpha 是阴影部分的透明度。如果要添加垂直阴影，就调用函数 plt.axvspan，阴影部分的上下边界分别是 xmax 和 xmin，其他参数和 plt.axhspan 一样。

产品是从 2015 年 4 月份开始低于 40 元平均成本线的，为了突出这个时间点，在 2015

年 4 月 1 日添加了一条时间参照线。指令如下:

```
plt.axvline(x=pd.to_datetime('20150401'), c='green', ls='--')
```

其中: 参数 x 指定的是参照线的位置, 时间点需要用 pd.to_datetime 指定, c 是颜色参数, ls 是参照线的类型参数。如果要添加水平参照线, 就调用函数 plt.axhline, 参数设置与 plt.axvline 类似。

三、绘制多元时序图

多元时序图的绘制步骤与单变量时序图的绘制步骤基本一致, 只是要增加一个参数, 用以指定多元时序图是以重叠方式绘制还是以子图方式绘制。

重叠方式绘制是指多个序列绘制在同一个坐标轴中。下面以 test1 文件为例, 绘制两变量重叠时序图 (见图 1-16)。

```
plt.plot(test1.price,color='red',marker='o',linestyle='-')
plt.plot(test1.sold,color='blue',marker='v',linestyle='--')
plt.xlabel('月度')
plt.title('价格与销售量重叠时序图')
plt.legend(test1)
```

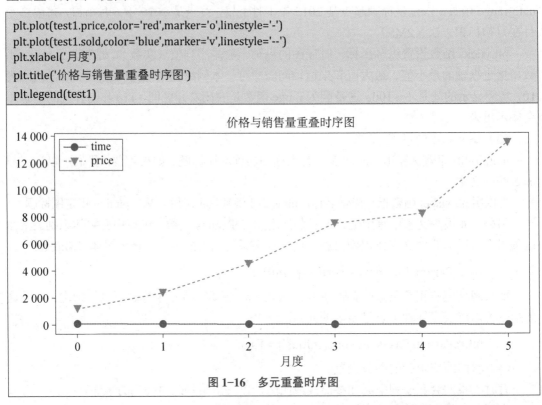

图 1-16　多元重叠时序图

在有些情况下, 不同的序列计量单位相差很大, 绘制在同一个坐标系中是不妥当的。图 1-16 就有这种问题。价格的单位和销量的单位有数量级的差异, 把它们绘制在同一个坐标系中会使价格的波动被忽略。这时每个序列单独绘制一个时序图, 多个时序图按指定格式排放在一起, 也许会更好。这就需要绘制多元时序子图。

下面还是以 test1 文件为例, 绘制多元时序子图 (见图 1-17)。

```
plt.figure(figsize=(10,4),dpi=100)
plt.subplot(1,2,1)
plt.plot(test1.price,color='red',marker='o',linestyle='-')
plt.xlabel('月度')
```

```
plt.title('单价(元)')
plt.subplot(1,2,2)
plt.plot(test1.sold,color='blue',marker='v',linestyle='--')
plt.xlabel('月度')
plt.title('销售量(个)')
```

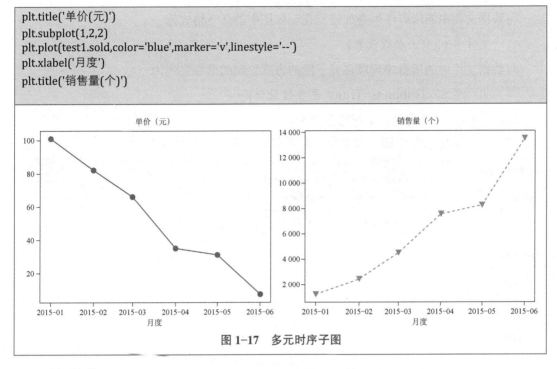

图1-17 多元时序子图

语句说明：

第一条指令通过 plt.figure 函数设置图形的大小和清晰度。

绘制多元时序子图时，首先需要考虑好多个时序图的排列位置，我们通常会根据多个时序图排列的情况，重新设置图形的大小。本例要绘制两个时序图，假设我们希望这两个时序图是以 1 行 2 列的方式排列，那么根据这种排列方式，调整时序图的尺寸为横轴 10 英寸、纵轴 4 英寸、像素为 100dpi。

第二条指令通过 plt.subplot 函数要求系统绘制多变量子图。

plt.subplot 函数包含三个参数，第一个参数和第二个参数指定了多图排列的结构（行数、列数），第三个参数指定当前编辑的图形是第几张图。第二条指令具体的要求是：将子图按照 1 行 2 列的格式输出。现在绘制第一张子图，该子图放在第 1 行第 1 列的位置上。

第三～第五条指令是给出第一张子图的绘制要求：绘制 price 的时序图，时序图的点线颜色为红色，观察值点用圆点标注，线条为实线，横坐标标签显示"月度"，增加图标题为"单价（元）"。

第六～第九条指令是要求绘制第二张子图，该子图放在第 1 行第 2 列的位置上。这个子图要求绘制 sold 的时序图，时序图的点线颜色为蓝色，观察值点用三角形标注，线条为虚线，横坐标标签显示"月度"，增加图标题为"销售量（个）"。

在时序分析中，绘制时序图是最基本的操作。为了让用户可以更便捷地绘制时序图，pandas 库在 matplotlib 库的基础上，给出了更简洁的时序图绘制函数。

绘制单一序列的时序图的命令格式为：

序列名.plot(图参数设置)

将数据文件中的所有序列叠加绘制在一张图中的命令格式为

文件名.plot(图参数设置)

将数据文件中的所有序列以多元子图的方式绘制的命令格式为

文件名.plot(subplots=True，图参数设置)

下面以 test1 文件为例，进行绘图展示。

（1）绘制 sold 的时序图，图参数为系统默认设置（见图 1-18）。

test1.sold.plot()

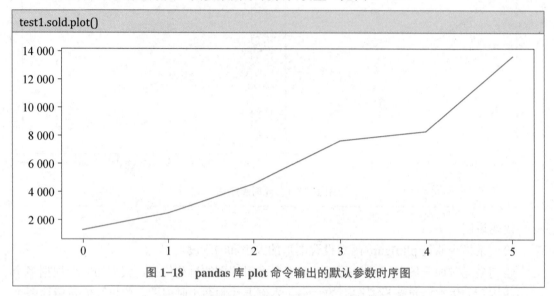

图 1-18   pandas 库 plot 命令输出的默认参数时序图

（2）绘制 sold 的时序图，图参数为个性化设置：颜色为红色，线条为虚线，用星号表示观察值点，调整图片大小并添加图标题（见图 1-19）。

test1.sold.plot(color='red', linestyle='--', marker='*', title='销售量序列时序图')

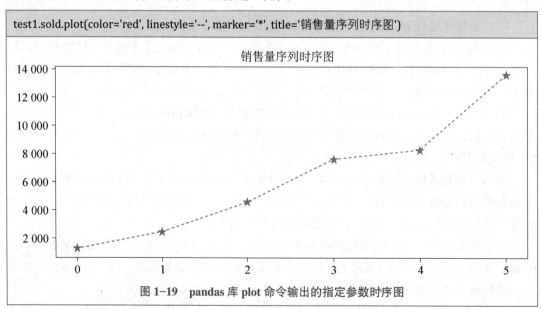

图 1-19   pandas 库 plot 命令输出的指定参数时序图

（3）绘制两序列子图（见图 1-20），图参数为系统默认设置。

```
test1.plot(subplots=True)
```

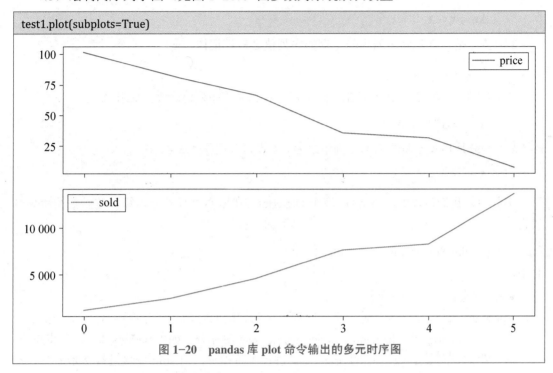

图 1-20　pandas 库 plot 命令输出的多元时序图

1.4.7　时间序列数据的处理

一、序列变换

在时间序列分析中，我们得到的是观察值序列，但需要分析的可能是这个观察值序列的某个函数变换后的序列。我们可以通过调用适当的函数来实现这些变换。

比如，我们要对 test1 文件中的 price 变量进行对数变换，那么我们可以调用 numpy 库中的 log 函数，对 price 序列进行对数变换。相关指令和输出结果如下：

```
test1['ln_price']=np.log(test1['price'])
print(test1)

        time  price   sold   ln_price
0   2015/1/1    101   1230   4.615121
1   2015/2/1     82   2423   4.406719
2   2015/3/1     66   4532   4.189655
3   2015/4/1     35   7561   3.555348
4   2015/5/1     31   8213   3.433987
5   2015/6/1      7  13523   1.945910
```

二、差分运算

在时序分析中，差分运算是很常用的提取序列特征的手段。常用的差分运算分为两类：一类是阶数差分，另一类是步数差分。

阶数差分是相隔 1 期的两个序列值之间的差分。1 阶差分是原序列 $\{x_t\}$ 相隔 1 期的序列值之差，记作 Δx_t。

$$\Delta x_t = x_t - x_{t-1}$$

2 阶差分是 1 阶差分序列相隔 1 期的序列值之差，记作 $\Delta^2 x_t$。

$$\Delta^2 x_t = \Delta x_t - \Delta x_{t-1}$$

依此类推，d 阶差分是 $d-1$ 阶差分序列相隔 1 期的序列值之差，记作 $\Delta^d x_t$。

$$\Delta^d x_t = \Delta^{d-1} x_t - \Delta^{d-1} x_{t-1}$$

k 步差分是相隔 k 期的两个序列值之差，k 步差分记作 $\Delta_k x_t$。

$$\Delta_k x_t = x_t - x_{t-k}$$

实务中，我们可以调用 pandas 库中的 Series.diff 函数进行差分运算。该函数的命令格式为

    pandas.Series.diff(x, periods=)

其中：

- x：要进行差分的序列名。
- periods：进行差分运算时，两个序列值之间相隔的时期（差分步数）。不特殊指定的话，系统默认 periods=1，即 pandas.Series.diff (x) 为 1 阶差分。如果 periods=k，即 k 步差分。

假如我们要对 test1 文件中的 price 变量进行 1 阶差分，对 sold 变量进行 2 步差分，那么相关指令和输出结果如下：

```
test1['diff_price']=pd.Series.diff(test1['price'])
test1['diff2_sold']=pd.Series.diff(test1['sold'],2)
print(test1)
```

	time	price	sold	ln_price	diff_price	diff2_sold
0	2015/1/1	101	1230	4.615121	NaN	NaN
1	2015/2/1	82	2423	4.406719	-19.0	NaN
2	2015/3/1	66	4532	4.189655	-16.0	3302.0
3	2015/4/1	35	7561	3.555348	-31.0	5138.0
4	2015/5/1	31	8213	3.433987	-4.0	3681.0
5	2015/6/1	7	13523	1.945910	-24.0	5962.0

三、生成子序列

使用 loc 函数可以对序列进行截取，生成指定条件的子序列。比如，采用下面的指令就能得到 2015 年 2 月至 5 月的 sold 子序列。

```
sold_new=test1['sold'].loc['20150201':'20150501']
print(sold_new)
time
2015-02-01    2423
2015-03-01    4532
2015-04-01    7561
2015-05-01    8213
Name: sold, dtype: int64
```

四、生成低频序列

在实务中，有时会碰到观察值序列的频率和我们想分析的频率不一致的情况。

比如，某个金融数据库存储的股票交易数据每 5 秒钟记录一次。假如我们想分析的是每日的最低价序列。我们就需要对高频数据（5 秒一次）进行重采样。以天为单位，每天的 5 秒价格组成一个样本，然后计算每个样本的最小值，就得到了每日最低价。这个每日最低价序列就是典型的高频序列生成低频序列的案例。

调用重采样函数和某些统计函数，我们就很容易将高频数据降为低频数据。以 test1 文件中的 sold 序列为例，它是月度销售额数据，我们现在想得到一个季度销售额的新序列 sold_q。调用 pandas 库中的 resample 函数和基础库中的 sum 函数，就可以生成这个低频序列。

```
sold_q=test1['sold'].resample('Q').sum()
print(sold_q)

time
2015-03-31     8185
2015-06-30    29297
Freq: Q-DEC, Name: sold, dtype: int64
```

resample( )函数能支持的重采样频率非常灵活，可以是年（Y）、季度（Q）、月（M）、周（W）、日（W）、小时（H）、分（min）、秒（sec）。所有时间单位前面还可以加数字，比如 2M，就是按 2 个月重采样。

重采样之后，形成的低频数据通常需要调用一些描述性统计量，比如：求和（sum）、均值（mean）、最小值（min）、最大值（max）、中位数（median）等。

五、缺失值插补

在时序分析中，如果序列缺失一期或多期观察值，那么该序列称为缺失值序列。缺失值的存在是时间序列分析的大难题，即使只有一个缺失值存在，系统也会提示因为缺失值的存在，相应的统计分析无法进行。

以 test1 数据文件为例，假设 2015 年 3 月的数据缺失，我们把缺失数据文件命名为 test3，下列指令是产生有缺失数据的 test3 文件。

```
test3=pd.read_csv('D:\\TS_Data\\test1.csv',parse_dates=True,index_col=0)
test3.loc['20150301']=np.nan
print(test3)

             price       sold
time
2015-01-01   101.0     1230.0
2015-02-01    82.0     2423.0
2015-03-01    NaN        NaN
2015-04-01    35.0     7561.0
2015-05-01    31.0     8213.0
2015-06-01     7.0    13523.0
```

缺失值序列可以绘制时序图（见图 1-21）。

```
test3.plot()
```

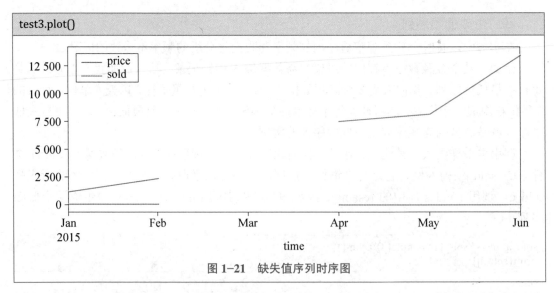

图 1-21　缺失值序列时序图

但缺失值序列无法进行数值函数运算。比如对缺失值序列进行差分运算，系统不会报错，但无法输出任何运算结果，如下列操作所示。

```
dif_price=pd.Series.diff(test3['price'])
print('dif_price')
```

```
dif_price
```

因此，当序列有缺失值时，我们有两种处理方法：

方法 1：当数据量非常大，缺失值发生在很早期，缺失值之前的数据可以删除不用时，我们可以只截取缺失值之后的序列值进行分析。

如果对 test3 采用这种方法处理缺失值，可以调用 loc 函数完成序列子集的提取，相关指令和输出结果如下：

```
test3_1=test3.loc['20150401':]
print(test3_1)
```

```
            price      sold
time
2015-04-01   35.0    7561.0
2015-05-01   31.0    8213.0
2015-06-01    7.0   13523.0
```

方法 2：如果数据量不大，或者缺失数据发生在比较近的时期，用截取序列的方法处理缺失值就不太合适了。这时，通常采用缺失值插补法。

对时间序列的缺失值进行插补有很多方法。所有方法可以归为两大类：

第一类方法是用指定的值填充缺失值。

最常用的指定填充就是用缺失值前一期或后一期的序列值作为缺失值的填充。这一类方法的构造思想是：序列的发展是有惯性的，所以当期序列值可以视为前一期序列值再加一个当期随机波动，即

$$x_t = x_{t-1} + \varepsilon_t, \ E(\varepsilon_t) = 0$$

这是一种构造思想简单又非常容易实现的缺失值插补方法。我们可以调用 pandas 包中的 fillna 函数实现这种插补。其中，method='ffill' 是指定用前一期非缺失值进行插补，method='bfill' 是指定用后一期非缺失值进行插补。

```
test3_2=test3.fillna(method='ffill')     #用前一期非缺失值进行插补
print(test3_2)
```

	price	sold
time		
2015-01-01	101.0	1230.0
2015-02-01	82.0	2423.0
2015-03-01	82.0	2423.0
2015-04-01	35.0	7561.0
2015-05-01	31.0	8213.0
2015-06-01	7.0	13523.0

```
test3_3=test3.fillna(method='bfill')     #用后一期非缺失值进行插补
print(test3_3)
```

	price	sold
time		
2015-01-01	101.0	1230.0
2015-02-01	82.0	2423.0
2015-03-01	35.0	7561.0
2015-04-01	35.0	7561.0
2015-05-01	31.0	8213.0
2015-06-01	7.0	13523.0

第二类方法是用拟合值填充缺失值。

第一类方法用指定邻近值填充缺失值，主要适用于波动比较稳定的序列。如果序列具有趋势或周期，用指定邻近值填充就会产生严重的系统误差。这时通常会采用拟合的方法去估计缺失值大概的范围，用拟合值填充缺失值。

我们可以采用的拟合方法非常多。最简单的拟合法就是选择缺失值邻近位置的 k 个序列值的均值作为缺失值的填充值，这种方法也称为线性插值法。复杂一点的拟合法就可以先对缺失值之前的序列值拟合适当的模型，然后基于拟合模型预测缺失值。

由于我们还没有讲到模型拟合，所以在此只演示一下最简单的线性插值法（$k=2$），即选择缺失值邻近位置的前后两个序列值的均值作为缺失值的填充值，即

$$\hat{x}_t = \frac{x_{t-1} + x_{t+1}}{2}$$

线性插值法调用 pandas 包中的 interpolate 函数就可实现。

```
test3_4=test3.interpolate()
print(test3_4)
```

	price	sold
time		
2015-01-01	101.0	1230.0
2015-02-01	82.0	2423.0
2015-03-01	58.5	4992.0
2015-04-01	35.0	7561.0

| 2015-05-01 | 31.0 | 8213.0 |
| 2015-06-01 | 7.0 | 13523.0 |

1.4.8　时间序列数据的导出

一、数据导出

对时间序列进行适当的处理和分析之后，如果我们想导出这部分数据，就可以使用适当的函数完成这项任务。

假设我们想导出上面产生的 test3_4 文件，命名为 test3_filled，把文件保存在 D 盘 TS_Data 文件夹中。如果导出文件想存为 csv 格式，就调用 pandas 的 to_csv 函数；如果想存为 Excel 格式，就调用 to_excel 函数。

```
test3_4.to_csv('D://TS_Data//test3_filled.csv')        #导出 csv 格式文件
test3_4.to_excel('D://TS_Data//test3_filled.xlsx')     #导出 Excel 格式文件
```

运行这两条指令之后，在 D 盘 TS_Data 文件夹中就存入了 test3_filled.csv 和 test3_filled. xlsx 这两个新文件。

二、图片导出

如果我们想导出 Python 产生的图片，只需要将鼠标放在图片上，然后点击鼠标右键，就会出现图片处理选项界面（见图 1-22）。

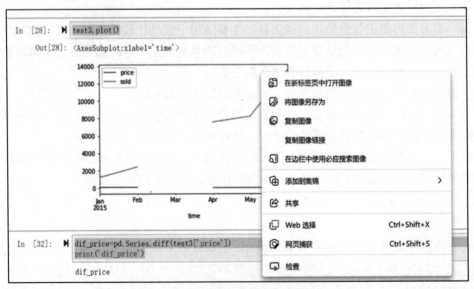

图 1-22　图片处理选项界面

如果我们想将图片以文件的方式保存在本地电脑指定的路径，点击"将图像另存为"选项，指定图片的存储路径和文件名即可，图片默认保存为 png 格式。

如果我们想直接将图片插入文档，点击"复制图像"，然后将这个图像粘贴在文档指定的位置即可。

三、代码导出

如果我们想导出代码，首先确认代码想保存成什么格式。如果是在 Jupyter Notebook 中编辑的代码，默认保存为 ipynb 格式。如果是在 Spyder 中编辑的代码，默认保存为 py 格式。除了这两种格式之外，代码还可以保存为很多种其他格式，比如：pdf 格式、markdown 格式、html 格式等。

以 Jupyter Notebook 平台为例，假设编辑完某个项目的代码，想把代码按自己需要的格式导出，操作方式是在 Jupyter 编辑界面，点击上方的"File"选项，然后点击"Download as"选项，就会出现存储格式界面（见图 1-23），选择需要的文件格式，就能导出代码了。

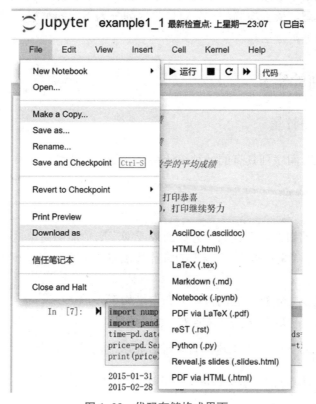

图 1-23　代码存储格式界面

1.5　习　题

1. 什么是时间序列？请收集几个生活中的观察值序列。
2. 时域方法的特点是什么？
3. 时域方法的发展轨迹是怎样的？
4. 在附录 1 中选择几个感兴趣的序列，创建数据集，并绘制时序图。

第2章 时间序列的预处理

获取了一个观察值序列之后，首先要对序列的平稳性和纯随机性进行检验。这两个检验称为序列的预处理。根据检验的结果可以将序列分为不同的类型，对不同类型的序列，我们会采用不同的分析方法。

2.1 平稳序列的定义

2.1.1 特征统计量

平稳性是某些时间序列具有的一种统计特征。要描述清楚这个特征，我们必须借助以下统计工具。

一、概率分布

数理统计的基础知识告诉我们，分布函数或密度函数能够完整地描述一个随机变量的统计特征。同样，一个随机变量族 $\{X_t\}$ 的统计特性完全由其联合分布函数或联合密度函数决定。

对于时间序列 $\{X_t, t \in T\}$，它的概率分布定义如下。

任取正整数 m，任取 $t_1, t_2, \cdots, t_m \in T$，则 m 维随机向量 $(X_{t_1}, x_{t_2}, \cdots, X_{t_m})'$ 的联合概率分布记为 $F_{t_1, t_2, \cdots, t_m}(x_1, x_2, \cdots, x_m)$，由这些有限维分布函数构成的全体

$$\{F_{t_1, t_2, \cdots, t_m}(x_1, x_2, \cdots, x_m), \forall m \in 正整数, \forall t_1, t_2, \cdots, t_m \in T\}$$

就称为序列 $\{X_t\}$ 的概率分布族。

概率分布族是极其重要的统计特征描述工具，因为序列的所有统计性质理论上都可以通过概率分布推导出来，但是概率分布族的重要性仅仅停留在这样的理论意义上。在实际应用中，要得到序列的联合概率分布几乎是不可能的，而且联合概率分布通常涉及非常复杂的数学运算，这些原因导致我们很少直接使用联合概率分布进行时间序列分析。

二、特征统计量

一种更简单、更实用的描述时间序列统计特征的方法是研究该序列的低阶矩，特别是均值、方差、自协方差和自相关系数，它们也称为特征统计量。

尽管这些特征统计量并不能描述随机序列的所有统计性质，但由于它们概率意义明显，易于计算，而且往往能代表随机序列的主要概率特征，因此我们对时间序列进行分析时主

要就是通过分析这些特征量的统计特性，推断随机序列的性质。

1. 均值

对时间序列 $\{X_t, t \in T\}$ 而言，任意时刻的序列值 X_t 都是一个随机变量，都有它自己的概率分布，不妨记 X_t 的分布函数为 $F_t(x)$。只要满足条件：

$$\int_{-\infty}^{+\infty} x \mathrm{d}F_t(x) < \infty$$

就一定存在某个常数 μ_t，使得随机变量 X_t 总是围绕在常数值 μ_t 附近随机波动。我们称 μ_t 为序列 $\{X_t\}$ 在 t 时刻的均值函数。

$$\mu_t = E(X_t) = \int_{-\infty}^{+\infty} x \mathrm{d}F_t(x)$$

当 t 取遍所有的观察时刻时，就得到一个均值函数序列 $\{\mu_t, t \in T\}$。它反映的是时间序列 $\{X_t, t \in T\}$ 每时每刻的平均水平。

2. 方差

当 $\int_{-\infty}^{+\infty} x^2 \mathrm{d}F_t(x) < \infty$ 时，可以定义时间序列的方差函数，以描述序列值围绕其均值随机波动时的平均波动程度。

$$\sigma_t^2 = D(X_t) = E(X_t - \mu_t)^2 = \int_{-\infty}^{+\infty} (x - \mu_t)^2 \mathrm{d}F_t(x)$$

同样，当 t 取遍所有的观察时刻时，得到一个方差函数序列 $\{\sigma_t^2, t \in T\}$。

3. 自协方差函数和自相关系数

类似于协方差函数和相关系数的定义，在时间序列分析中我们定义自协方差函数（autocovariance function）和自相关系数（autocorrelation coefficient）的概念。

对于时间序列 $\{X_t, t \in T\}$，任取 $t, s \in T$，定义 $\gamma(t,s)$ 为序列 $\{X_t\}$ 的自协方差函数：

$$\gamma(t,s) = E((X_t - \mu_t)(X_s - \mu_s))$$

定义 $\rho(t,s)$ 为时间序列 $\{X_t\}$ 的自相关系数，简记为 ACF：

$$\rho(t,s) = \frac{\gamma(t,s)}{\sqrt{D(X_t) \cdot D(X_s)}}$$

之所以称它们为自协方差函数和自相关系数，是因为通常的协方差函数和相关系数度量的是两个不同的随机事件的相互影响程度，而自协方差函数和自相关系数度量的是同一事件在两个不同时期的相关程度，形象地讲，就是度量自己过去的行为对自己现在的影响。

2.1.2　平稳时间序列的定义

平稳时间序列有两种定义，根据限制条件的严格程度，分为严平稳时间序列和宽平稳时间序列。

一、严平稳

严平稳（strictly stationary）是一种条件比较苛刻的平稳性定义，它认为只有当序列所有的统计性质都不会随着时间的推移而发生变化时，该序列才能被认为平稳。我们知道，随机变量族的统计性质完全由其联合概率分布族决定，因此，严平稳时间序列的定义如下。

定义 2.1　设 $\{X_t\}$ 为一时间序列，对任意正整数 m，任取 t_1, t_2, $\cdots$, $t_m \in T$，对任意整数 τ，有

$$F_{t_1, t_2, \cdots, t_m}(x_1, x_2, \cdots, x_m) = F_{t_{1+\tau}, t_{2+\tau}, \cdots, t_{m+\tau}}(x_1, x_2, \cdots, x_m)$$

则称时间序列 $\{X_t\}$ 为严平稳时间序列。

前面说过，在实践中要获得随机序列的联合分布是一件非常困难的事，即使知道随机序列的联合分布，计算和应用也非常不便。所以严平稳时间序列通常只具有理论意义，在实践中用得更多的是条件比较宽松的宽平稳时间序列。

二、宽平稳

宽平稳（weak stationary）是使用序列的特征统计量来定义的一种平稳性。它认为序列的统计性质主要由它的低阶矩决定，所以只要保证序列低阶（二阶）矩平稳，就能保证序列的主要性质近似稳定。

定义 2.2　如果 $\{X_t\}$ 满足如下三个条件：

（1）任取 $t \in T$，有 $E(X_t^2) < \infty$，

（2）任取 $t \in T$，有 $E(X_t) = \mu$，μ 为常数，

（3）任取 t, s, $k \in T$，且 $k+s-t \in T$，有 $\gamma(t, s) = \gamma(k, k+s-t)$，

则称 $\{X_t\}$ 为宽平稳时间序列。宽平稳也称弱平稳或二阶平稳（second-order stationary）。

显然，严平稳比宽平稳的条件严格。严平稳是对序列联合分布的要求，以保证序列所有的统计特征都相同；宽平稳只要求序列二阶平稳，对高于二阶的矩没有任何要求。通常情况下，严平稳序列也满足宽平稳条件，宽平稳序列不能反推严平稳成立。但这不是绝对的，两种情况都有特例。

比如，服从柯西分布的严平稳序列就不是宽平稳序列，因为它不存在一、二阶矩，所以无法验证它二阶平稳。严格地讲，只有存在二阶矩的严平稳序列才一定是宽平稳序列。

宽平稳一般推不出严平稳，但当序列服从多元正态分布时，二阶平稳可以推出严平稳。

定义 2.3　时间序列 $\{X_t\}$ 称为正态时间序列，如果任取正整数 n，任取 t_1, t_2, $\cdots$, $t_n \in T$，对应的有限维随机变量 X_1, X_2, $\cdots$, X_n 服从 n 维正态分布，则密度函数为：

$$f_{t_1, t_2, \cdots, t_n}(\tilde{X}_n) = (2\pi)^{-\frac{n}{2}} |\Gamma_n|^{-\frac{1}{2}} \exp\left[-\frac{1}{2}(\tilde{X}_n - \tilde{\mu}_n)'\Gamma_n^{-1}(\tilde{X}_n - \tilde{\mu}_n)\right]$$

式中，$\tilde{X}_n = (X_1, X_2, \cdots, X_n)'$；$\tilde{\mu}_n = (E(X_1), E(X_2), \cdots, E(X_n))'$；$\Gamma_n$ 为协方差阵，且

$$\Gamma_n = \begin{pmatrix} \gamma(t_1, t_1) & \gamma(t_1, t_2) & \dots & \gamma(t_1, t_n) \\ \gamma(t_2, t_1) & \gamma(t_2, t_2) & \dots & \gamma(t_2, t_n) \\ \vdots & \vdots & & \vdots \\ \gamma(t_n, t_1) & \gamma(t_n, t_2) & \dots & \gamma(t_n, t_n) \end{pmatrix}$$

由正态随机序列的密度函数可以看出，它的 n 维分布仅由均值向量和协方差阵决定。

换言之，对正态随机序列而言，只要二阶矩平稳，就等于分布平稳。因此，宽平稳正态时间序列一定是严平稳时间序列。非正态过程就没有这个性质。

在实际应用中，研究最多的是宽平稳随机序列，以后见到平稳随机序列，如果不特别注明，指的都是宽平稳随机序列。如果序列不满足平稳条件，就称为非平稳序列。

2.1.3 平稳时间序列的统计性质

根据平稳时间序列的定义，可以推断出它一定具有如下两个重要的统计性质。

（1）常数均值。

$$E(X_t) = \mu, \ \forall t \in T$$

（2）自协方差函数和自相关系数只依赖于时间的平移长度，而与时间的起止点无关。

$$\gamma(t,s) = \gamma(k, k+s-t), \ \forall t,s,k \in T$$

根据这个性质，可以将自协方差函数由二维函数 $\gamma(t,s)$ 简化为一维函数 $\gamma(s-t)$：

$$\gamma(s-t) \triangleq \gamma(t,s), \ \forall t,s \in T$$

由此引出延迟 k 阶自协方差函数的概念。

定义 2.4 对于平稳时间序列 $\{X_t, t \in T\}$，任取 $t\ (t+k \in T)$，定义 $\gamma(k)$ 为时间序列 $\{X_t\}$ 的延迟 k 阶自协方差函数：

$$\gamma(k) = \gamma(t, t+k)$$

根据平稳时间序列的这个性质，容易推断出平稳时间序列一定具有常数方差：

$$D(X_t) = \gamma(t,t) = \gamma(0), \ \forall t \in T$$

由延迟 k 阶自协方差函数的概念可以等价得到延迟 k 阶自相关系数的概念：

$$\rho_k = \frac{\gamma(t,t+k)}{\sqrt{D(X_t) \cdot D(X_{t+k})}} = \frac{\gamma(k)}{\gamma(0)}$$

容易验证，和相关系数一样，自相关系数具有如下三个性质：

（1）规范性。

$$\rho_0 = 1 \ \text{且} \ |\rho_k| \leqslant 1, \ \forall k \in T$$

（2）对称性。

$$\rho_k = \rho_{-k}$$

（3）非负定性。

对任意正整数 m，相关阵 $\boldsymbol{\Gamma}_m$ 为对称非负定阵。

$$\boldsymbol{\Gamma}_m = \begin{pmatrix} \rho_0 & \rho_1 & \cdots & \rho_{m-1} \\ \rho_1 & \rho_0 & \cdots & \rho_{m-2} \\ \vdots & \vdots & & \vdots \\ \rho_{m-1} & \rho_{m-2} & \cdots & \rho_0 \end{pmatrix}$$

值得注意的是，ρ_k 除了具有上述三个性质，还具有一个特别的性质：对应模型的非唯一性。

一个平稳时间序列一定唯一决定了它的自相关系数，但一个自相关系数未必唯一对应一个平稳时间序列。我们在后面的章节中将证明这一点。这个性质给我们根据样本的自相关系数的特点来确定模型增加了一定的难度。

2.1.4 平稳时间序列的意义

时间序列分析方法作为数理统计学的一个分支，遵循数理统计学的基本原理，都是利用样本信息来推测总体信息。

传统的统计分析通常拥有如表 2-1 所示的数据结构。

表 2-1

样本	随机变量		
	X_1	...	X_m
1	x_{11}	...	x_{m1}
2	x_{12}	...	x_{m2}
⋮	⋮		⋮
n	x_{1n}	...	x_{mn}

根据数理统计学常识，显然要分析的随机变量越少越好（m 越小越好），每个变量获得的样本信息越多越好（n 越大越好）。因为随机变量越少，分析的过程就会越简单；样本容量越大，分析的结果就会越可靠。

但时间序列分析的数据结构有它的特殊性。对随机序列 $\{\cdots, X_1, X_2, \cdots, X_t, \cdots\}$ 而言，它在任意时刻 t 的序列值 X_t 都是一个随机变量，而且由于时间的不可重复性，该变量在任意时刻只能获得唯一的样本观察值，因而时间序列分析的数据结构如表 2-2 所示。

表 2-2

样本	随机变量				
	...	X_1	...	X_t	...
1	...	x_1	...	x_t	...

由于样本信息太少，如果没有其他辅助信息，通常这种数据结构是没有办法进行分析的，序列平稳性概念的提出可以有效地解决这个问题。

在平稳序列场合，序列的均值等于常数意味着原本含有可列多个随机变量的均值序列

$$\{\mu_t, t \in T\}$$

变成了一个常数序列

$$\{\mu, t \in T\}$$

原本每个随机变量的均值 $\mu_t (t \in T)$ 只能依靠唯一的样本观察值 x_t 去估计

$$\hat{\mu}_t = x_t$$

现在由于 $\mu_t = \mu (\forall t \in T)$，于是每一个样本观察值 $x_t (\forall t \in T)$ 都变成了常数均值 μ 的样本观察值

$$\hat{\mu} = \overline{x} = \frac{\sum\limits_{i=1}^{n} x_i}{n}$$

这极大地减少了随机变量的个数，并增加了待估参数的样本容量。换句话说，这大大降低了时序分析的难度，同时提高了对均值函数的估计精度。

同理，根据平稳序列二阶矩平稳的性质，可以得到基于全体样本观察值计算出来的延迟 k 阶自协方差函数的估计值：

$$\hat{\gamma}(k) = \frac{\sum\limits_{t=1}^{n-k} (x_t - \overline{x})(x_{t+k} - \overline{x})}{n-k}, \ \forall 0 < k < n$$

进一步推导出总体方差的估计值：

$$\hat{\gamma}(0) = \frac{\sum\limits_{t=1}^{n} (x_t - \overline{x})^2}{n-1}$$

和延迟 k 阶自相关系数的估计值：

$$\hat{\rho}_k = \frac{\hat{\gamma}(k)}{\hat{\gamma}(0)}, \ \forall 0 < k < n$$

当延迟阶数 k 远远小于样本容量 n 时，有

$$\hat{\rho}_k = \frac{\sum\limits_{t=1}^{n-k} (x_t - \overline{x})(x_{t+k} - \overline{x})}{\sum\limits_{t=1}^{n} (x_t - \overline{x})^2}, \ \forall 0 < k < n$$

2.2　平稳性检验

对序列的平稳性有两种检验方法：一种是根据时序图和自相关图的特征做出判断的图检验方法；另一种是构造检验统计量进行假设检验的方法。

图检验方法是一种操作简便、运用广泛的平稳性判别方法，它的缺点是判别结论带有一定的主观色彩，所以最好能用统计检测方法加以辅助判断。目前最常用的平稳性统计检验方法是单位根检验（unit root test）。由于目前知识的局限性，本章将主要介绍平稳性的图检验方法，单位根检验将在第 4 章详细介绍。

2.2.1　时序图检验

平稳性的时序图检验方法的原理是平稳时间序列具有常数均值和方差。这意味着平稳序列的时序图应该显示出该序列始终在一个常数值附近波动,而且波动的范围有界的特点。如果时序图显示出该序列有明显的趋势性或周期性,那么该序列通常就不是平稳序列。根据这个性质,对很多非平稳序列通过查看它的时序图就可以直接识别出来。

【例 2-1】利用图检验方法判断 1978—2012 年我国第三产业占国内生产总值的比例序列的平稳性(数据见表 A1-4)。

```python
# 导入数据分析工具三件套
import numpy as np
import pandas as pd
import matplotlib.pyplot as plt
# 读入数据文件,指定时间标签,查看数据文件的基本结构
file4=pd.read_excel('D:\\Ts_Data\\A1_4.xlsx',parse_dates=True,index_col=0)
file4=file4.to_period()
print(file4.head())
```

```
          percent
year
1978      23.9
1979      21.6
1980      21.6
1981      22.0
1982      21.8
```

```python
# 绘制时序图,见图 2-1
file4['percent'].plot(ylabel='percent(%)')
```

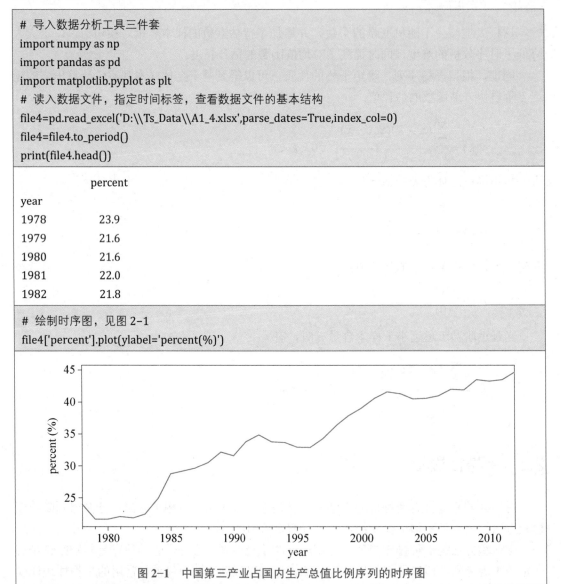

图 2-1　中国第三产业占国内生产总值比例序列的时序图

图 2-1 显示,从 1978 年开始中国第三产业占国内生产总值的比例有明显的线性递增趋势,因此,该序列一定不是平稳序列。

【例 2-2】利用图检验方法判断 1970—1976 年加拿大 Coppermine 地区月度降雨量序列的平稳性（数据见表 A1-5）。

```
file5=pd.read_excel('D:\\Ts_Data\\A1_5.xlsx',parse_dates=True,index_col=0). to_period()
print(file5.head(10))
```

```
            rain
Month
1970-01        0
1970-02        0
1970-03        0
1970-04        0
1970-05        0
1970-06       11
1970-07       22
1970-08       48
1970-09       45
1970-10        0
```

```
file5['rain'].plot(ylabel='rain')          #见图 2-2
```

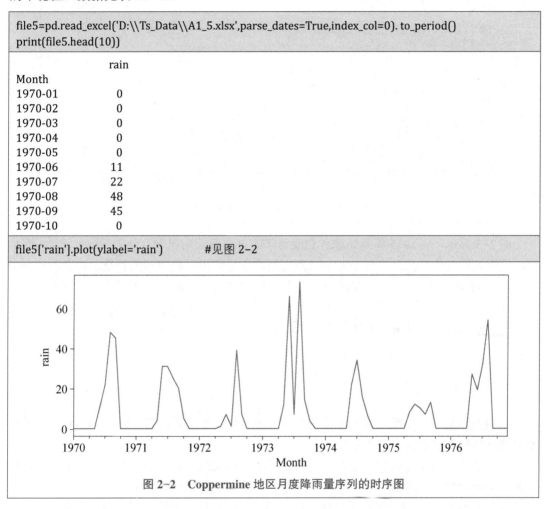

图 2-2　Coppermine 地区月度降雨量序列的时序图

图 2-2 显示，该序列以年为周期呈现出明显的周期性，因此，该序列一定不是平稳序列。

【例 2-3】利用图检验方法判断 1915—2004 年澳大利亚自杀率（每 10 万人自杀人口数）序列的平稳性（数据见表 A1-6）。

```
file6=pd.read_excel('D:\\Ts_Data\\A1_6.xlsx',parse_dates=True,index_col=0)
file6=file6.to_period()
print(file6.head())
```

```
       Suicide
Year
1915  4.031636
1916  3.702076
1917  3.056176
1918  3.280707
1919  2.984728
```

```
file6['Suicide'].plot(ylabel='Suicide')          #见图 2-3
```

图 2-3　澳大利亚自杀率序列的时序图

图 2-3 显示，从 1915 年开始澳大利亚每年的自杀率长期在十万分之三附近波动，而且波动范围长期在十万分之二至十万分之四之间，这呈现出平稳序列的特征。但是看序列最后 20 年的波动，自杀率又是一路递减，这是趋势吗? 如果是趋势，这就是非平稳特征。

通过时序图检验来判断该序列的平稳性就具有很强的主观性。无论是判断该序列平稳还是判断该序列非平稳，都不太有把握。这时，可以考察自相关图的性质，进一步辅助识别。

2.2.2　自相关图检验

自相关图是一个平面二维坐标悬垂线图，横坐标表示延迟阶数，纵坐标表示自相关系数，悬垂线的长度表示自相关系数的大小。

在第 3 章，我们会证明平稳序列通常具有短期相关性。该性质用自相关系数来描述就是随着延迟阶数 k 的增加，平稳序列的自相关系数 ρ_k 会很快地衰减向零; 反之，非平稳序列的自相关系数 ρ_k 衰减向零的速度通常比较慢。这就是我们利用自相关图进行平稳性判别的标准。

在 Python 中，有个专门进行统计建模的包 statsmodels，该包里有个专门绘制统计图的包 graphics，统计绘图包中又有一个时序图形包 tsaplots，自相关图的函数 plot_acf( )就在 tsaplots 包中。绘制序列自相关图的常用指令为

plot_acf(序列名，lags=延迟阶数，zero=True/False)

其中 zero 选项是指要不要绘制延迟 0 阶自相关系数。zero=True 是系统默认设置，意味着要绘制 ρ_0。ρ_0 恒等于 1。zero=False 意味着不需要绘制延迟 0 阶自相关系数，从 ρ_1 开始绘制。

【例 2-1 续】绘制 1978—2012 年我国第三产业占国内生产总值的比例序列的自相关图。

```
# 从 statsmodels.graphics.tsaplots 包中导入 plot_acf 函数，绘制序列时序图（见图 2-4）
from statsmodels.graphics.tsaplots import plot_acf
plot_acf(file4['percent'],lags=25).show()
```

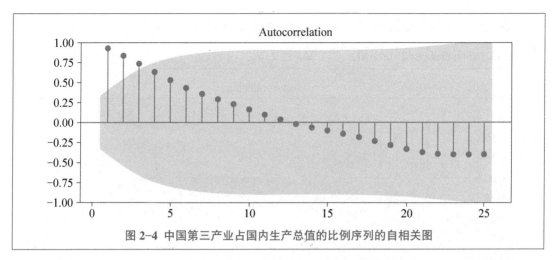

图 2-4 中国第三产业占国内生产总值的比例序列的自相关图

图 2-4 是该序列的自相关图。图中横轴是延迟阶数，纵轴是自相关系数的取值空间，悬垂线是不同延迟阶数的自相关系数值，阴影部分是自相关系数的置信水平为 95%的置信区间。Bartlett 证明，自相关系数近似服从正态分布，所以自相关图的阴影部分也常称为自相关系数的 2 倍标准差范围。

从图 2-4 中我们发现该序列自相关系数衰减速度相当缓慢，而且延迟 1～12 阶，自相关系数一直为正，12 阶之后自相关系数一直为负。自相关图呈现明显的三角对称性，这是有趋势的非平稳序列常见的自相关图特征。根据该序列的自相关图，我们可以认为该序列非平稳且可能具有长期趋势。这和该序列的时序图（见图 2-1）呈现的单调递增性是一致的。

【例 2-2 续】绘制 1970—1976 年加拿大 Coppermine 地区月度降雨量序列的自相关图。

```
plot_acf(file5.rain,lags=36).show()        #见图 2-5
```

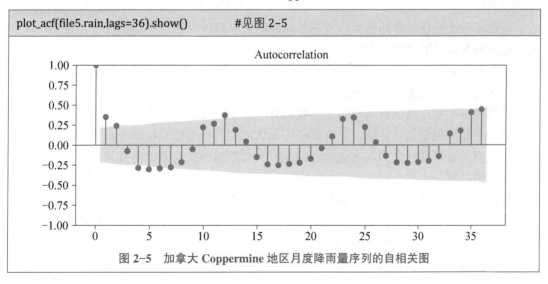

图 2-5 加拿大 Coppermine 地区月度降雨量序列的自相关图

从图 2-5 中我们发现自相关图呈现明显的三角函数（正弦或余弦）波动规律。这是具有周期性变化的非平稳序列的一种典型的自相关图的特征，而且这种周期性几乎不衰减。根据自相关图的长期相关性和余弦变化特征，我们可以认为该序列非平稳且具有稳定的周期变化规律。这和该序列的时序图（见图 2-2）呈现的季节性特征是一致的。

【例 2–3 续（1）】绘制 1915—2004 年澳大利亚自杀率序列的自相关图。

```
plot_acf(file6.Suicide,lags=25).show()        #见图 2-6
```

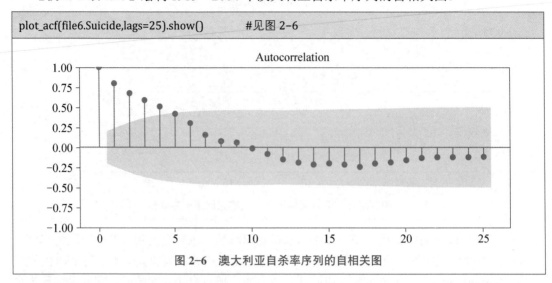

图 2-6   澳大利亚自杀率序列的自相关图

从图 2-6 中我们发现该序列的自相关图呈现明显的倒三角特征，这是具有单调趋势的非平稳序列的典型特征。根据自相关图的特征，我们可以认为该序列非平稳，且具有长期趋势。在该序列的时序图难以判别平稳性的情况下，自相关图可以帮助我们进一步识别序列的平稳性。

2.3   纯随机性检验

获取了一个观察值序列之后，首先是判断它的平稳性。通过平稳性检验，序列可以分为平稳序列和非平稳序列两大类。

对于非平稳序列，由于它不具有二阶矩平稳的性质，对它的统计分析要多费一些周折，通常要进行进一步的检验、变换或处理，才能确定适当的拟合模型。

如果序列平稳，情况就简单多了，我们有一套非常成熟的平稳序列建模方法。但并不是所有的平稳序列都值得建模，只有那些序列值之间具有密切的相关关系、历史数据对未来的发展有一定影响的序列，才值得我们花时间去挖掘历史数据中的有效信息，用来预测序列未来的发展。

如果序列值彼此之间没有任何相关性，就意味着该序列是一个没有记忆的序列，过去的行为对将来的发展没有丝毫影响，这种序列称为纯随机序列。从统计分析的角度来说，纯随机序列是没有任何分析价值的序列。

为了确定平稳序列是否值得继续分析，我们需要对平稳序列进行纯随机性检验。

2.3.1   纯随机序列的定义

定义 2.5   如果时间序列 $\{X_t\}$ 具有如下性质：

（1）任取 $t \in T$，有 $E(X_t)=\mu$；

（2）任取 t, $s \in T$，有

$$\gamma(t,s) = \begin{cases} \sigma^2, & t = s \\ 0, & t \neq s \end{cases}$$

则称序列 $\{X_t\}$ 为纯随机序列，也称为白噪声（white noise）序列，简记为 $X_t \sim \mathrm{WN}(\mu, \sigma^2)$。

之所以称为白噪声序列，是因为人们最初发现白光具有这种特性。容易证明，白噪声序列一定是平稳序列，而且是最简单的平稳序列。

【例 2-4】随机产生 1 000 个服从标准正态分布的白噪声序列观察值，并绘制时序图。

Python 提供了丰富的随机数发生器，在时序模拟中，我们最常用的是产生一批服从正态分布的随机数。正态分布随机数生成函数可以调用 numpy 库中的 random.normal 函数。该函数的命令格式为：

numpy.random.normal(mu,sigma,size)

其中：mu 为正态分布均值，sigma 为正态分布标准差，size 为要产生的随机数样本量。如果要产生标准正态分布随机数，可以缺省 mu 和 sigma。

本例的命令与输出结果如下：

```
# 产生 1 000 个服从标准正态分布的随机数构成一个白噪声序列，并绘制该序列的时序图（见图 2-7）
WN = np.random.normal(size=1000)
WN=pd.Series(WN)
WN.plot(xlabel='Time',ylabel='White_Noise')
```

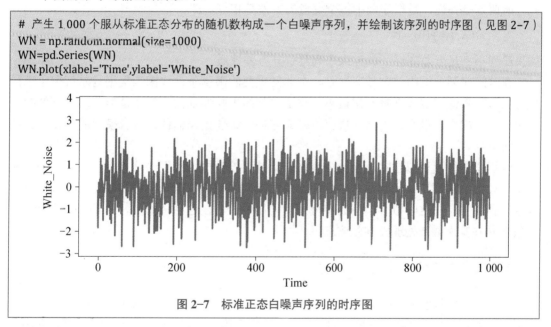

图 2-7　标准正态白噪声序列的时序图

2.3.2　纯随机序列的性质

白噪声序列虽然很简单，但在我们进行时间序列分析时所起的作用非常大。它的两个重要性质在后面的分析过程中要经常用到。

一、纯随机性

白噪声序列具有如下性质：

$$\gamma(k) = 0, \ \forall k \neq 0$$

这说明白噪声序列的各项序列值之间没有任何相关关系，这种"没有记忆"的序列就是纯随机序列。

纯随机序列各项之间没有任何关联，序列在进行完全无序的随机波动。一旦某个随机事件呈现出纯随机波动的特征，就认为该随机事件不包含任何值得提取的有用信息，我们就应该终止分析了。

如果序列值之间呈现出某种显著的相关关系：

$$\gamma(k) \neq 0, \exists k \neq 0$$

就说明该序列不是纯随机序列，该序列间隔 k 期的序列值之间存在一定的相互影响关系，这种相互影响关系在统计上称为相关信息。我们分析的目的就是要想方设法把这种相关信息从观察值序列中提取出来。一旦观察值序列中蕴涵的相关信息被充分提取出来，剩下的残差序列就应该呈现出纯随机的性质，因此，纯随机性还是相关信息提取是否充分的一个判别标准。

二、方差齐性

所谓方差齐性，是指序列中每个变量的方差都相等，即

$$D(X_t) = \gamma(0) = \sigma^2$$

如果序列不满足方差齐性，就称该序列具有异方差性质。

在时间序列分析中，方差齐性是一个非常重要的限制条件。因为根据马尔可夫定理，只有当方差齐性假定成立时，用最小二乘法得到的未知参数估计值才是准确的、有效的。如果假定不成立，最小二乘估计值就不是方差最小线性无偏估计，拟合模型的精度就会受到很大影响。

我们在进行模型拟合时，检验内容之一就是要检验拟合模型的残差是否满足方差齐性假定。如果不满足，就说明残差序列还不是白噪声序列，即拟合模型没有充分提取随机序列中的相关信息，这时拟合模型的精度是值得怀疑的。在这种情形下，通常需要使用适当的条件异方差模型来处理异方差信息。

2.3.3   纯随机性检验

纯随机性检验也称为白噪声检验，是专门用来检验序列是否为纯随机序列的一种方法。我们知道如果一个序列是纯随机序列，那么它的序列值之间应该没有任何相关关系，即满足

$$\gamma(k) = 0, \forall k \neq 0$$

这是一种理论上才会出现的理想状况。实际上，由于观察值序列的有限性，纯随机序列的样本自相关系数不会绝对为零。

【例 2-4 续（1）】绘制例 2-4 标准正态白噪声序列的样本自相关图。

```
# 绘制白噪声序列的样本自相关图（见图 2-8）
plot_acf(WN).show()
```

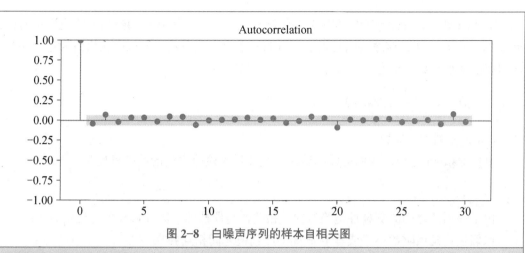

图 2-8　白噪声序列的样本自相关图

```
# 查看前 5 阶自相关系数
from statsmodels.tsa.api import acf
acf(WN,nlags=5)
```
'''
第一条指令是命令系统从时序 api(statsmodels.tsa.api)中直接调用 acf 函数计算自相关系数。api 是 application programming interface 的缩写，翻译为应用程序编程接口。它预先定义了一些函数，供研究人员直接调用。

第二条指令是计算并输出 0~5 阶自相关系数。系统默认以向量格式输出自相关系数。
'''

```
array([ 1.,0.04421551,-0.03260256,-0.02758322,0.02101115,-0.04290588])
```

```
# 修改自相关系数输出格式
pd.DataFrame(acf(WN,nlags=5),columns=["ACF"])
```
'''
系统默认的自相关系数输出结果是以向量格式输出（见上一条命令输出结果），省略了延迟阶数。如果觉得默认输出格式不够清晰直观，可以指定用文件框格式输出，同时指定变量名为 ACF。
'''

	ACF
0	1.000000
1	0.044216
2	-0.032603
3	-0.027583
4	0.021011
5	-0.042906

　　样本自相关图显示这个纯随机序列没有一个样本自相关系数严格等于零。但这些自相关系数确实都非常小，都在零附近以一个很小的幅度随机波动。这就提醒我们应该考虑样本自相关系数的分布性质，从统计意义上判断序列的纯随机性质。

Bartlett 证明，如果一个时间序列是纯随机的，得到一个观察期数为 n 的观察序列 $\{x_t, t=1, 2, \cdots, n\}$，那么该序列的延迟非零阶的样本自相关系数将近似服从均值为零、方差为序列观察期数倒数的正态分布，即

$$\hat{\rho}_k \sim N\left(0, \frac{1}{n}\right), \ \forall k \neq 0$$

式中，n 为序列观察期数。

根据 Bartlett 定理，我们可以构造检验统计量来检验序列的纯随机性。

一、假设条件

由于序列值之间的变异性是绝对的，相关性是偶然的，因此假设条件确定如下：

原假设：延迟阶数小于或等于 m 期的序列值之间相互独立。

备择假设：延迟阶数小于或等于 m 期的序列值之间有相关性。

该假设条件用数学语言描述为：

$$H_0: \ \rho_1 = \rho_2 = \cdots = \rho_m = 0, \ \forall m \geq 1$$
$$H_1: \ 至少存在某个 \rho_k \neq 0, \ \forall m \geq 1, \ k \leq m$$

二、检验统计量

1. Q 统计量

为了检验这个联合假设，Box 和 Pierce 推导出了 Q 统计量：

$$Q = n \sum_{k=1}^{m} \hat{\rho}_k^2$$

式中，n 为序列观测期数；m 为指定的延迟阶数。

下面推导 Q 统计量服从的抽样分布。

因为 $\hat{\rho}_k$ 独立同分布，且近似服从正态分布 $N\left(0, \frac{1}{n}\right)$，对 $\hat{\rho}_k$ 进行标准正态变换，得

$$\sqrt{n}\hat{\rho}_k \overset{i.i.d}{\sim} N(0,1)$$

因为标准正态分布变量的平方服从 χ^2（1）分布，所以有

$$n\hat{\rho}_k^2 \overset{i.i.d}{\sim} \chi^2(1), \ \forall k \neq 0$$

又因为 m 个相互独立的 $\chi^2(1)$ 变量之和服从 $\chi^2(m)$ 分布，所以根据正态分布和卡方分布之间的关系，我们推导出 Q 统计量近似服从自由度为 m 的卡方分布：

$$Q = n \sum_{k=1}^{m} \hat{\rho}_k^2 \sim \chi^2(m)$$

当 Q 统计量大于自由度为 m 的卡方分布的 $1-\alpha$ 分位点或该统计量的 P 值小于 α 时，可以以 $1-\alpha$ 的置信水平拒绝原假设，认为该序列为非白噪声序列；否则，不能拒绝原假设，认为该序列为纯随机序列。

2. LB 统计量

在实际应用中人们发现 Q 统计量在大样本场合（n 很大的场合）检验效果很好，但在小样本场合不太精确。为了弥补这一缺陷，Ljung 和 Box 又推导出 LB（Ljung-Box）统计量：

$$\text{LB} = n(n+2)\sum_{k=1}^{m}\left(\frac{\hat{\rho}_k^2}{n-k}\right)$$

式中，n 为序列观察期数；m 为指定的延迟阶数。

实际上 LB 统计量就是对 Box 和 Pierce 的 Q 统计量的修正，因此人们习惯把它们统称为 Q 统计量，分别记作 Q_{BP} 统计量（Box 和 Pierce 的 Q 统计量）和 Q_{LB} 统计量（Ljung 和 Box 的 Q 统计量），在各种检验场合普遍采用的 Q 统计量通常指的都是 LB 统计量。

【例 2-4 续（2）】计算例 2-4 中白噪声序列延迟 1~12 阶的 Q_{LB} 统计量的值，并判断该序列的随机性（$\alpha=0.05$）。

在 Python 的 statsmodels 库中，进行诊断和检验的统计工具主要存放在 stats 包中。stats 包中专门存放诊断统计量的包名为 diagnostic。在 diagnostic 包中有个 acorr_ljungbox 函数可以进行纯随机性检验。该函数的命令格式为：

　　acorr_ljungbox(x,lags=,boxpierce=)

其中：

● x：序列名。

● lags：指定纯随机性检验的最高阶数。

● boxpierce：是否指定使用 Box 和 Pierce 的 Q 统计量。

（1）默认参数值为 boxpierce=False，即不使用 Q 统计量，默认使用 LB 统计量。

（2）boxpierce=True，使用 Q 统计量，不使用 LB 统计量。

本例的相关指令和输出结果如下：

```
# 进行延迟 1~12 阶的纯随机性检验
from statsmodels.stats.diagnostic import acorr_ljungbox as LB_test
LB_test(WN,lags=12)
'''
```
第一条指令：从 statsmodels.stats.diagnostic 包中提取 acorr_ljungbox 函数，并且把这个函数简记为 LB_test。

第二条指令：对 WN 序列进行延迟 1~12 阶的纯随机性检验，输出 LB 统计量的值和该统计量的 P 值。如果不特别指定 lags 的阶数，系统会默认 lags=10。
```
'''
```

	lb_stat	lb_pvalue
1	1.960882	0.161419
2	3.028069	0.220020
3	3.792719	0.284734
4	4.236847	0.374900
5	6.090712	0.297492
6	6.093577	0.412790

7	6.760078	0.454281
8	7.737905	0.459482
9	7.749313	0.559594
10	8.473410	0.582697
11	8.592330	0.659465
12	9.172005	0.688173

由于延迟 1~12 阶的 LB 统计量的 P 值都大于显著性水平 α，因此该序列不能拒绝纯随机性的原假设。换言之，我们可以认为该序列为白噪声序列，它的波动没有任何统计规律可循，因而可以停止对该序列的统计分析。

还需要解释的一点是，为什么在本例中只检验了延迟前 12 阶的 LB 统计量就直接判断该序列是白噪声序列？为什么不进行延迟全部 999 阶的检验？

这是因为：一方面，平稳序列通常具有短期相关性，如果序列值之间存在显著的相关关系，通常只存在于延迟时期比较短的序列值之间。如果一个平稳序列短期延迟的序列值之间都不存在显著的相关关系，通常长期延迟之间就更不会存在显著的相关关系了。

另一方面，假如一个平稳序列显示出显著的短期相关性，那么该序列就一定不是白噪声序列，我们就可以对序列值之间存在的相关性进行分析。假如此时考虑的延迟时期太长，反而可能淹没了该序列的短期相关性。因为平稳序列只要延迟时期足够长，自相关系数都会收敛于零。

【例 2-5】对 1900—1998 年全球 7 级以上地震发生次数序列进行平稳性图检验和纯随机性检验（显著性水平 α=0.05，数据见表 A1-7）。

本例完整的分析步骤如下：

```
# 导入分析工具
import numpy as np
import pandas as pd
import matplotlib.pyplot as plt
from statsmodels.tsa.api import acf
from statsmodels.stats.diagnostic import acorr_ljungbox as LB_test

# 读入数据文件，指定时间标签，查看数据文件的基本结构
file7=pd.read_excel('D:\\Ts_Data\\A1_7.xlsx',parse_dates=True,index_col=0)
file7=file7.to_period()
print(file7.head())
```

```
        number
year
1900      13
1901      14
1902       8
1903      10
1904      16
```

```
# 绘制时序图和自相关图进行平稳性检验（见图 2-9 和图 2-10）
file7.number.plot(ylabel='number')
plot_acf(file7.number).show()
```

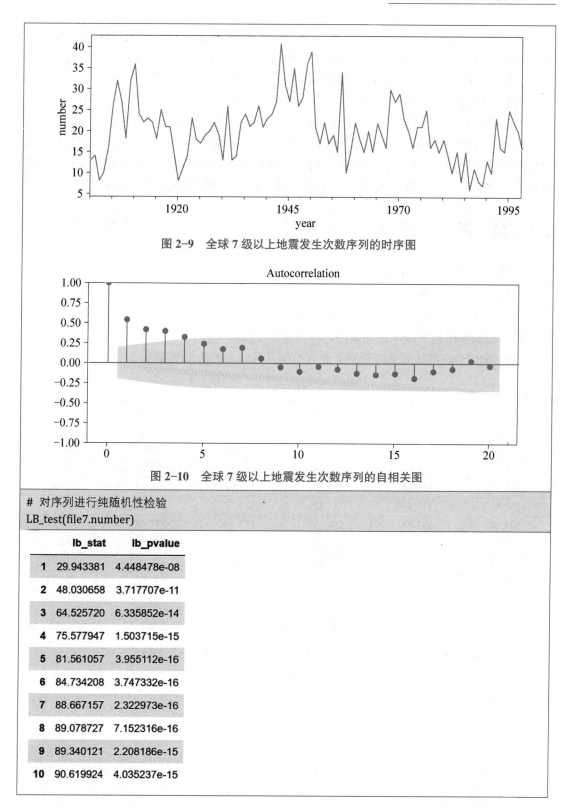

图 2-9 全球 7 级以上地震发生次数序列的时序图

图 2-10 全球 7 级以上地震发生次数序列的自相关图

```
# 对序列进行纯随机性检验
LB_test(file7.number)
```

	lb_stat	lb_pvalue
1	29.943381	4.448478e-08
2	48.030658	3.717707e-11
3	64.525720	6.335852e-14
4	75.577947	1.503715e-15
5	81.561057	3.955112e-16
6	84.734208	3.747332e-16
7	88.667157	2.322973e-16
8	89.078727	7.152316e-16
9	89.340121	2.208186e-15
10	90.619924	4.035237e-15

根据该序列的时序图（见图 2-9）和自相关图（见图 2-10），我们对该序列的平稳性进

行检验。时序图显示该序列没有明显的趋势和周期。自相关图显示，除了延迟 1~4 阶的自相关系数在两倍标准差之外，其他自相关系数均在两倍标准差之内。我们可以认为该序列具有短期相关性。因此，我们可以判断该序列为平稳序列。

白噪声检验显示，延迟 1~10 阶的 LB 统计量的 P 值均小于显著性水平 0.05，所以显著拒绝序列为纯随机序列的原假设，认为该序列为非白噪声序列。

结合前面的平稳性检验的结果，我们可以认为全球每年 7 级以上地震发生次数序列是平稳非白噪声序列。在统计时序分析领域，平稳非白噪声序列被认为是值得分析且最容易分析的一种序列。下面两章我们将详细介绍平稳非白噪声序列的建模及预测方法。

2.4 习 题

1. 考虑序列 {1，2，3，4，5，…，20}。

（1）判断该序列是否平稳。

（2）计算该序列的前 6 阶样本自相关系数。

（3）绘制该序列的样本自相关图，并描述该图形的特征。

2. 1975—1980 年夏威夷岛莫纳罗亚火山每月释放的 CO_2 数据如表 2-3 所示（行数据）。

表 2-3　　　　　　　　　　　　　　　　　　　　　单位：ppm

330.45	330.97	331.64	332.87	333.61	333.55
331.90	330.05	328.58	328.31	329.41	330.63
331.63	332.46	333.36	334.45	334.82	334.32
333.05	330.87	329.24	328.87	330.18	331.50
332.81	333.23	334.55	335.82	336.44	335.99
334.65	332.41	331.32	330.73	332.05	333.53
334.66	335.07	336.33	337.39	337.65	337.57
336.25	334.39	332.44	332.25	333.59	334.76
335.89	336.44	337.63	338.54	339.06	338.95
337.41	335.71	333.68	333.69	335.05	336.53
337.81	338.16	339.88	340.57	341.19	340.87
339.25	337.19	335.49	336.63	337.74	338.36

（1）绘制该序列时序图，并使用图检验方法判断该序列是否平稳。

（2）计算该序列的前 24 阶样本自相关系数。

（3）绘制该序列的样本自相关图，并描述该图形的特征。

3. 1945—1950 年费城月度降雨量数据如表 2-4 所示（行数据）。

表 2-4　　　　　　　　　　　　　　　　　　　　　单位：mm

69.3	80.0	40.9	74.9	84.6	101.1	225.0	95.3	100.6	48.3	144.5	128.3
38.4	52.3	68.6	37.1	148.6	218.7	131.6	112.8	81.8	31.0	47.5	70.1
96.8	61.5	55.6	171.7	220.5	119.4	63.2	181.6	73.9	64.8	166.9	48.0

续表

137.7	80.5	105.2	89.9	174.8	124.0	86.4	136.9	31.5	35.3	112.3	143.0
160.8	97.0	80.5	62.5	158.2	7.6	165.9	106.7	92.2	63.2	26.2	77.0
52.3	105.4	144.3	49.5	116.1	54.1	148.6	159.3	85.3	67.3	112.8	59.4

（1）绘制该序列的时序图，并使用图检验方法判断该序列是否平稳。

（2）计算该序列的前 24 阶样本自相关系数。

（3）绘制该序列的样本自相关图，并描述该图形的特征。

4. 若序列长度为 100，前 12 阶样本自相关系数如下：

$$\rho_1=0.02, \ \rho_2=0.05, \ \rho_3=0.10, \ \rho_4=-0.02, \ \rho_5=0.05, \ \rho_6=0.01$$

$$\rho_7=0.12, \ \rho_8=-0.06, \ \rho_9=0.08, \ \rho_{10}=-0.05, \ \rho_{11}=0.02, \ \rho_{12}=-0.05$$

该序列能否视为纯随机序列（$\alpha=0.05$）？

5. 表 2–5 中的数据是某公司在 2000—2003 年间每月的销售量。

表 2–5

月份	2000 年	2001 年	2002 年	2003 年
1	153	134	145	117
2	187	175	203	178
3	234	243	189	149
4	212	227	214	178
5	300	298	295	248
6	221	256	220	202
7	201	237	231	162
8	175	165	174	135
9	123	124	119	120
10	104	106	85	96
11	85	87	67	90
12	78	74	75	63

（1）绘制该序列的时序图及样本自相关图。

（2）使用图检验方法，判断该序列的平稳性。

（3）判断该序列的纯随机性。

6. 1969 年 1 月开始在芝加哥海德公园内每 28 天发生的抢包案件数如表 2–6 所示（行数据）。

表 2–6

10	15	10	10	12	10	7	7	10	14	8	17
14	18	3	9	11	10	6	12	14	10	25	29
33	33	12	19	16	19	19	12	34	15	36	29
26	21	17	19	13	20	24	12	6	14	6	12
9	11	17	12	8	14	14	12	5	8	10	3
16	8	8	7	12	6	10	8	10	5		

（1）判断该序列 $\{x_t\}$ 的平稳性及纯随机性。

（2）对 $\{x_t\}$ 序列进行 1 阶差分运算：$y_t = x_t - x_{t-1}$，并判断序列 $\{y_t\}$ 的平稳性及纯随机性。

7. 1915—2004 年澳大利亚每年与枪支有关的凶杀案死亡率（每 10 万人）如表 2-7 所示。

（1）绘制该序列的时序图，直观考察该序列的平稳特征。

（2）绘制自相关图，分析该序列的平稳性。

（3）如果是平稳序列，则分析该序列的纯随机性；如果是非平稳序列，则分析该序列一阶差分后序列的平稳性。

表 2-7

年份	死亡率	年份	死亡率	年份	死亡率
1915	0.521 505 2	1945	0.365 275	1975	0.633 412 7
1916	0.424 828 4	1946	0.375 075 8	1976	0.605 711 5
1917	0.425 031 1	1947	0.409 005 6	1977	0.704 610 7
1918	0.477 193 8	1948	0.389 167 6	1978	0.480 526 3
1919	0.828 021 2	1949	0.240 261	1979	0.702 686
1920	0.615 618 6	1950	0.158 949 6	1980	0.700 901 7
1921	0.366 627	1951	0.439 337 3	1981	0.603 085 4
1922	0.430 888 3	1952	0.509 468 1	1982	0.698 091 9
1923	0.281 028 7	1953	0.374 346 5	1983	0.597 656
1924	0.464 624 5	1954	0.433 982 8	1984	0.802 342 1
1925	0.269 395 1	1955	0.413 055 7	1985	0.601 710 9
1926	0.577 904 9	1956	0.328 892 8	1986	0.599 312 7
1927	0.566 115 1	1957	0.518 664 8	1987	0.602 562 5
1928	0.507 758 4	1958	0.548 650 4	1988	0.701 662 5
1929	0.750 717 5	1959	0.546 911 1	1989	0.499 571 4
1930	0.680 839 5	1960	0.496 349 4	1990	0.498 091 8
1931	0.766 109 1	1961	0.530 892 9	1991	0.497 569
1932	0.456 147 3	1962	0.595 776 1	1992	0.600 183
1933	0.497 749 6	1963	0.557 058 4	1993	0.333 954 2
1934	0.419 327 3	1964	0.573 132 5	1994	0.274 437
1935	0.609 551 4	1965	0.500 541 6	1995	0.320 942 8
1936	0.457 337	1966	0.543 126 9	1996	0.540 667 1
1937	0.570 547 8	1967	0.559 365 7	1997	0.405 020 9
1938	0.347 899 6	1968	0.691 169 3	1998	0.288 596 1
1939	0.387 499 3	1969	0.440 348 5	1999	0.327 594 2
1940	0.582 428 5	1970	0.567 666 2	2000	0.313 260 6
1941	0.239 103 3	1971	0.596 911 4	2001	0.257 556 2
1942	0.236 744 5	1972	0.473 553 7	2002	0.213 838 6
1943	0.262 615 8	1973	0.592 393 5	2003	0.186 185 6
1944	0.424 093 4	1974	0.597 555 6	2004	0.159 271 3

8. 1860—1955 年密歇根湖每月平均水位的最高值序列如表 2-8 所示。

（1）绘制该序列的时序图，直观考察该序列的平稳特征。

（2）绘制自相关图，分析该序列的平稳性。

（3）如果是平稳序列，分析该序列的纯随机性；如果是非平稳序列，则分析该序列一阶差分后序列的平稳性。

表 2-8

年份	水位	年份	水位	年份	水位	年份	水位
1860	83.3	1884	83.1	1908	81.8	1932	78.6
1861	83.5	1885	83.3	1909	81.1	1933	78.7
1862	83.2	1886	83.7	1910	80.5	1934	78
1863	82.6	1887	82.9	1911	80	1935	78.6
1864	82.2	1888	82.3	1912	80.7	1936	78.7
1865	82.1	1889	81.8	1913	81.3	1937	78.6
1866	81.7	1890	81.6	1914	80.7	1938	79.7
1867	82.2	1891	80.9	1915	80	1939	80
1868	81.6	1892	81	1916	81.1	1940	79.3
1869	82.1	1893	81.3	1917	81.87	1941	79
1870	82.7	1894	81.4	1918	81.91	1942	80.2
1871	82.8	1895	80.2	1919	81.3	1943	81.5
1872	81.5	1896	80	1920	81	1944	80.8
1873	82.2	1897	80.85	1921	80.5	1945	81
1874	82.3	1898	80.83	1922	80.6	1946	80.96
1875	82.1	1899	81.1	1923	79.8	1947	81.1
1876	83.6	1900	80.7	1924	79.6	1948	80.8
1877	82.7	1901	81.1	1925	78.49	1949	79.7
1878	82.5	1902	80.83	1926	78.49	1950	80
1879	81.5	1903	80.82	1927	79.6	1951	81.6
1880	82.1	1904	81.5	1928	80.6	1952	82.7
1881	82.2	1905	81.6	1929	82.3	1953	82.1
1882	82.6	1906	81.5	1930	81.2	1954	81.7
1883	83.3	1907	81.6	1931	79.1	1955	81.5

第 3 章　ARMA 模型的性质

3.1　Wold 分解定理

1938 年，H.Wold 在他的博士论文《平稳时间序列分析的研究》(*A Study in the Analysis of Stationary Time Series*) 中，基于泛函分析中的 Hilbert 空间理论，提出了著名的平稳序列分解定理。这个定理是平稳序列分析的理论基础。

Wold 分解定理　任意一个离散平稳序列 $\{x_t\}$ 都可以分解为两个不相关的平稳序列之和，其中一个为确定性的 (deterministic)，另一个为随机性的 (stochastic)，不妨记作：

$$x_t = V_t + \xi_t$$

式中，$\{V_t\}$ 为确定性序列；$\{\xi_t\}$ 为随机序列。

确定性序列 $\{V_t\}$ 代表了序列的当期波动可以由其历史信息预测的部分。Wold 证明，平稳时间序列的确定性部分一定可以表示为历史序列值的线性组合：

$$V_t = \sum_{j=1}^{\infty} \phi_j x_{t-j} \tag{3.1}$$

随机序列 $\{\xi_t\}$ 代表了序列的当期波动不能由历史信息解读的部分。Wold 证明，这部分信息可以等价表示为：

$$\xi_t = \sum_{j=0}^{\infty} \theta_j \varepsilon_{t-j} \tag{3.2}$$

式中，$\theta_0 = 1$，$\sum_{j=0}^{\infty} \theta_j^2 < \infty$，$\{\varepsilon_t\}$ 称为新息过程 (innovation process)，是每个时期新加入的随机信息。$\{\varepsilon_t\}$ 为白噪声序列，序列值相互独立，不可预测，通常假定 $\varepsilon_t \overset{i.i.d}{\sim} N(0, \sigma_\varepsilon^2), \forall t \geq 0$。

具有式 (3.1) 结构的模型实际上就是 1927 年 Yule 提出的自回归 (autoregressive) 模型，简称 AR 模型。式 (3.2) 则是 1931 年 Walker 提出的移动平均 (moving average) 模型，简称 MA 模型。这意味着 Wold 分解定理保证了平稳序列一定可以用某个 ARMA 模型等价表示。因此，ARMA 模型是目前最常用的平稳序列拟合与预测模型。

ARMA 模型实际上是一个模型族，它可以细分为 AR 模型、MA 模型和 ARMA 模型。每个模型中又包含了无穷多个阶数不同的子模型。当我们获取了一个平稳的观察值序列时，到底应该选择用 ARMA 模型族中的哪个模型来拟合它呢？为了完成模型的选择工作，我们必须了解 ARMA 模型族中不同模型的特征。

3.2　AR 模型

3.2.1　AR 模型的定义

定义 3.1　具有如下结构的模型称为 p 阶自回归模型，简记为 AR(p)：

$$\begin{cases} x_t = \phi_0 + \phi_1 x_{t-1} + \phi_2 x_{t-2} + \cdots + \phi_p x_{t-p} + \varepsilon_t \\ \phi_p \neq 0 \\ E(\varepsilon_t) = 0, \operatorname{Var}(\varepsilon_t) = \sigma_\varepsilon^2, E(\varepsilon_t \varepsilon_s) = 0, s \neq t \\ E(x_s \varepsilon_t) = 0, \forall s < t \end{cases} \quad (3.3)$$

AR(p)模型有三个限制条件：

条件一：$\phi_p \neq 0$。这个限制条件保证了模型的最高阶数为 p。

条件二：$E(\varepsilon_t) = 0, \operatorname{Var}(\varepsilon_t) = \sigma_\varepsilon^2, E(\varepsilon_t \varepsilon_s) = 0, s \neq t$。这个限制条件实际上是要求随机干扰序列$\{\varepsilon_t\}$为零均值白噪声序列。

条件三：$E(x_s \varepsilon_t) = 0, \forall s < t$。这个限制条件说明当期的随机干扰与过去的序列值无关。

通常会缺省默认式（3.3）的限制条件，把 AR(p)模型简记为：

$$x_t = \phi_0 + \phi_1 x_{t-1} + \phi_2 x_{t-2} + \cdots + \phi_p x_{t-p} + \varepsilon_t \quad (3.4)$$

当 $\phi_0 = 0$ 时，自回归模型（3.3）又称中心化 AR(p)模型。非中心化 AR(p)序列都可以通过下面的变换转化为中心化 AR(p)序列。

令

$$\mu = \frac{\phi_0}{1 - \phi_1 - \cdots - \phi_p}, \quad y_t = x_t - \mu$$

则$\{y_t\}$为$\{x_t\}$的中心化序列。中心化变换实际上就是非中心化序列整体平移了一个常数，这种整体移动对序列值之间的相关关系没有任何影响，所以今后在分析 AR 模型的相关关系时，都简化为对它的中心化模型进行分析。

在研究和应用中，为了书写方便，我们常常引入延迟算子来表达时间序列的模型结构。

引进延迟算子，中心化 AR(p)模型又可以简记为：

$$\Phi(B)x_t = \varepsilon_t \quad (3.5)$$

式中，$\Phi(B) = 1 - \phi_1 B - \phi_2 B^2 - \cdots - \phi_p B^p$，称为 p 阶自回归系数多项式。

延迟算子类似于一个时间指针，当前序列值乘以一个延迟算子就相当于把当前序列值的时间向过去拨了一个时刻。记 B 为延迟算子，有

$$x_{t-1} = Bx_t$$
$$x_{t-2} = B^2 x_t$$
$$\vdots$$
$$x_{t-p} = B^p x_t$$

延迟算子有如下性质：

（1）$B^0=1$；

（2）常数的任意阶数延迟仍然等于常数，即 $B^p c=c$，其中，c 为任意常数，p 为任意正整数；

（3）若 c 为任意常数，则有 $B(cx_t)=cx_{t-1}$；

（4）对任意两个序列 $\{x_t\}$ 和 $\{y_t\}$，有 $B(x_t \pm y_t) = x_{t-1} + y_{t-1}$。

用延迟算子表示差分运算，则一阶差分可以表示为：

$$\Delta x_t = (1-B)x_t$$

p 阶差分可以表示为：

$$\Delta^p x_t = (1-B)^p x_t$$

k 步差分可以表示为：

$$\Delta_k x_t = (1-B^k)x_t$$

3.2.2　AR 模型的平稳性判别

要拟合一个平稳序列的发展，用来拟合的模型显然也应该是平稳的。AR 模型是常用的平稳序列的拟合模型之一，但并非所有的 AR 模型都是平稳的。

【例 3-1】考察如下四个 AR 模型的平稳性：

（1）$x_t = 0.8x_{t-1} + \varepsilon_t$　　　　　　　　　　（2）$x_t = -1.1x_{t-1} + \varepsilon_t$

（3）$x_t = x_{t-1} - 0.5x_{t-2} + \varepsilon_t$　　　　　　（4）$x_t = x_{t-1} + 0.5x_{t-2} + \varepsilon_t$

假定 $\{\varepsilon_t\}$ 为标准正态白噪声序列。拟合这四个序列的序列值并绘制时序图，四个 AR 序列的时序图见图 3-1。

```
# 导入数据分析三件套，本章后续指令都默认已经导入了这三件套
import numpy as np
import pandas as pd
import matplotlib.pyplot as plt

# 调用 pandas 包中的 zeros 函数创建 4 个元素全为 0、长度均为 100 的一维数组
# 命名为 x1~x4，此时 x1~x4 作为四个 AR 拟合模型的初始值
x1= np.zeros(100)
x2= np.zeros(100)
x3= np.zeros(100)
x4= np.zeros(100)

#调用 numpy 包中的 random.normal 函数，产生长度为 100 的随机误差序列
e= np.random.normal(size=100)

#调用循环函数，产生 x1~x4 各 100 个序列拟合值
for i in range(99):
    x1[i+1]=0.8*x1[i]+e[i]
    x2[i+1]=-1.1*x2[i]+e[i]
for i in range(98):
    x3[i+2]=x3[i+1]-0.5*x3[i]+e[i]
    x4[i+2]=x4[i+1]+0.5*x4[i]+e[i]
```

```
'''
for 为循环函数,它的命令格式是:
                    for i in 循环范围:
                        需要执行的循环命令
'''
# 将这四个序列合并为一个数据文件，命名为 file
file=pd.DataFrame({'x1':x1,'x2':x2,'x3':x3,'x4':x4})

# 绘制这四个序列的时序图，按 2 行 2 列的排列方式输出
file.plot(subplots=True,layout=(2,2))
```

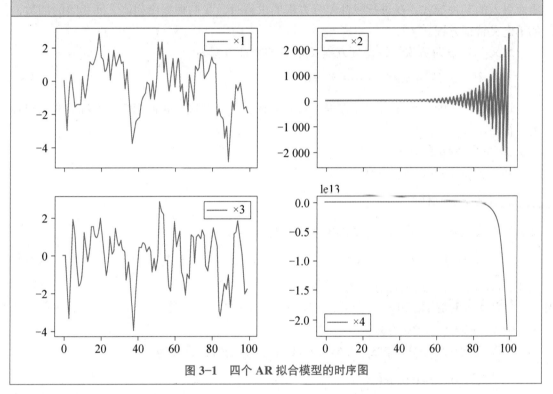

图 3-1　四个 AR 拟合模型的时序图

根据图 3-1 可以直观判断出模型（1）和（3）平稳，模型（2）和（4）非平稳。图示法只是一种粗糙的直观判别方法，我们有两种准确的平稳性判别方法：特征根判别法和平稳域判别法。

一、特征根判别法

1. 线性差分方程的定义

在微分方程数值求解领域，称具有如下形式的方程为 p 阶线性差分方程

$$x_t+a_1x_{t-1}+a_2x_{t-2}+\cdots+a_px_{t-p}=h(t) \tag{3.6}$$

式中，$p\geq1$；a_1，a_2，$\cdots$，a_p 为实数；$h(t)$ 为 t 的某个已知函数。

特别地，当 $h(t)=0$ 时，差分方程

$$x_t + a_1 x_{t-1} + a_2 x_{t-2} + \cdots + a_p x_{t-p} = 0 \tag{3.7}$$

称为 p 阶齐次线性差分方程.

显然，任一 AR(p)模型 $x_t - \phi_1 x_{t-1} - \cdots - \phi_p x_{t-p} = \phi_0 + \varepsilon_t$ 都可以视为一个非齐次线性差分方程。

2. 特征方程与特征根

在数学领域，求解线性差分方程已经有成熟的方法。

线性差分方程的求解要借助它的特征方程和特征根。特征方程是为研究相应的数学对象而引入的某种等式。在进行线性差分方程的求解时，我们根据序列值之间相隔的期数，如下定义特征方程。

定义 3.2 p 阶齐次线性差分方程（3.7）的特征方程为

$$\lambda^p + a_1 \lambda^{p-1} + a_2 \lambda^{p-2} + \cdots + a_p = 0 \tag{3.8}$$

这是一个 λ 的一元 p 次线性方程，它应该有 p 个非零根，我们把特征方程的非零根称为特征根。

3. 齐次线性差分方程的解

特征方程（3.8）的 p 个特征根不妨记作

$$\lambda_1, \lambda_2, \cdots, \lambda_p$$

那么齐次线性差分方程（3.7）的通解可以简写为

$$x_t' = c_1 \lambda_1^t + c_2 \lambda_2^t + \cdots + c_p \lambda_p^t \tag{3.9}$$

式中，c_1，c_2，$\cdots$，c_p 为任意实数。

【例 3-2】 验证 $c_1 0.5^t + c_2 0.1^t$，c_1，c_2 为任意常数，是二阶齐次线性差分方程 $x_t - 0.6 x_{t-1} + 0.05 x_{t-2} = 0$ 的解。

二阶齐次线性差分方程 $x_t - 0.6 x_{t-1} + 0.05 x_{t-2} = 0$ 的特征方程为

$$\lambda^2 - 0.6\lambda + 0.05 = 0$$

根据特征方程，求得两个特征根为

$$\lambda_1 = 0.5, \lambda_2 = 0.1$$

容易验证，这两个特征根的 t 次方 $f_1(t) = 0.5^t$ 和 $f_2(t) = 0.1^t$ 分别是齐次线性差分方程的两个解

$$\begin{aligned} f_1(t) - 0.6 f_1(t-1) + 0.05 f_1(t-2) &= 0.5^t - 0.6 \times 0.5^{t-1} + 0.05 \times 0.5^{t-2} \\ &= (0.5^2 - 0.6 \times 0.5 + 0.05) 0.5^{t-2} \\ &= 0 \end{aligned}$$

$$\begin{aligned} f_2(t) - 0.6 f_2(t-1) + 0.05 f_2(t-2) &= 0.1^t - 0.6 \times 0.1^{t-1} + 0.05 \times 0.1^{t-2} \\ &= (0.1^2 - 0.6 \times 0.1 + 0.05) 0.1^{t-2} \\ &= 0 \end{aligned}$$

也容易验证，这两个解的任意线性组合 $f(t) = c_1 0.5^t + c_2 0.1^t$（$c_1$，$c_2$ 为任意实数）也是齐次线性差分方程的解

$$f(t) - 0.6f(t-1) + 0.05f(t-2)$$
$$= c_1 0.5^t + c_2 0.1^t - 0.6 \times (c_1 0.5^{t-1} + c_2 0.1^{t-1}) + 0.05 \times (c_1 0.5^{t-2} + c_2 0.1^{t-2})$$
$$= c_1 (0.5^2 - 0.6 \times 0.5 + 0.05) 0.5^{t-2} + c_2 (0.1^2 - 0.6 \times 0.1 + 0.05) 0.1^{t-2}$$
$$= 0$$

式中，c_1，c_2 为任意实数。

4. 非齐次线性差分方程的解

非齐次线性差分方程（3.6）的解为：

$$x_t = x_t' + x_t''$$

式中，x_t' 为齐次线性差分方程（3.7）的通解；x_t'' 为非齐次线性差分方程（3.6）的一个特解。所谓特解，就是使非齐次线性差分方程（3.6）成立的任一实数值。

【例 3-2 续】 求二阶非齐次线性差分方程 $x_t - 0.6x_{t-1} + 0.05x_{t-2} = -0.9$ 的解。

在例 3-2 中，我们求出齐次线性差分方程的通解为 $x_t' = c_1 0.5^t + c_2 0.1^t$，$c_1$，$c_2$ 为任意实数。容易验证 $x_t'' = -2$ 是该非齐次线性差分方程的一个特解

$$x_t'' - 0.6x_{t-1}'' + 0.05x_{t-2}'' = -2 - 0.6 \times (-2) + 0.05 \times (-2) = -0.9$$

所以该二阶非齐次线性差分方程的解为

$$x_t = x_t' + x_t'' = c_1 0.5^t + c_2 0.1^t - 2，\quad c_1，c_2 \text{为任意实数}$$

5. AR 模型平稳性的判别准则

任一 AR(p)模型都可以视为一个非齐次线性差分方程。它的解不妨记作

$$x_t = c_1 \lambda_1^t + c_2 \lambda_2^t + \cdots + c_p \lambda_p^t + x_t''$$

式中，c_1，c_2，$\cdots$，c_p 为任意实数；x_t'' 为任意特解。

平稳序列必须始终在均值附近波动，不能随着时间的递推而发散，即平稳 AR 模型的解要满足

$$\lim_{t \to \infty} x_t = \lim_{t \to \infty} [c_1 \lambda_1^t + c_2 \lambda_2^t + \cdots + c_p \lambda_p^t + x_t''] = \mu \qquad (3.10)$$

式中，μ 为常数均值。

为了保证式（3.10）对于任意实数 c_1，c_2，$\cdots$，c_p 都成立，就必须要求每个特征根的幂函数都不能发散，即

$$\lim_{t \to \infty} c_i \lambda_i^t < \infty, \ 1 \leqslant i \leqslant p$$

进而推导出平稳 AR 模型必须满足每个特征根的绝对值都小于 1，即

$$|\lambda_i| < 1, \ 1 \leqslant i \leqslant p$$

这意味着，如果我们能把一个 AR 模型所有的特征根都求出来并且都标注在坐标轴上，且该模型所有的特征根都在半径为 1 的单位圆内，那么该模型平稳。如果该模型有至少一个特征根在单位圆上或单位圆外，那么该模型就是非平稳的。这就是 AR 模型平稳性的特征根判别准则。

6. 自回归系数多项式的解

AR 模型自回归系数多项式的解与特征根之间具有倒函数关系，所以平稳 AR 模型的特征根都在单位圆内的等价判别条件是 AR 模型自回归系数多项式的解都在单位圆外。下面证明这个论断。

证明：引入延迟算子，AR(p)模型可以简写为：

$$\Phi(B)x_t = \varepsilon_t$$

式中，$\Phi(B)$ 为 p 阶自回归系数多项式，$\Phi(B) = 1 - \phi_1 B - \phi_2 B^2 - \cdots - \phi_p B^p$。

假设 $\lambda_1, \lambda_2, \cdots, \lambda_p$ 是平稳序列$\{x_t\}$线性差分方程的 p 个特征根，任取 λ_i ($i \in (1, 2, \cdots, p)$)，代入特征方程，有

$$\lambda_i^p - \phi_1 \lambda_i^{p-1} - \phi_2 \lambda_i^{p-2} - \cdots - \phi_p = 0$$

把 $u_i = \dfrac{1}{\lambda_i}$ 代入 p 阶自回归系数多项式，得到

$$
\begin{aligned}
\phi(u_i) &= 1 - \phi_1 u_i - \phi_2 u_i^2 - \cdots - \phi_p u_i^p \\
&= 1 - \phi_1 \frac{1}{\lambda_i} - \phi_2 \frac{1}{\lambda_i^2} - \cdots - \phi_p \frac{1}{\lambda_i^p} \\
&= \frac{1}{\lambda_i^p}(\lambda_i^p - \phi_1 \lambda_i^{p-1} - \cdots - \phi_p) \\
&= 0
\end{aligned}
$$

这意味着 $u_i = \dfrac{1}{\lambda_i}$ ($i \in (1, 2, \cdots, p)$) 是 p 阶自回归系数多项式的解。根据$|\lambda_i| < 1$，等价推导出

$$|u_i| > 1$$

因此，判断一个 AR(p)模型是否平稳，既可以考察它的特征根是否都在单位圆内，也可以等价考察它的自回归系数多项式的根是否都在单位圆外。

二、平稳域判别法

对于一个 AR(p) 模型而言，如果没有平稳性的要求，实际上也就意味着对参数向量 (ϕ_1, $\phi_2, \cdots, \phi_p$)′ 没有任何限制，它们可以取遍 p 维欧氏空间的所有点，但是如果加上了平稳性限制，参数向量 ($\phi_1, \phi_2, \cdots, \phi_p$)′ 就只能取 p 维欧氏空间的一个子集。使得特征根都在单位圆内的系数集合

$$\{\phi_1, \phi_2, \cdots, \phi_p | 特征根都在单位圆内\}$$

称为 AR(p) 模型的平稳域。

对于低阶 AR 模型，用平稳域的方法判别模型的平稳性通常更简便。

（1）AR(1) 模型的平稳域。

AR(1) 模型为 $x_t = \phi_1 x_{t-1} + \varepsilon_t$，其特征方程为 $\lambda - \phi_1 = 0$，特征根为 $\lambda = \phi_1$。根据 AR 模型平稳的充要条件，容易推出 AR(1) 模型平稳的充要条件是：

$$|\phi_1| < 1 \tag{3.11}$$

所以，AR(1) 模型的平稳域就是 $\{\phi_1 | -1 < \phi_1 < 1\}$。

（2）AR(2) 模型的平稳域。

AR(2) 模型为 $x_t = \phi_1 x_{t-1} + \phi_2 x_{t-2} + \varepsilon_t$，其特征方程为 $\lambda^2 - \phi_1 \lambda - \phi_2 = 0$，特征根为 $\lambda_1 = \dfrac{\phi_1 + \sqrt{\phi_1^2 + 4\phi_2}}{2}$，$\lambda_2 = \dfrac{\phi_1 - \sqrt{\phi_1^2 + 4\phi_2}}{2}$。根据 AR 模型平稳的充要条件，AR(2) 模型平稳的充要条件是 $|\lambda_1| < 1$ 且 $|\lambda_2| < 1$。

根据一元二次方程的性质和 AR(2) 模型的平稳条件，有

$$\begin{cases} \lambda_1 + \lambda_2 = \phi_1 \\ \lambda_1 \lambda_2 = -\phi_2 \end{cases}, \ \text{且} \ |\lambda_1| < 1, \ |\lambda_2| < 1 \tag{3.12}$$

可以推导出：

1）$|\phi_2| = |\lambda_1 \lambda_2| < 1$；

2）$\phi_2 + \phi_1 = -\lambda_1 \lambda_2 + \lambda_1 + \lambda_2 = 1 - (1 - \lambda_1)(1 - \lambda_2) < 1$；

3）$\phi_2 - \phi_1 = -\lambda_1 \lambda_2 - \lambda_1 - \lambda_2 = 1 - (1 + \lambda_1)(1 + \lambda_2) < 1$。

这三个限制条件意味着 AR(2) 模型的平稳域是一个三角形区域，如图 3-2 所示。

$$\{\phi_1, \phi_2 \mid |\phi_2| < 1, \ \text{且} \ \phi_2 \pm \phi_1 < 1\}$$

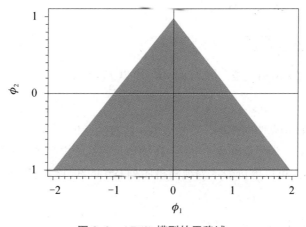

图 3-2　AR(2) 模型的平稳域

【例 3-1 续】分别用特征根判别法和平稳域判别法检验例 3-1 中四个 AR 模型的平稳性。

（1）$x_t = 0.8 x_{t-1} + \varepsilon_t$　　　　（2）$x_t = -1.1 x_{t-1} + \varepsilon_t$

（3）$x_t = x_{t-1} - 0.5 x_{t-2} + \varepsilon_t$　　　（4）$x_t = x_{t-1} + 0.5 x_{t-2} + \varepsilon_t$

其中，$\{\varepsilon_t\}$ 均为服从标准正态分布的白噪声序列。

结论如表 3-1 所示。

表 3-1

模型	特征根判别法	平稳域判别法	结论
（1）	$\lambda_1 = 0.8$	$\phi_1 = 0.8$	平稳
（2）	$\lambda_2 = -1.1$	$\phi_1 = -1.1$	非平稳

续表

模型	特征根判别法	平稳域判别法	结论
（3）	$\lambda_1 = \dfrac{1+i}{2}$，$\lambda_2 = \dfrac{1-i}{2}$	$|\phi_2|=0.5$，$\phi_2+\phi_1=0.5$，$\phi_2-\phi_1=-1.5$	平稳
（4）	$\lambda_1 = \dfrac{1+\sqrt{3}}{2}$，$\lambda_2 = \dfrac{1-\sqrt{3}}{2}$	$|\phi_2|=0.5$，$\phi_2+\phi_1=1.5$，$\phi_2-\phi_1=-0.5$	非平稳

理论判别得到的结论支持例 3–1 根据时序图（见图 3–1）得出的直观判断。

3.2.3 平稳 AR 模型的统计性质

一、均值

假如 AR(p)模型式（3.4）满足平稳性条件，在等式两边取期望，得

$$E(x_t) = E(\phi_0 + \phi_1 x_{t-1} + \phi_2 x_{t-2} + \cdots + \phi_p x_{t-p} + \varepsilon_t) \tag{3.13}$$

根据平稳序列均值为常数的性质，有 $E(x_t)=\mu\,(\forall t \in T)$，且因为 $\{\varepsilon_t\}$ 为白噪声序列，有 $E(\varepsilon_t)=0$，所以式（3.13）等价于

$$(1-\phi_1-\cdots-\phi_p)\mu = \phi_0$$

$$\Rightarrow \mu = \frac{\phi_0}{1-\phi_1-\cdots-\phi_p}$$

特别地，对于中心化 AR(p)模型，因为 $\phi_0=0$，所以 $E(x_t)=0$。

二、方差

要得到平稳 AR(p)模型的方差，需要 Green 函数的帮助。下面给出 Green 函数的定义。

定义 3.3 假设 $\{x_t\}$ 为任意阶数的平稳 AR 模型，那么一定存在一个常数序列 $\{G_j\}$（j=0，1，2，$\cdots$），使得 $\{x_t\}$ 可以等价表示为纯随机序列 $\{x_t\}$ 的线性组合，即

$$x_t = G_0\varepsilon_t + G_1\varepsilon_{t-1} + G_2\varepsilon_{t-2} + \cdots$$

这个常数序列 $\{G_j\}$ 就称为 Green 函数。

Green 函数的序列值可以通过递推公式得到。下面以 AR(1) 模型为例，介绍如何获得 Green 函数的递推公式。

【例 3–3】 求平稳 AR(1) 模型 $x_t = \phi_1 x_{t-1} + \varepsilon_t$，$\varepsilon_t \sim N(0, \sigma_\varepsilon^2)$ 的 Green 函数的表达式，并基于 Green 函数求 AR(1) 模型的方差。

假设 AR(1) 模型的序列值记作 x_1，x_2，x_3，$\cdots$，小于 1 时刻的序列值不存在，即 $x_0=0$。那么序列的第一期观察值为：

$$x_1 = \phi_1 x_0 + \varepsilon_1 = \varepsilon_1$$

用 Green 函数表达，它等价于

$$x_1 = G_0\varepsilon_1 \Rightarrow G_0 = 1$$

序列的第二期观察值为：

$$x_2 = \phi_1 x_1 + \varepsilon_2 = \varepsilon_2 + \phi_1 \varepsilon_1$$

用 Green 函数表达，它等价于

$$x_2 = G_0 \varepsilon_2 + G_1 \varepsilon_1 \Rightarrow G_1 = \phi_1$$

序列的第三期观察值为：

$$x_3 = \phi_1 x_2 + \varepsilon_3 = \varepsilon_3 + \phi_1(\varepsilon_2 + \phi_1 \varepsilon_1) = \varepsilon_3 + \phi_1 \varepsilon_2 + \phi_1^2 \varepsilon_1$$

用 Green 函数表达，它等价于

$$x_3 = G_0 \varepsilon_3 + G_1 \varepsilon_2 + G_2 \varepsilon_1 \Rightarrow G_2 = \phi_1^2$$

依此递推，可以推导出 AR(1) 模型的 Green 函数的递推公式为：

$$G_j = \begin{cases} 1, & j = 0 \\ \phi_1^j, & j \geqslant 1 \end{cases}$$

于是，借助 Green 函数，AR(1) 模型可以等价表示为：

$$x_t = G_0 \varepsilon_t + G_1 \varepsilon_{t-1} + G_2 \varepsilon_{t-2} + \cdots$$

由于 $\{\varepsilon_t\}$ 是纯随机序列，且 $\varepsilon_t \sim N(0, \sigma_\varepsilon^2)$，$\forall t \geqslant 1$，因此 AR(1) 模型的方差为：

$$\begin{aligned} \mathrm{Var}(x_t) &= \mathrm{Var}(G_0 \varepsilon_t + G_1 \varepsilon_{t-1} + G_2 \varepsilon_{t-2} + \cdots) \\ &= (G_0^2 + G_1^2 + G_2^2 + \cdots) \sigma_\varepsilon^2 \\ &= (1 + \phi_1^2 + \phi_1^4 + \cdots) \sigma_\varepsilon^2 \\ &= \frac{\sigma_\varepsilon^2}{1 - \phi_1^2} \end{aligned}$$

任意阶数的平稳 AR 模型都可以通过这种递推方法得到 Green 函数的递推公式。

借助延迟算子和待定系数法，我们还可以获得任意阶数平稳 AR 模型 Green 函数的通用递推公式。

引入延迟算子，AR(p) 模型可以记作：

$$\Phi(B) x_t = \varepsilon_t \tag{3.14}$$

式中，$\Phi(B) = 1 - \phi_1 B - \phi_2 B^2 - \cdots - \phi_p B^p$；$\{\varepsilon_t\}$ 为白噪声序列，且 $\varepsilon_t \sim N(0, \sigma_\varepsilon^2)$。

$\{x_t\}$ 也可以用 Green 函数等价表示为：

$$x_t = G(B) \varepsilon_t \tag{3.15}$$

式中，$G(B) = G_0 + G_1 B + G_2 B^2 + \cdots$。

把式（3.15）代入式（3.14），得到

$$\Phi(B) G(B) \varepsilon_t = \varepsilon_t \tag{3.16}$$

展开式（3.16），得

$$\left(1 - \sum_{k=1}^{p} \phi_k B^k\right)\left(\sum_{j=0}^{\infty} G_j B^j\right)\varepsilon_t = \varepsilon_t$$

整理上式，合并 B^j（$j=0$，1，2，$\cdots$）的同类项，得

$$\left[G_0 + \sum_{j=1}^{\infty}\left(G_j - \sum_{k=1}^{j} \phi_k' G_{j-k}\right)B^j\right]\varepsilon_t = \varepsilon_t \tag{3.17}$$

根据待定系数法，要使得式（3.17）的等号成立，必须满足如下两个条件：

（1）$G_0 = 1$。

（2）B^j 前的每个系数都为 0，即

$$G_j - \sum_{k=1}^{j} \phi_k' G_{j-k} = 0, \forall j \geqslant 1$$

由此可以得到任意阶数平稳 AR(p) 模型的 Green 函数递推公式：

$$G_j = \begin{cases} 1, & j = 0 \\ \sum_{k=1}^{j} \phi_k' G_{j-k}, & j \geqslant 1 \end{cases}$$

式中：

$$\phi_k' = \begin{cases} \phi_k, & k \leqslant p \\ 0, & k > p \end{cases}$$

基于 Green 函数，任意阶数平稳 AR(p) 模型的方差为：

$$\mathrm{Var}(x_t) = \sum_{j=0}^{\infty} G_j^2 \sigma_\varepsilon^2$$

三、自协方差函数

在平稳模型 $x_t = \phi_1 x_{t-1} + \phi_2 x_{t-2} + \cdots + \phi_p x_{t-p} + \varepsilon_t$ 等号两边同乘 x_{t-k}（$\forall k \geqslant 1$），再求期望，得

$$E(x_t x_{t-k}) = \phi_1 E(x_{t-1} x_{t-k}) + \phi_2 E(x_{t-2} x_{t-k}) + \cdots + \phi_p E(x_{t-p} x_{t-k}) + E(\varepsilon_t x_{t-k}), \forall k \geqslant 1$$

根据式（3.3）AR(p) 模型的条件三，有

$$E(\varepsilon_t x_{t-k}) = 0, \ \forall k \geqslant 1$$

于是可以得到如下自协方差函数的递推公式：

$$\gamma_k = \phi_1 \gamma_{k-1} + \phi_2 \gamma_{k-2} + \cdots + \phi_p \gamma_{k-p} \tag{3.18}$$

【例 3-4】求平稳 AR(1) 模型的自协方差函数。

平稳 AR(1) 模型的自协方差函数的递推公式为：

$$\gamma_k = \phi_1 \gamma_{k-1} = \phi_1^k \gamma_0$$

根据例 3-2，已知

$$\gamma_0 = \frac{\sigma_\varepsilon^2}{1 - \phi_1^2}$$

所以平稳 AR(1) 模型自协方差函数的递推公式如下：

$$\gamma_k = \phi_1^k \frac{\sigma_\varepsilon^2}{1-\phi_1^2}, \ \forall k \geqslant 1$$

【例 3–5】求平稳 AR(2) 模型的自协方差函数。

平稳 AR(2) 模型的递推公式为：

$$\gamma_k = \phi_1 \gamma_{k-1} + \phi_2 \gamma_{k-2}, \forall k \geqslant 1$$

特别地，当 $k=1$ 时，有

$$\gamma_1 = \phi_1 \gamma_0 + \phi_2 \gamma_1$$

即

$$\gamma_1 = \frac{\phi_1 \gamma_0}{1-\phi_2}$$

利用 Green 函数可以推导出 AR(2) 模型的方差为：

$$\gamma_0 = \frac{1-\phi_2}{(1+\phi_2)(1-\phi_1-\phi_2)(1+\phi_1-\phi_2)} \sigma_\varepsilon^2$$

所以平稳 AR(2) 模型的自协方差函数的递推公式如下：

$$\begin{cases} \gamma_0 = \dfrac{1-\phi_2}{(1+\phi_2)(1-\phi_1-\phi_2)(1+\phi_1-\phi_2)} \sigma_\varepsilon^2 \\ \gamma_1 = \dfrac{\phi_1 \gamma_0}{1-\phi_2} \\ \gamma_k = \phi_1 \gamma_{k-1} + \phi_2 \gamma_{k-2}, \ k \geqslant 1 \end{cases}$$

四、自相关系数

1. 平稳 AR 模型自相关系数的递推公式

由于 $\rho_k = \dfrac{\gamma_k}{\gamma_0}$，在自协方差函数的递推公式（3.18）等号两边同除以方差函数 γ_0，就得到自相关系数的递推公式

$$\rho_k = \phi_1 \rho_{k-1} + \phi_2 \rho_{k-2} + \cdots + \phi_p \rho_{k-p} \tag{3.19}$$

容易验证平稳 AR(1) 模型的自相关系数的递推公式为：

$$\rho_k = \phi_1^k, \ k \geqslant 0$$

平稳 AR(2) 模型的自相关系数的递推公式为：

$$\rho_k = \begin{cases} 1, & k=0 \\ \dfrac{\phi_1}{1-\phi_2}, & k=1 \\ \phi_1 \rho_{k-1} + \phi_2 \rho_{k-2}, & k \geqslant 2 \end{cases}$$

2. 自相关系数的性质

平稳 $AR(p)$ 模型的自相关系数有两个显著的性质：一是拖尾性；二是呈指数衰减。这两个性质都可以由自相关系数的通解推出。

根据式（3.19），容易看出 $AR(p)$ 模型的自相关系数的表达式实际上是一个 p 阶齐次差分方程。那么延迟任意 k 阶的自相关系数的通解为：

$$\rho_k = \sum_{i=1}^{p} c_i \lambda_i^k \qquad (3.20)$$

式中，$|\lambda_i|<1$（$i=1, 2, \cdots, p$）为该差分方程的特征根；$c_1, c_2, \cdots, c_p$ 为任意常数。显然，$c_1, c_2, \cdots, c_p$ 不能全为零。通过这个通解形式，容易推出 ρ_k 始终有非零取值，不会在 k 大于某个常数之后就恒等于零，这个性质就是拖尾性。

可以直观地解释 $AR(p)$ 模型自相关系数拖尾的原因。对于一个平稳 $AR(p)$ 模型

$$x_t = \phi_1 x_{t-1} + \phi_2 x_{t-2} + \cdots + \phi_p x_{t-p} + \varepsilon_t$$

虽然它的表达式显示 x_t 只受当期随机误差 ε_t 和最近 p 期的序列值 $x_{t-1}, \cdots, x_{t-p}$ 的影响，但是由于 x_{t-1} 的值又依赖于 x_{t-1-p}，因此实际上 x_{t-1-p} 对 x_t 也有影响，依此类推，x_t 之前的每一个序列值 $x_{t-1}, \cdots, x_{t-k}, \cdots$ 都会对 x_t 构成影响。自回归模型的这种特性体现在自相关系数上就是自相关系数的拖尾性。

同时，随着时间的推移，ρ_k 会迅速衰减，因为 $|\lambda_i|<1$（$i=1, 2, \cdots, p$），所以 $k \to \infty$ 时，$\lambda_i^k \to 0$（$i=1, 2, \cdots, p$），继而导致 $\rho_k = \sum_{i=1}^{p} c_i \lambda_i^k \to 0$，而且这种影响以指数的速度在衰减。

平稳序列自相关系数以指数衰减的性质表现在自相关图上即自相关系数会很快由显著非零衰减到在零附近波动，我们称这种现象为平稳序列的短期相关性。

短期相关是平稳序列的一个重要特征。对这个特征的直观理解是，对平稳序列而言，通常只有近期的序列值对现时值的影响明显，间隔远的过去值对现时值的影响很小，随着时间的推移，这种影响几乎可以忽略不计。

【例 3-6】考察如下四个平稳 AR 模型的自相关图。

（1）$x_t = 0.8x_{t-1} + \varepsilon_t$　　　　　（2）$x_t = -0.8x_{t-1} + \varepsilon_t$

（3）$x_t = x_{t-1} - 0.5x_{t-2} + \varepsilon_t$　　　　（4）$x_t = -x_{t-1} - 0.5x_{t-2} + \varepsilon_t$

假定 $\{\varepsilon_t\}$ 为标准正态白噪声序列，拟合这四个 AR 模型，得到样本自相关图（见图 3-3）。

```
# 拟合这四个平稳 AR 序列
x1= np.zeros(1000)
x2= np.zeros(1000)
x3= np.zeros(1000)
x4= np.zeros(1000)
e= np.random.normal(size=1000)
for i in range(999):
    x1[i+1]=0.8*x1[i]+e[i]
    x2[i+1]=-0.8*x2[i]+e[i]
for i in range(998):
    x3[i+2]=x3[i+1]-0.5*x3[i]+e[i]
    x4[i+2]=-x4[i+1]-0.5*x4[i]+e[i]
```

```
# 绘制这四个序列的样本自相关图
fig,axes = plt.subplots(2,2)
fig =plot_acf(x1,zero=False,title="ACF-X1",lags=20,ax=axes[0,0])
fig =plot_acf(x2,zero=False,title="ACF-X2",lags=20,ax=axes[0,1])
fig =plot_acf(x3,zero=False,title="ACF-X3",lags=20,ax=axes[1,0])
fig =plot_acf(x4,zero=False,title="ACF-X4",lags=20,ax=axes[1,1])
```

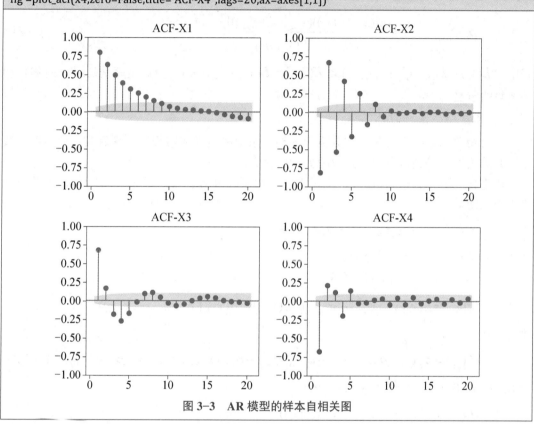

图 3-3　AR 模型的样本自相关图

从图 3-3 中可以看到，这四个平稳 AR 模型，不论它们是 AR(1) 模型还是 AR(2) 模型，不论它们的特征根是实根还是复根、是正根还是负根，它们的自相关系数都呈现出拖尾性和按指数迅速衰减到零附近的性质。

由于特征根不同，它们的自相关系数衰减的方式也不一样。有的自相关系数是按负指数单调收敛到零（如模型（1）），有的自相关系数是正负相间地衰减（如模型（2）），还有的自回归系数呈现出类似于周期性的余弦衰减，即具有"伪周期"特征（如模型（3）），这些都是平稳模型的自相关系数常见的特征。

五、偏自相关系数

1. 偏自相关系数的定义

对于一个平稳 AR(p) 模型，求出延迟 k 阶自相关系数 ρ_k 时，实际上得到的并不是 x_t 与 x_{t-k} 之间单纯的相关关系。因为 x_t 同时还会受到中间 $k-1$ 个随机变量 x_{t-1}, x_{t-2}, $\cdots$, x_{t-k+1} 的影响，而这 $k-1$ 个随机变量又都和 x_{t-k} 具有相关关系，所以自相关系数 ρ_k 中实际上掺杂了

其他变量对 x_t 与 x_{t-k} 的相关影响。为了能单纯测度 x_{t-k} 对 x_t 的影响，Box 和 Jenkins 引进了偏自相关系数的概念。

定义 3.4 对于平稳序列 $\{x_t\}$，所谓延迟 k 阶偏自相关系数，是指在给定中间 $k-1$ 个随机变量 x_{t-1}，x_{t-2}，$\cdots$，x_{t-k+1} 的条件下，或者说，在剔除了中间 $k-1$ 个随机变量的干扰之后，x_{t-k} 对 x_t 相关影响的度量。用数学语言描述就是

$$\rho_{x_t, x_{t-k}|x_{t-1},\cdots,x_{t-k+1}} = \frac{E[(x_t - \hat{E}(x_t))(x_{t-k} - \hat{E}(x_{t-k}))]}{E[(x_{t-k} - \hat{E}(x_{t-k}))^2]} \tag{3.21}$$

式中，$\hat{E}(x_t) = E(x_t | x_{t-1},\cdots,x_{t-k+1})$，$\hat{E}(x_{t-k}) = E(x_{t-k} | x_{t-1},\cdots,x_{t-k+1})$。这就是延迟 k 阶偏自相关系数的定义。

2. 偏自相关系数的计算

偏自相关系数的定义和回归分析中偏相关系数的定义非常相似。这启发我们可以从线性回归的角度，得到偏自相关系数的另一层含义。

假定 $\{x_t\}$ 为中心化平稳序列，用过去的 k 期序列值 x_{t-1}，x_{t-2}，$\cdots$，x_{t-k} 对 x_t 做 k 阶自回归拟合，即

$$x_t = \phi_{k1}x_{t-1} + \phi_{k2}x_{t-2} + \cdots + \phi_{kk}x_{t-k} + \varepsilon_t \tag{3.22}$$

式中，$E(\varepsilon_t) = 0, E(\varepsilon_t x_s) = 0 \ (\forall s < t)$。

对 x_{t-1}，x_{t-2}，$\cdots$，x_{t-k+1} 取条件，记

$$\hat{E}(x_t) = E(x_t | x_{t-1},x_{t-2},\cdots,x_{t-k+1}), \ \hat{E}(x_{t-k}) = E(x_{t-k} | x_{t-1},x_{t-2},\cdots,x_{t-k+1})$$

则

$$\hat{E}(x_t) = \phi_{k1}x_{t-1} + \phi_{k2}x_{t-2} + \cdots + \phi_{k(k-1)}x_{t-k+1} + \phi_{kk}\hat{E}(x_{t-k}) + E(\varepsilon_t | x_{t-1},x_{t-2},\cdots,x_{t-k+1}) \tag{3.23}$$

已知 $E(\varepsilon_t) = 0, E(\varepsilon_t x_s) = 0 \ (\forall s < t)$，所以

$$E(\varepsilon_t | x_{t-1},x_{t-2},\cdots,x_{t-k+1}) = E(\varepsilon_t) = 0$$

式（3.23）等价于

$$\hat{E}(x_t) = \phi_{k1}x_{t-1} + \phi_{k2}x_{t-2} + \cdots + \phi_{k(k-1)}x_{t-k+1} + \phi_{kk}\hat{E}(x_{t-k})$$

则式（3.22）减式（3.23）等于：

$$x_t - \hat{E}(x_t) = \phi_{kk}(x_{t-k} - \hat{E}(x_{t-k})) + \varepsilon_t \tag{3.24}$$

在式（3.24）等号两边同时乘以 $x_{t-k} - \hat{E}(x_{t-k})$ 并求期望，得

$$E[(x_t - \hat{E}(x_t))(x_{t-k} - \hat{E}(x_{t-k}))] = \phi_{kk}E[(x_{t-k} - \hat{E}(x_{t-k}))^2] + E[\varepsilon_t(x_{t-k} - \hat{E}(x_{t-k}))] \tag{3.25}$$

因为 $E(\varepsilon_t x_s) = 0 \ (\forall s < t)$，所以

$$E[\varepsilon_t(x_{t-k} - \hat{E}(x_{t-k}))] = 0$$

式（3.25）等价于

$$E[(x_t - \hat{E}(x_t))(x_{t-k} - \hat{E}(x_{t-k}))] = \phi_{kk}E[(x_{t-k} - \hat{E}(x_{t-k}))^2]$$

由此得出

$$\phi_{kk} = \frac{E[(x_t - \hat{E}(x_t))(x_{t-k} - \hat{E}(x_{t-k}))]}{E[(x_{t-k} - \hat{E}(x_{t-k}))^2]} \qquad (3.26)$$

式（3.26）等号右边的结果正好等于式（3.21）所定义的延迟 k 阶偏自相关系数。

这说明延迟 k 阶偏自相关系数实际上就等于 k 阶自回归模型第 k 个回归系数 ϕ_{kk} 的值。根据这个性质容易计算偏自相关系数的值。

在式（3.22）等号两边同乘 x_{t-l} 并求期望，得

$$\rho_l = \phi_{k1}\rho_{l-1} + \phi_{k2}\rho_{l-2} + \cdots + \phi_{kk}\rho_{l-k}, \forall l \geqslant 1$$

取前 k 个方程构成的方程组

$$\begin{cases} \rho_1 = \phi_{k1}\rho_0 + \phi_{k2}\rho_1 + \cdots + \phi_{kk}\rho_{k-1} \\ \rho_2 = \phi_{k1}\rho_1 + \phi_{k2}\rho_0 + \cdots + \phi_{kk}\rho_{k-2} \\ \vdots \\ \rho_k = \phi_{k1}\rho_{k-1} + \phi_{k2}\rho_{k-2} + \cdots + \phi_{kk}\rho_0 \end{cases} \qquad (3.27)$$

该方程组称为 Yule-Walker 方程。通过解该方程组，可以得到参数 $(\phi_{k1}, \phi_{k2}, \cdots, \phi_{kk})'$ 的解，参数向量中最后一个参数的解即延迟 k 阶偏自相关系数 ϕ_{kk} 的值。

用矩阵形式表示为：

$$\begin{pmatrix} 1 & \rho_1 & \cdots & \rho_{k-1} \\ \rho_1 & 1 & \cdots & \rho_{k-2} \\ \vdots & \vdots & & \vdots \\ \rho_{k-1} & \rho_{k-2} & \cdots & 1 \end{pmatrix} \begin{pmatrix} \phi_{k1} \\ \phi_{k2} \\ \vdots \\ \phi_{kk} \end{pmatrix} = \begin{pmatrix} \rho_1 \\ \rho_2 \\ \vdots \\ \rho_k \end{pmatrix} \qquad (3.28)$$

根据线性方程组求解的 Cramer 法则，有

$$\phi_{kk} = \frac{D_k}{D} \qquad (3.29)$$

式中：

$$D = \begin{vmatrix} 1 & \rho_1 & \cdots & \rho_{k-1} \\ \rho_1 & 1 & \cdots & \rho_{k-2} \\ \vdots & \vdots & & \vdots \\ \rho_{k-1} & \rho_{k-2} & \cdots & 1 \end{vmatrix}, \quad D_k = \begin{vmatrix} 1 & \rho_1 & \cdots & \rho_1 \\ \rho_1 & 1 & \cdots & \rho_2 \\ \vdots & \vdots & & \vdots \\ \rho_{k-1} & \rho_{k-2} & \cdots & \rho_k \end{vmatrix}$$

D 为式（3.28）中系数矩阵的行列式；D_k 是把 D 中的第 k 个列向量换成式（3.28）等号右边的自相关系数向量后构成的行列式。

3. 偏自相关系数的截尾性

可以证明：平稳 AR(p) 模型的偏自相关系数具有 p 阶截尾性。所谓 p 阶截尾性，是指 $\phi_{kk}=0$（$\forall k > p$）。要证明这一点，实际上只要证明当 $k > p$ 时，$D_k = 0$ 即可。

证明：对任一 AR(p) 模型

$$x_t = \phi_1 x_{t-1} + \phi_2 x_{t-2} + \cdots + \phi_p x_{t-p} + \varepsilon_t, \ \forall k > p$$

有如下 Yule-Walker 方程成立:

$$\begin{pmatrix} 1 & \rho_1 & \cdots & \rho_{p-1} \\ \rho_1 & 1 & \cdots & \rho_{p-2} \\ \vdots & \vdots & & \vdots \\ \rho_{k-1} & \rho_{k-2} & \cdots & \rho_{k-p} \end{pmatrix} \begin{pmatrix} \phi_1 \\ \phi_2 \\ \vdots \\ \phi_p \end{pmatrix} = \begin{pmatrix} \rho_1 \\ \rho_2 \\ \vdots \\ \rho_k \end{pmatrix} \tag{3.30}$$

记 $\boldsymbol{\xi}_i$（$i=1$, 2, $\cdots$, p）为式（3.30）系数矩阵中 p 个列向量，$\boldsymbol{\eta}$ 为式（3.30）中等号右边的自相关系数向量，即

$$\boldsymbol{\xi}_i = \begin{pmatrix} \rho_{i-1} \\ \rho_{i-2} \\ \vdots \\ \rho_{i-k} \end{pmatrix}, \quad i=1, 2, \cdots, p; \quad \boldsymbol{\eta} = \begin{pmatrix} \rho_1 \\ \rho_2 \\ \vdots \\ \rho_k \end{pmatrix}$$

则有

$$\boldsymbol{\eta} = \phi_1 \boldsymbol{\xi}_1 + \phi_2 \boldsymbol{\xi}_2 + \cdots + \phi_p \boldsymbol{\xi}_p \tag{3.31}$$

因为 AR(p)模型的限制条件之一是 $\phi_p \neq 0$，所以向量 $\boldsymbol{\eta}$ 一定可以表示成向量 $\boldsymbol{\xi}_i$（$i=1$, 2, $\cdots$, p）的非零线性组合。

当 $k>p$ 时，有

$$D_k = \begin{vmatrix} 1 & \rho_1 & \cdots & \rho_{p-1} & \cdots & \rho_1 \\ \rho_1 & 1 & \cdots & \rho_{p-2} & \cdots & \rho_2 \\ \vdots & \vdots & & \vdots & & \vdots \\ \rho_{k-1} & \rho_{k-2} & \cdots & \rho_{k-p} & \cdots & \rho_k \end{vmatrix} \tag{3.32}$$

显然，D_k 的前 p 个列向量正好就是 $\boldsymbol{\xi}_i$（$i=1$, 2, $\cdots$, p），而最后一个列向量正好就是向量 $\boldsymbol{\eta}$。根据式（3.31），行列式（3.32）中最后一个列向量可以用另外 p 个列向量的线性组合表示。根据行列式的性质，具有这种线性相关关系的行列式的值一定为零，即 $D_k=0$。由 $D_k=0$ 等价推出 $\phi_{kk}=0$。

证毕。

由此证明了 AR(p) 模型偏自相关系数的 p 阶截尾性。这个性质连同前面的自相关系数的拖尾性是 AR(p) 模型重要的识别依据。

【例 3-6 续】考察例 3-6 中四个平稳 AR 模型的偏自相关系数的截尾性。

（1）$x_t = 0.8x_{t-1} + \varepsilon_t$　　　　　　（2）$x_t = -0.8x_{t-1} + \varepsilon_t$

（3）$x_t = x_{t-1} - 0.5x_{t-2} + \varepsilon_t$　　　　（4）$x_t = -x_{t-1} - 0.5x_{t-2} + \varepsilon_t$

根据式（3.29）容易算出，AR(1) 模型的偏自相关系数为:

$$\phi_{kk} = \begin{cases} \phi_1, & k=1 \\ 0, & k \geqslant 2 \end{cases}$$

AR(2) 模型的偏自相关系数为:

$$\phi_{kk} = \begin{cases} \dfrac{\phi_1}{1-\phi_2}, & k=1 \\[2mm] \phi_2, & k=2 \\[1mm] 0, & k \geqslant 3 \end{cases}$$

所以，这四个 AR 模型的理论偏自相关系数如表 3-2 所示。

表 3-2

模型	理论偏自相关系数
（1） $x_t = 0.8x_{t-1} + \varepsilon_t$	$\phi_{kk} = \begin{cases} 0.8, & k=1 \\ 0, & k \geqslant 2 \end{cases}$
（2） $x_t = -0.8x_{t-1} + \varepsilon_t$	$\phi_{kk} = \begin{cases} -0.8, & k=1 \\ 0, & k \geqslant 2 \end{cases}$
（3） $x_t = x_{t-1} - 0.5x_{t-2} + \varepsilon_t$	$\phi_{kk} = \begin{cases} \dfrac{2}{3}, & k=1 \\[1mm] -0.5, & k=2 \\[1mm] 0, & k \geqslant 3 \end{cases}$
（4） $x_t = -x_{t-1} - 0.5x_{t-2} + \varepsilon_t$	$\phi_{kk} = \begin{cases} -\dfrac{2}{3}, & k=1 \\[1mm] -0.5, & k=2 \\[1mm] 0, & k \geqslant 3 \end{cases}$

假定 $\{\varepsilon_t\}$ 为标准正态白噪声序列，拟合这四个 AR 模型，可得到样本偏自相关图。

偏自相关图和自相关图类似，是一个平面二维坐标悬垂线图。横坐标表示延迟阶数，纵坐标表示偏自相关系数。悬垂线表示偏自相关系数的大小。

和自相关图一样，绘制偏自相关图的函数存储在 statsmodels.graphics.tsaplots 包中，命令格式为

　　　　plot_pacf(序列名，lags=延迟阶数，zero=True/False)

本例的相关指令与输出结果如下：

```
from statsmodels.graphics.tsaplots import plot_pacf

# 绘制这四个序列的偏自相关图（见图 3-4）
fig,axes = plt.subplots(2,2)
fig =plot_pacf(x1,zero=False,title="PACF-X1",lags=20,ax=axes[0,0])
fig =plot_pacf(x2,zero=False,title="PACF-X2",lags=20,ax=axes[0,1])
fig =plot_pacf(x3,zero=False,title="PACF-X3",lags=20,ax=axes[1,0])
fig =plot_pacf(x4,zero=False,title="PACF-X4",lags=20,ax=axes[1,1])
```

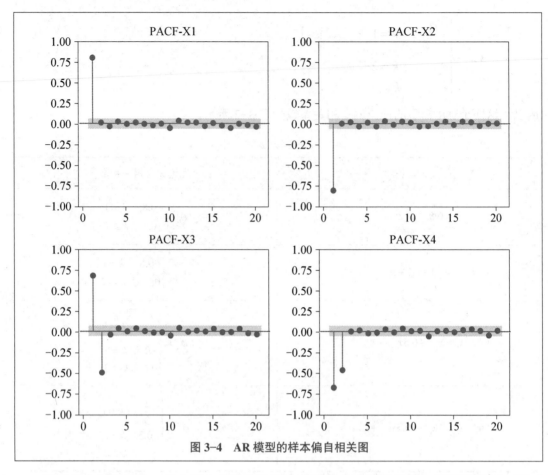

图 3-4　AR 模型的样本偏自相关图

鉴于样本的随机性，样本偏自相关系数不会和理论偏自相关系数一样严格截尾，但可以看出两个 AR(1) 模型的样本偏自相关系数 1 阶显著不为零，1 阶之后都近似为零；两个 AR(2) 模型的样本偏自相关系数 2 阶显著不为零，2 阶之后都近似为零。通过样本偏自相关图可以直观地验证 AR 模型偏自相关系数的截尾性。

3.3　MA 模型

3.3.1　MA 模型的定义

定义 3.5　具有如下结构的模型称为 q 阶移动平均（moving average）模型，简记为 MA(q)：

$$\begin{cases} x_t = \mu + \varepsilon_t - \theta_1\varepsilon_{t-1} - \theta_2\varepsilon_{t-2} - \cdots - \theta_q\varepsilon_{t-q} \\ \theta_q \neq 0 \\ E(\varepsilon_t) = 0, \ \mathrm{Var}(\varepsilon_t) = \sigma_\varepsilon^2, E(\varepsilon_t\varepsilon_s) = 0 \ (s \neq t) \end{cases} \tag{3.33}$$

使用 MA(q) 模型需要满足两个限制条件：

条件一：$\theta_q \neq 0$，这个限制条件保证了模型的最高阶数为 q。

条件二：$E(\varepsilon_t)=0$，$\mathrm{Var}(\varepsilon_t)=\sigma_\varepsilon^2$，$E(\varepsilon_t\varepsilon_s)=0$ $(s \neq t)$。这个条件保证了随机干扰序列 $\{\varepsilon_t\}$ 为零

均值白噪声序列。

通常缺省默认式（3.33）的限制条件，把模型简记为：

$$x_t = \mu + \varepsilon_t - \theta_1 \varepsilon_{t-1} - \theta_2 \varepsilon_{t-2} - \cdots - \theta_q \varepsilon_{t-q} \tag{3.34}$$

当 $\mu=0$ 时，模型（3.33）称为中心化 MA(q)模型。非中心化 MA(q)模型只要做一个简单的位移 $y_t=x_t-\mu$，就可以转化为中心化 MA(q)模型。这种中心化运算不会影响序列值之间的相关关系，所以今后在分析 MA 模型的相关关系时，常常简化为对它的中心化模型进行分析。

使用延迟算子，中心化 MA(q)模型又可以简记为：

$$x_t = \Theta(B)\varepsilon_t$$

式中，$\Theta(B) = 1 - \theta_1 B - \theta_2 B^2 - \cdots - \theta_q B^q$，为 q 阶移动平均系数多项式。

3.3.2 MA 模型的统计性质

1. 常数均值

当 $q < \infty$ 时，MA(q)模型具有常数均值

$$E(x_t) = E(\mu + \varepsilon_t - \theta_1 \varepsilon_{t-1} - \theta_2 \varepsilon_{t-2} - \cdots - \theta_q \varepsilon_{t-q}) = \mu$$

特别地，如果该模型为中心化 MA(q)模型，则该模型均值为零。

2. 常数方差

$$\text{Var}(x_t) = \text{Var}(\mu + \varepsilon_t - \theta_1 \varepsilon_{t-1} - \theta_2 \varepsilon_{t-2} - \cdots - \theta_q \varepsilon_{t-q}) = (1 + \theta_1^2 + \cdots + \theta_q^2)\sigma_\varepsilon^2$$

3. 自协方差函数只与延迟阶数相关，且 q 阶截尾

$$
\begin{aligned}
\gamma_k &= E(x_t x_{t-k}) \\
&= E[(\varepsilon_t - \theta_1 \varepsilon_{t-1} - \cdots - \theta_q \varepsilon_{t-q})(\varepsilon_{t-k} - \theta_1 \varepsilon_{t-k-1} - \cdots - \theta_q \varepsilon_{t-k-q})] \\
&= \begin{cases}
(1 + \theta_1^2 + \cdots + \theta_q^2)\sigma_\varepsilon^2, & k = 0 \\
\left(-\theta_k + \sum_{i=1}^{q-k} \theta_i \theta_{k+i}\right)\sigma_\varepsilon^2, & 1 \leqslant k \leqslant q \\
0, & k > q
\end{cases}
\end{aligned}
$$

4. 自相关系数 q 阶截尾

$$
\rho_k = \frac{\gamma_k}{\gamma_0} = \begin{cases}
1, & k = 0 \\
\dfrac{-\theta_k + \sum_{i=1}^{q-k} \theta_i \theta_{k+i}}{1 + \theta_1^2 + \cdots + \theta_q^2}, & 1 \leqslant k \leqslant q \\
0, & k > q
\end{cases}
$$

容易验证，MA(1)模型的自相关系数为：

$$\rho_k = \begin{cases} 1, & k=0 \\ \dfrac{-\theta_1}{1+\theta_1^2}, & k=1 \\ 0, & k \geqslant 2 \end{cases}$$

MA(2)模型的自相关系数为：

$$\rho_k = \begin{cases} 1, & k=0 \\ \dfrac{-\theta_1+\theta_1\theta_2}{1+\theta_1^2+\theta_2^2}, & k=1 \\ \dfrac{-\theta_2}{1+\theta_1^2+\theta_2^2}, & k=2 \\ 0, & k \geqslant 3 \end{cases}$$

3.3.3　MA 模型的可逆性

【例 3-7】绘制下列 MA 模型的样本自相关图，直观考察 MA 模型自相关系数截尾的特性。

（1）　$x_t = \varepsilon_t - 2\varepsilon_{t-1}$ 　　　　　　　　　　　（2）　$x_t = \varepsilon_t - 0.5\varepsilon_{t-1}$

（3）　$x_t = \varepsilon_t - \dfrac{4}{5}\varepsilon_{t-1} + \dfrac{16}{25}\varepsilon_{t-2}$ 　　　　（4）　$x_t = \varepsilon_t - \dfrac{5}{4}\varepsilon_{t-1} + \dfrac{25}{16}\varepsilon_{t-2}$

假定 $\{\varepsilon_t\}$ 为标准正态白噪声序列。

```
# 拟合这四个 MA 序列
x1= np.zeros(1000)
x2= np.zeros(1000)
x3= np.zeros(1000)
x4= np.zeros(1000)
e= np.random.normal(size=1000)
for i in range(999):
    x1[i+1]=e[i+1]-2*e[i]
    x2[i+1]=e[i+1]-0.5*e[i]
for i in range(998):
    x3[i+2]=e[i+2]-4/5*e[i+1]+16/25*e[i]
    x4[i+2]=e[i+2]-5/4*e[i+1]+25/16*e[i]

# 绘制这四个序列的样本自相关图（见图 3-5）
fig,axes = plt.subplots(2,2,figsize=(7,6))
fig =plot_acf(x1,zero=False,title="ACF-X1",lags=20,ax=axes[0,0])
fig =plot_acf(x2,zero=False,title="ACF-X2",lags=20,ax=axes[0,1])
fig =plot_acf(x3,zero=False,title="ACF-X3",lags=20,ax=axes[1,0])
fig =plot_acf(x4,zero=False,title="ACF-X4",lags=20,ax=axes[1,1])
```

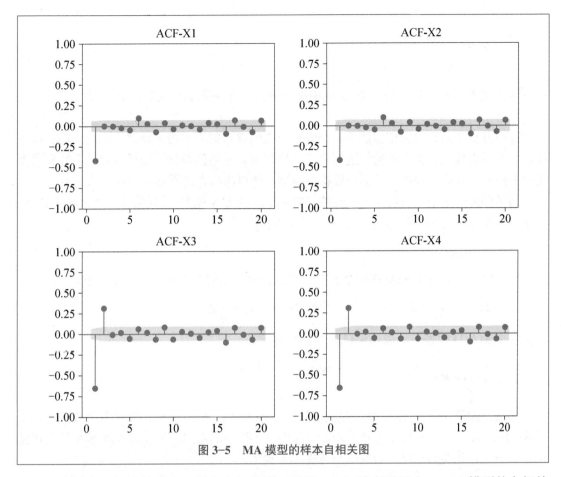

图 3-5 MA 模型的样本自相关图

排除样本随机性的影响，样本自相关图（见图 3-5）清晰显示出 MA(1)模型的自相关系数一阶截尾、MA(2) 模型的自相关系数二阶截尾的特征。

再次观察例 3-7 中四个 MA 模型的样本自相关图（见图 3-5），可以发现两个不同的 MA(1)模型：

（1）$x_t = \varepsilon_t - 2\varepsilon_{t-1}$

（2）$x_t = \varepsilon_t - 0.5\varepsilon_{t-1}$

具有完全相同的样本自相关图。容易验证它们有相同的理论自相关系数：

$$\rho_k = \begin{cases} -0.4, & k=1 \\ 0, & k \geqslant 2 \end{cases}$$

另外两个 MA(2) 模型：

（3）$x_t = \varepsilon_t - \dfrac{4}{5}\varepsilon_{t-1} + \dfrac{16}{25}\varepsilon_{t-2}$

（4）$x_t = \varepsilon_t - \dfrac{5}{4}\varepsilon_{t-1} + \dfrac{25}{16}\varepsilon_{t-2}$

也出现了同样的情况，不同的模型却拥有完全相同的自相关系数：

$$\rho_k = \begin{cases} -0.640\,12, & k=1 \\ 0.312\,256, & k=2 \\ 0, & k \geqslant 3 \end{cases}$$

产生这种现象的原因是我们在第 2 章中提到的：自相关系数和模型之间不是一一对应的关系。

这种自相关系数对应模型的不唯一性会给我们以后的工作带来麻烦，因为我们将根据样本自相关系数显示出来的特征选择合适的模型拟合序列的发展，如果自相关系数和模型之间不是一一对应的关系，就会导致拟合模型和随机序列之间不是一一对应的关系。

为了保证一个给定的自相关系数能够对应唯一的 MA 模型，就要给模型增加约束条件，这个约束条件称为 MA 模型的可逆性（invertibility）条件。

一、可逆的定义

容易验证，当两个 MA(1) 模型具有如下结构时，它们的自相关系数正好相等：

模型 1：$x_t = \varepsilon_t - \theta \varepsilon_{t-1}$ 　　　　模型 2：$x_t = \varepsilon_t - \dfrac{1}{\theta} \varepsilon_{t-1}$

把这两个 MA(1) 模型表示成两个自相关模型的形式：

模型 1：$\dfrac{x_t}{1-\theta B} = \varepsilon_t$ 　　　　模型 2：$\dfrac{x_t}{1-\dfrac{1}{\theta} B} = \varepsilon_t$

显然，如果 $|\theta| < 1$，则模型 1 收敛，模型 2 不收敛；如果 $|\theta| > 1$，则模型 2 收敛，模型 1 不收敛。若一个 MA 模型能够表示成收敛的 AR 模型的形式，那么该 MA 模型称为可逆模型。一个自相关系数唯一对应一个可逆 MA 模型。

二、MA(q) 模型的可逆性条件

与分析 AR(p) 模型的平稳性条件类似，MA(q) 模型可以表示为：

$$\varepsilon_t = \frac{x_t}{\Theta(B)} \tag{3.35}$$

式中，$\Theta(B) = 1 - \theta_1 B - \theta_2 B^2 \cdots - \theta_q B^q$，为移动平均系数多项式。假定 $\dfrac{1}{\lambda_1}$，$\dfrac{1}{\lambda_2}$，$\cdots$，$\dfrac{1}{\lambda_q}$ 是该系数多项式的 q 个根，则 $\Theta(B)$ 可以分解成：

$$\Theta(B) = \prod_{k=1}^{q}(1 - \lambda_k B) \tag{3.36}$$

把式（3.36）代入式（3.35），得

$$\varepsilon_t = \frac{x_t}{(1-\lambda_1 B)(1-\lambda_2 B)\cdots(1-\lambda_q B)} \tag{3.37}$$

式（3.37）收敛的充要条件是 $|\lambda_i| < 1$，等价于 MA(q) 模型的系数多项式的根都在单位圆外 $\left(\left| \dfrac{1}{\lambda_i} \right| > 1 \right)$。这个条件也称为 MA(q) 模型的可逆性条件。

　　显然，MA(q)模型的可逆概念和 AR(p)模型的平稳概念是完全对偶的。容易验证，MA(1)模型可逆的条件是$-1<\theta_1<1$，MA(2)模型可逆的条件是$|\theta_2|<1$ 且 $\theta_2\pm\theta_1<1$。

三、逆函数的递推公式

　　如果一个 MA(q)模型满足可逆性条件，就可以将其写成如下两种等价形式：

$$\begin{cases} \Theta(B)\varepsilon_t = x_t & （a） \\ \varepsilon_t = I(B)x_t & （b） \end{cases}$$

把式（b）代入式（a），得

$$\Theta(B)I(B)x_t = x_t$$

展开上式，得

$$\left(1-\sum_{k=1}^{q}\theta_k B^k\right)\left(1+\sum_{j=1}^{\infty}I_j B^j\right)x_t = x_t$$

　　和 Green 函数的递推公式完全类似，由待定系数法容易得到逆函数的递推公式为：

$$\begin{cases} I_0 = 1 \\ I_j = \sum_{k=1}^{j}\theta_k' I_{j-k}, \quad j\geq 1 \end{cases} \qquad （3.38）$$

式中：

$$\theta_k' = \begin{cases} \theta_k, & k\leq q \\ 0, & k>q \end{cases}$$

　　【例 3-7 续（1）】 考察例 3-7 中四个 MA 模型的可逆性，并写出可逆 MA 模型的逆转形式。

（1）$x_t = \varepsilon_t - 2\varepsilon_{t-1}$　　　　　　　（2）$x_t = \varepsilon_t - 0.5\varepsilon_{t-1}$

（3）$x_t = \varepsilon_t - \dfrac{4}{5}\varepsilon_{t-1} + \dfrac{16}{25}\varepsilon_{t-2}$　　　（4）$x_t = \varepsilon_t - \dfrac{5}{4}\varepsilon_{t-1} + \dfrac{25}{16}\varepsilon_{t-2}$

MA 模型是否可逆如表 3-3 所示。

表 3-3

模型	条件	结论
（1）$x_t = \varepsilon_t - 2\varepsilon_{t-1}$	$\lvert\theta_1\rvert=2>1$	不可逆
（2）$x_t = \varepsilon_t - 0.5\varepsilon_{t-1}$	$\lvert\theta_1\rvert=0.5<1$	可逆
（3）$x_t = \varepsilon_t - \dfrac{4}{5}\varepsilon_{t-1} + \dfrac{16}{25}\varepsilon_{t-2}$	$\lvert\theta_2\rvert=\dfrac{16}{25}<1$ $\theta_2+\theta_1=-\dfrac{16}{25}+\dfrac{4}{5}=\dfrac{4}{25}<1$ $\theta_2-\theta_1=-\dfrac{16}{25}-\dfrac{4}{5}=-\dfrac{36}{25}<1$	可逆
（4）$x_t = \varepsilon_t - \dfrac{5}{4}\varepsilon_{t-1} + \dfrac{25}{16}\varepsilon_{t-2}$	$\lvert\theta_2\rvert=\dfrac{25}{16}>1$	不可逆

模型（2）的逆函数为：

$$\begin{cases} I_0 = 1 \\ I_j = 0.5^j, \ j \geqslant 1 \end{cases}$$

则模型（2）的逆转形式为：

$$\varepsilon_t = \sum_{j=0}^{\infty} 0.5^j x_{t-j}$$

根据逆函数的递推公式，并根据模型（3）特有的 $\theta_2 = -\theta_1^2$ 的性质，模型（3）的逆函数为：

$$I_k = \begin{cases} (-1)^n \theta_1^k, & k = 3n \text{ 或 } 3n+1 \\ 0, & k = 3n+2 \end{cases} \quad (n = 0, 1, \cdots)$$

则模型（3）的逆转形式为：

$$\varepsilon_t = \sum_{n=0}^{\infty} (-1)^n 0.8^{3n} x_{t-3n} + \sum_{n=0}^{\infty} (-1)^n 0.8^{3n+1} x_{t-3n-1}$$

3.3.4 MA 模型的偏自相关系数

一个可逆 MA(q) 模型可以等价写成 AR(∞) 模型的形式：

$$I(B)x_t = \varepsilon_t$$

式中：

$$\begin{cases} I_0 = 1 \\ I_j = \sum_{k=1}^{j} \theta_k' I_{j-k}, \ j \geqslant 1 \end{cases}$$

AR(p) 模型的偏自相关系数 p 阶截尾，所以可逆 MA(q) 模型的偏自相关系数 ∞ 阶截尾，即具有偏自相关系数拖尾性。

一个可逆 MA(q) 模型一定对应一个与它具有相同自相关系数和偏自相关系数的不可逆 MA(q) 模型，这个不可逆 MA(q) 模型也同样具有偏自相关系数拖尾性。

【例 3-8】求 MA(1) 模型偏自相关系数的表达式。

假设 MA(1) 模型的表达式为 $x_t = \varepsilon_t - \theta_1 \varepsilon_{t-1}$。根据偏自相关系数的定义，我们知道延迟 k 阶偏自相关系数 ϕ_{kk} 是方程组

$$\rho_j = \phi_{k1} \rho_{j-1} + \phi_{k2} \rho_{j-2} + \cdots + \phi_{k(k-1)} \rho_{j-k+1} + \phi_{kk} \rho_{j-k}, \ j = 1, 2, \cdots, k$$

的最后一个系数，则对 $j = 1, 2, \cdots, k$ 依次求解方程，得

$$\phi_{11} = \rho_1 = \frac{-\theta_1}{1 + \theta_1^2}$$

$$\phi_{22} = \frac{\rho_2 - \rho_1^2}{1 - \rho_1^2} = \frac{-\rho_1^2}{1 - \rho_1^2} = \frac{-\theta_1^2}{1 + \theta_1^2 + \theta_1^4}$$

$$\phi_{33} = \frac{\begin{vmatrix} 1 & \rho_1 & \rho_1 \\ \rho_1 & 1 & \rho_2 \\ \rho_2 & \rho_1 & \rho_3 \end{vmatrix}}{\begin{vmatrix} 1 & \rho_1 & \rho_2 \\ \rho_1 & 1 & \rho_1 \\ \rho_2 & \rho_1 & 1 \end{vmatrix}} = \frac{\begin{vmatrix} 1 & \rho_1 & \rho_1 \\ \rho_1 & 1 & 0 \\ 0 & \rho_1 & 0 \end{vmatrix}}{\begin{vmatrix} 1 & \rho_1 & 0 \\ \rho_1 & 1 & \rho_1 \\ 0 & \rho_1 & 1 \end{vmatrix}}$$

$$= \frac{\rho_1^3}{1 - 2\rho_1^2} = \frac{-\theta_1^3}{1 + \theta_1^2 + \theta_1^4 + \theta_1^6}$$

依此类推，可以得到 MA(1) 模型任意 k 阶偏自相关系数 ϕ_{kk} 的通解：

$$\phi_{kk} = \frac{-\theta_1^k}{\displaystyle\sum_{j=0}^{k} \theta_1^{2j}}, \ k \geqslant 1$$

MA(1) 模型任意 k 阶偏自相关系数 ϕ_{kk} 的通解形式也说明了 MA(1) 模型偏自相关系数的拖尾性。

【例 3-7 续（2）】绘制下列 MA 模型的样本偏自相关图，直观考察 MA 模型偏自相关系数的拖尾性。

（1）$x_t = \varepsilon_t - 2\varepsilon_{t-1}$ 　　　　　　（2）$x_t = \varepsilon_t - 0.5\varepsilon_{t-1}$

（3）$x_t = \varepsilon_t - \dfrac{4}{5}\varepsilon_{t-1} + \dfrac{16}{25}\varepsilon_{t-2}$ 　　（4）$x_t = \varepsilon_t - \dfrac{5}{4}\varepsilon_{t-1} + \dfrac{25}{16}\varepsilon_{t-2}$

假定 $\{\varepsilon_t\}$ 为标准正态白噪声序列。

```
# 绘制这四个序列的样本偏自相关图（见图 3-6）
fig,axes = plt.subplots(2,2)
fig =plot_pacf(x1,zero=False,title="PACF-X1",lags=20,ax=axes[0,0])
fig =plot_pacf(x2,zero=False,title="PACF-X2",lags=20,ax=axes[0,1])
fig =plot_pacf(x3,zero=False,title="PACF-X3",lags=20,ax=axes[1,0])
fig =plot_pacf(x4,zero=False,title="PACF-X4",lags=20,ax=axes[1,1])
```

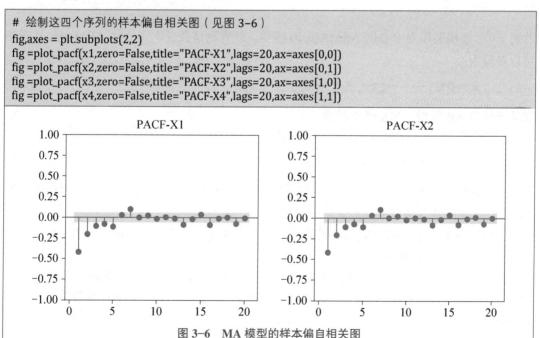

图 3-6　MA 模型的样本偏自相关图

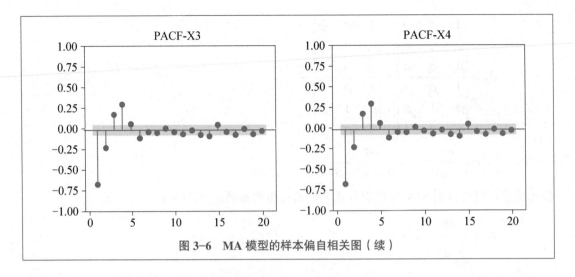

图 3-6　MA 模型的样本偏自相关图（续）

3.4　ARMA 模型

3.4.1　ARMA 模型的定义

定义 3.6　把具有如下结构的模型称为自回归移动平均模型，简记为 ARMA(p, q) 模型：

$$\begin{cases} x_t = \phi_0 + \phi_1 x_{t-1} + \cdots + \phi_p x_{t-p} + \varepsilon_t - \theta_1 \varepsilon_{t-1} - \cdots - \theta_q \varepsilon_{t-q} \\ \phi_p \neq 0, \ \theta_q \neq 0 \\ E(\varepsilon_t) = 0, \ \mathrm{Var}(\varepsilon_t) = \sigma_\varepsilon^2, \ E(\varepsilon_t \varepsilon_s) = 0 \ (s \neq t) \\ E(x_s \varepsilon_t) = 0, \ \forall s < t \end{cases} \tag{3.39}$$

若 $\phi_0 = 0$，该模型称为中心化 ARMA(p, q) 模型。缺省默认条件，中心化 ARMA(p, q) 模型可以简写为：

$$x_t = \phi_1 x_{t-1} + \cdots + \phi_p x_{t-p} + \varepsilon_t - \theta_1 \varepsilon_{t-1} - \cdots - \theta_q \varepsilon_{t-q} \tag{3.40}$$

默认条件与 AR 模型、MA 模型相同。

引进延迟算子，ARMA(p, q) 模型简记为：

$$\Phi(B)x_t = \Theta(B)\varepsilon_t$$

式中，$\Phi(B) = 1 - \phi_1 B - \cdots - \phi_p B^p$，为 p 阶自回归系数多项式；$\Theta(B) = 1 - \theta_1 B - \cdots - \theta_q B^q$，为 q 阶移动平均系数多项式。

显然，当 $q=0$ 时，ARMA(p, q) 模型就退化成了 AR(p) 模型；当 $p=0$ 时，ARMA(p, q) 模型就退化成了 MA(q) 模型。

因此，AR(p) 模型和 MA(q) 模型实际上是 ARMA(p, q) 模型的特例，它们统称为 ARMA 模型。ARMA(p, q) 模型的统计性质也正是 AR(p) 模型和 MA(q) 模型统计性质的有机组合。

3.4.2　ARMA 模型的平稳性与可逆性

一、平稳条件与可逆条件

对于一个 ARMA(p, q) 模型，令 $z_t = \Theta(B)\varepsilon_t$，显然 $\{z_t\}$ 是一个均值为零、方差为 $(1 + \theta_1^2 + \cdots + \theta_q^2)\theta_\varepsilon^2$ 的平稳序列。于是 ARMA(p, q) 模型可以改写为如下形式：

$$\Phi(B)x_t = z_t$$

类似于对 AR(p) 模型平稳性的分析，容易推导出 ARMA(p, q) 模型的平稳条件是：$\Phi(B) = 0$ 的根都在单位圆外。也就是说，ARMA(p, q) 模型的平稳性完全由其自回归部分的平稳性决定。

同理，可以推导出 ARMA(p, q) 模型的可逆条件和 MA(q) 模型的可逆条件完全相同：当 $\Theta(B) = 0$ 的根都在单位圆外时，ARMA(p, q) 模型可逆。

当 $\Phi(B) = 0$，$\Theta(B) = 0$ 的根都在单位圆外时，ARMA(p, q) 模型称为平稳可逆模型，这是一个由它的自相关系数唯一识别的模型。

二、传递形式与逆转形式

对于一个平稳可逆的 ARMA(p, q) 模型，它的传递形式为：

$$x_t = \Phi^{-1}(B)\Theta(B)\varepsilon_t = \sum_{j=0}^{\infty} G_j \varepsilon_{t-j}$$

式中，$\{G_0, G_1, G_2, \cdots\}$ 为 Green 函数。

通过待定系数法，容易得到 ARMA(p, q) 模型 Green 函数的递推公式为：

$$\begin{cases} G_0 = 1 \\ G_k = \sum_{j=1}^{k} \phi_j' G_{k-j} - \theta_k', k \geqslant 1 \end{cases} \tag{3.41}$$

式中：

$$\phi_j' = \begin{cases} \phi_j, 1 \leqslant j \leqslant p \\ 0, j > p \end{cases}, \quad \theta_k' = \begin{cases} \theta_k, 1 \leqslant k \leqslant q \\ 0, k > q \end{cases}$$

同理，可以得到 ARMA(p, q) 模型的逆转形式为：

$$\varepsilon_t = \Theta^{-1}(B)\Phi(B)x_t = \sum_{j=0}^{\infty} I_j x_{t-j}$$

式中，$\{I_1, I_2, \cdots\}$ 为逆函数。

通过待定系数法容易得到逆函数的递推公式为：

$$\begin{cases} I_0 = 1 \\ I_k = \sum_{j=1}^{k} \theta_j' I_{k-j} - \phi_k', k \geqslant 1 \end{cases} \tag{3.42}$$

式中，θ_j' 和 ϕ_k' 的定义同上。

3.4.3　ARMA 模型的统计性质

一、均值

对于一个非中心化平稳可逆的 ARMA(p, q) 模型

$$x_t = \phi_0 + \phi_1 x_{t-1} + \phi_2 x_{t-2} + \cdots + \phi_p x_{t-p} + \varepsilon_t - \theta_1 \varepsilon_{t-1} - \theta_2 \varepsilon_{t-2} - \cdots - \theta_q \varepsilon_{t-q}$$

两边同时求均值，有

$$E(x_t) = \frac{\phi_0}{1 - \phi_1 - \cdots - \phi_p}$$

二、自协方差函数

$$\begin{aligned}
\gamma_k &= E(x_t x_{t+k}) \\
&= E\left[\left(\sum_{i=0}^{\infty} G_i \varepsilon_{t-i}\right)\left(\sum_{j=0}^{\infty} G_j \varepsilon_{t+k-j}\right)\right] \\
&= E\left[\sum_{i=0}^{\infty} G_i \sum_{j=0}^{\infty} G_j \varepsilon_{t-i} \varepsilon_{t+k-j}\right] \\
&= \sigma_\varepsilon^2 \sum_{i=0}^{\infty} G_i G_{i+k}
\end{aligned}$$

三、自相关系数

$$\rho_k = \frac{\gamma_k}{\gamma_0} = \frac{\sum_{j=0}^{\infty} G_j G_{j+k}}{\sum_{j=0}^{\infty} G_j^2}$$

根据自相关系数的表达式很容易判断 ARMA(p, q) 模型的自相关系数不截尾。这和 ARMA(p, q) 模型可以转化为无穷阶移动平均模型的性质是一致的。同理，根据 ARMA(p, q) 模型可转化为无穷阶自回归模型，可以判断它的偏自相关系数也不截尾。

【例 3-9】拟合 ARMA(1, 1) 模型：$x_t - 0.5 x_{t-1} = \varepsilon_t - 0.8 \varepsilon_{t-1}$。直观地考察该模型自相关系数和偏自相关系数的拖尾性。

假定 $\{\varepsilon_t\}$ 为标准正态白噪声序列。

```python
# 拟合该 ARMA 序列
x= np.zeros(1000)
e= np.random.normal(size=1000)
for i in range(999):
    x[i+1]=0.5*x[i]+e[i+1]-0.8*e[i]

# 绘制该序列的样本自相关图和偏自相关图（见图 3-7）
fig,axes=plt.subplots(1,2)
fig=plot_acf(x,title='ACF-x',zero=False,lags=20,ax=axes[0])
fig=plot_pacf(x,title='PACF-x',zero=False,lags=20,ax=axes[1])
```

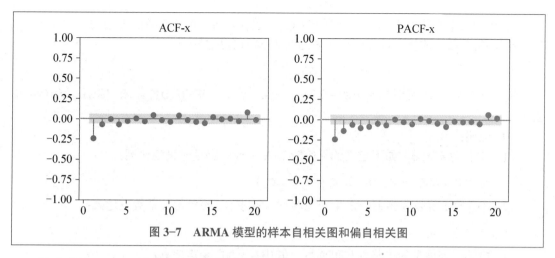

图 3-7　**ARMA** 模型的样本自相关图和偏自相关图

综合考察 AR(p) 模型、MA(q) 模型和 ARMA(p, q) 模型的自相关系数和偏自相关系数的性质，我们可以总结出如表 3-4 所示的规律。

表 3-4

模型	自相关系数	偏自相关系数
AR(p)	拖尾	p 阶截尾
MA(q)	q 阶截尾	拖尾
ARMA(p, q)	拖尾	拖尾

3.5　习　题

1. 已知 AR(1) 模型为 $x_t = 0.7x_{t-1} + \varepsilon_t$，$\varepsilon_t \sim WN(0,1)$。求 $E(x_t), \mathrm{Var}(x_t)$，$\rho_2$ 和 ϕ_{22}。

2. 已知 AR(2) 模型为 $x_t = \phi_1 x_{t-1} + \phi_2 x_{t-2} + \varepsilon_t$，$\varepsilon_t \sim WN(0,\sigma_\varepsilon^2)$，且 ρ_1=0.5，ρ_2=0.3，求 ϕ_1，ϕ_2 的值。

3. 已知 AR(2) 模型为 $(1-0.5B)(1-0.3B)x_t = \varepsilon_t$，$\varepsilon_t \sim WN(0,1)$，求 $E(x_t)$，$\mathrm{Var}(x_t)$，ρ_k，ϕ_{kk}，其中 k=1，2，3。

4. 已知 AR(2) 序列为 $x_t = x_{t-1} + cx_{t-2} + \varepsilon_t$，其中，$\{\varepsilon_t\}$ 为白噪声序列。确定 c 的取值范围，以保证 $\{x_t\}$ 为平稳序列，并给出该序列 ρ_k 的表达式。

5. 证明对任意常数 c，如下定义的 AR(3) 序列一定是非平稳序列：

$$x_t = x_{t-1} + cx_{t-2} - cx_{t-3} + \varepsilon_t, \quad \varepsilon_t \sim WN(0,\sigma_\varepsilon^2)$$

6. 对于 AR(1) 模型 $x_t = \phi_1 x_{t-1} + \varepsilon_t$，$\varepsilon_t \sim WN(0,\sigma_\varepsilon^2)$，判断如下命题是否正确：

（1）$\gamma_0 = (1+\phi_1^2)\sigma_\varepsilon^2$

（2）$E[(x_t - \mu)(x_{t-1} - \mu)] = -\phi_1$

（3）$\rho_k = \phi_1^k$

（4）$\phi_{kk} = \phi_1^k$

（5）$\rho_k = \phi_1 \rho_{k-1}$

7. 已知某中心化 MA(1) 模型 1 阶自相关系数 $\rho_1=0.4$，求该模型的表达式。

8. 确定常数 c 的值，以保证如下表达式为 MA(2) 模型：

$$x_t = 10 + 0.5x_{t-1} + \varepsilon_t - 0.8\varepsilon_{t-2} + c\varepsilon_{t-3}$$

9. 已知 MA(2) 模型为 $x_t = \varepsilon_t - 0.7\varepsilon_{t-1} + 0.4\varepsilon_{t-2}$，$\varepsilon_t \sim WN(0, \sigma_\varepsilon^2)$。求 $E(x_t)$，$\text{Var}(x_t)$ 及 $\rho_k(k \geqslant 1)$。

10. 证明：

（1）对任意常数 c，如下定义的无穷阶 MA 序列一定是非平稳序列：

$$x_t = \varepsilon_t + c(\varepsilon_{t-1} + \varepsilon_{t-2} + \cdots), \ \varepsilon_t \sim WN(0, \sigma_\varepsilon^2)$$

（2）$\{x_t\}$ 的 1 阶差分序列一定是平稳序列，并求 $\{y_t\}$ 的自相关系数表达式：

$$y_t = x_t - x_{t-1}$$

11. 检验下列模型的平稳性与可逆性，其中 $\{\varepsilon_t\}$ 为白噪声序列：

（1）$x_t = 0.5x_{t-1} + 1.2x_{t-2} + \varepsilon_t$ 　　　　（2）$x_t = 1.1x_{t-1} - 0.3x_{t-2} + \varepsilon_t$

（3）$x_t = \varepsilon_t - 0.9\varepsilon_{t-1} + 0.3\varepsilon_{t-2}$ 　　　　（4）$x_t = \varepsilon_t + 1.3\varepsilon_{t-1} - 0.4\varepsilon_{t-2}$

（5）$x_t = 0.7x_{t-1} + \varepsilon_t - 0.6\varepsilon_{t-1}$ 　　　　（6）$x_t = -0.8x_{t-1} + 0.5x_{t-2} + \varepsilon_t - 1.1\varepsilon_{t-1}$

12. 已知 ARMA(1, 1) 模型为 $x_t = 0.6x_{t-1} + \varepsilon_t - 0.3\varepsilon_{t-1}$，确定该模型的 Green 函数，使该模型可以等价表示为无穷阶 MA 模型的形式。

13. 某 ARMA(2, 2) 模型为 $\Phi(B)x_t = 3 + \Theta(B)\varepsilon_t$，求 $E(x_t)$。其中：$\varepsilon_t \sim WN(0, \sigma_\varepsilon^2)$，$\Phi(B) = (1 - 0.5B)^2$。

14. 证明 ARMA(1, 1) 序列 $x_t = 0.5x_{t-1} + \varepsilon_t - 0.25\varepsilon_{t-1}$，$\varepsilon_t \sim WN(0, \sigma_\varepsilon^2)$ 的自相关系数为：

$$\rho_k = \begin{cases} 1, & k = 0 \\ 0.27, & k = 1 \\ 0.5\rho_{k-1}, & k \geqslant 2 \end{cases}$$

15. 对于平稳时间序列，以下哪些等式一定成立？

（1）$\sigma_\varepsilon^2 = E(\varepsilon_1^2)$

（2）$\text{Cov}(y_t, y_{t+k}) = \text{Cov}(y_t, y_{t-k})$

（3）$\rho_k = \rho_{-k}$

（4）$E(y_1 y_2) = E(y_2 y_3)$

16. 1915—2004 年澳大利亚每年与枪支有关的凶杀案死亡率（每 10 万人）如表 3-5 所示。

（1）绘制该序列的时序图，直观考察该序列的平稳特征。

（2）判断该序列的自相关系数与偏自相关系数的截尾或拖尾特征。

表 3-5

年份	死亡率	年份	死亡率	年份	死亡率
1915	0.521 505 2	1920	0.615 618 6	1925	0.269 395 1
1916	0.424 828 4	1921	0.366 627	1926	0.577 904 9
1917	0.425 031 1	1922	0.430 888 3	1927	0.566 115 1
1918	0.477 193 8	1923	0.281 028 7	1928	0.507 758 4
1919	0.828 021 2	1924	0.464 624 5	1929	0.750 717 5

续表

年份	死亡率	年份	死亡率	年份	死亡率
1930	0.680 839 5	1955	0.413 055 7	1980	0.700 901 7
1931	0.766 109 1	1956	0.328 892 8	1981	0.603 085 4
1932	0.456 147 3	1957	0.518 664 8	1982	0.698 091 9
1933	0.497 749 6	1958	0.548 650 4	1983	0.597 656
1934	0.419 327 3	1959	0.546 911 1	1984	0.802 342 1
1935	0.609 551 4	1960	0.496 349 4	1985	0.601 710 9
1936	0.457 337	1961	0.530 892 9	1986	0.599 312 7
1937	0.570 547 8	1962	0.595 776 1	1987	0.602 562 5
1938	0.347 899 6	1963	0.557 058 4	1988	0.701 662 5
1939	0.387 499 3	1964	0.573 132 5	1989	0.499 571 4
1940	0.582 428 5	1965	0.500 541 6	1990	0.498 091 8
1941	0.239 103 3	1966	0.543 126 9	1991	0.497 569
1942	0.236 744 5	1967	0.559 365 7	1992	0.600 183
1943	0.262 615 8	1968	0.691 169 3	1993	0.333 954 2
1944	0.424 093 4	1969	0.440 348 5	1994	0.274 437
1945	0.365 275	1970	0.567 666 2	1995	0.320 942 8
1946	0.375 075 8	1971	0.596 911 4	1996	0.540 667 1
1947	0.409 005 6	1972	0.473 553 7	1997	0.405 020 9
1948	0.389 167 6	1973	0.592 393 5	1998	0.288 596 1
1949	0.240 261	1974	0.597 555 6	1999	0.327 594 2
1950	0.158 949 6	1975	0.633 412 7	2000	0.313 260 6
1951	0.439 337 3	1976	0.605 711 5	2001	0.257 556 2
1952	0.509 468 1	1977	0.704 610 7	2002	0.213 838 6
1953	0.374 346 5	1978	0.480 526 3	2003	0.186 185 6
1954	0.433 982 8	1979	0.702 686	2004	0.159 271 3

17. 1860—1955 年密歇根湖每月平均水位的最高值序列如表 3-6 所示。

（1）绘制该序列的时序图，直观考察该序列的平稳特征。

（2）根据样本自相关图和偏自相关图，判断该序列的自相关系数与偏自相关系数的截尾或拖尾特征。

表 3-6

年份	水位	年份	水位	年份	水位	年份	水位
1860	83.3	1867	82.2	1874	82.3	1881	82.2
1861	83.5	1868	81.6	1875	82.1	1882	82.6
1862	83.2	1869	82.1	1876	83.6	1883	83.3
1863	82.6	1870	82.7	1877	82.7	1884	83.1
1864	82.2	1871	82.8	1878	82.5	1885	83.3
1865	82.1	1872	81.5	1879	81.5	1886	83.7
1866	81.7	1873	82.2	1880	82.1	1887	82.9

续表

年份	水位	年份	水位	年份	水位	年份	水位
1888	82.3	1905	81.6	1922	80.6	1939	80
1889	81.8	1906	81.5	1923	79.8	1940	79.3
1890	81.6	1907	81.6	1924	79.6	1941	79
1891	80.9	1908	81.8	1925	78.49	1942	80.2
1892	81	1909	81.1	1926	78.49	1943	81.5
1893	81.3	1910	80.5	1927	79.6	1944	80.8
1894	81.4	1911	80	1928	80.6	1945	81
1895	80.2	1912	80.7	1929	82.3	1946	80.96
1896	80	1913	81.3	1930	81.2	1947	81.1
1897	80.85	1914	80.7	1931	79.1	1948	80.8
1898	80.83	1915	80	1932	78.6	1949	79.7
1899	81.1	1916	81.1	1933	78.7	1950	80
1900	80.7	1917	81.87	1934	78	1951	81.6
1901	81.1	1918	81.91	1935	78.6	1952	82.7
1902	80.83	1919	81.3	1936	78.7	1953	82.1
1903	80.82	1920	81	1937	78.6	1954	81.7
1904	81.5	1921	80.5	1938	79.7	1955	81.5

第 4 章　平稳序列的拟合与预测

4.1　建模步骤

假如某个观察值序列通过序列预处理可以判定为平稳非白噪声序列，就可以利用 ARMA 模型对该序列建模。建模的基本步骤如图 4-1 所示。

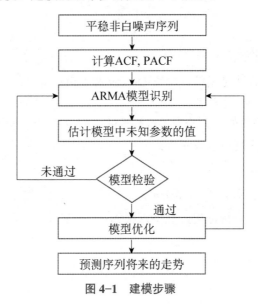

图 4-1　建模步骤

（1）求出该观察值序列的样本自相关系数（ACF）和样本偏自相关系数（PACF）的值。

（2）根据样本自相关系数和偏自相关系数的性质，选择阶数适当的 ARMA(p, q) 模型进行拟合。

（3）估计模型中未知参数的值。

（4）检验模型的有效性。如果拟合模型未通过检验，转向步骤（2），重新选择模型再拟合。

（5）模型优化。如果拟合模型通过检验，仍然转向步骤（2），充分考虑各种可能，建立多个拟合模型，从所有通过检验的拟合模型中选择最优模型。

（6）利用拟合模型，预测序列将来的走势。

4.2 单位根检验

对平稳序列建模首先需要确定序列是平稳的。在第 2 章，由于基础知识的缺乏，我们只介绍了平稳性的图检验。图检验方法主要适用于趋势或周期比较明显的序列。对于趋势或周期不太明显的序列，通过图检验方法来判断序列的平稳性具有一定的主观性。这时，最好使用统计检验方法，它在一定的可靠性水平下对序列的平稳性做出判别。

平稳性的统计检验方法主要是基于平稳序列与单位根之间的关系构造的。它的理论基础是：如果序列是平稳的，那么该序列的所有特征根都应该在单位圆内。如果序列有特征根在单位圆上或单位圆外，那么该序列就是非平稳序列。基于这个性质构造的平稳性检验方法叫作单位根检验。

单位根检验的统计量有很多种，本节介绍最基础的 DF 检验和应用最广的 ADF 检验。

4.2.1 DF 检验

一、DF 统计量的构造

最早的单位根检验方法是由统计学家 Dickey 和 Fuller 提出的，人们以他们名字的首字母 DF 命名了这种平稳性检验方法。

DF 检验是基于最简单的一种情况进行构造的。假设序列的确定性部分可以只由过去一期的历史数据描述，即序列可以表示为：

$$x_t = \phi_1 x_{t-1} + \xi_t \tag{4.1}$$

式中，ξ_t 为序列的随机部分，$\xi_t \sim N(0, \sigma^2)$。

显然，该序列只有一个特征根，且特征根为：

$$\lambda = \phi_1$$

当特征根在单位圆内，即

$$|\phi_1| < 1$$

时，该序列平稳。当特征根在单位圆上或单位圆外，即

$$|\phi_1| \geq 1$$

时，该序列非平稳。通过检验特征根 ϕ_1 在单位圆内还是单位圆上（外）可以检验序列的平稳性。

由于现实生活中绝大多数序列都是非平稳序列，因此单位根检验的原假设为序列非平稳，备择假设为序列平稳：

$$H_0: |\phi_1| \geq 1 \leftrightarrow H_1: |\phi_1| < 1$$

检验统计量为：

$$t(\phi_1) = \frac{\hat{\phi}_1 - \phi_1}{S(\hat{\phi}_1)}$$

式中，$\hat{\phi}_1$ 为参数 ϕ_1 的最小二乘估计值；$S(\hat{\phi}_1)$ 为 $\hat{\phi}_1$ 的样本标准差。

当 $\phi_1 = 0$ 时，$t(\phi_1)$ 的极限分布为标准正态分布：

$$t(\phi_1) = \frac{\hat{\phi}_1}{S(\hat{\phi}_1)} \xrightarrow{\ \text{极限}\ } N(0,1)$$

当 $|\phi_1| < 1$ 时，$t(\phi_1)$ 的渐近分布为标准正态分布：

$$t(\phi_1) = \frac{\hat{\phi}_1 - \phi_1}{S(\hat{\phi}_1)} \xrightarrow{\ \text{渐近}\ } N(0,1)$$

但当 $|\phi_1| \geqslant 1$ 时，$t(\phi_1)$ 的渐近分布将不再是正态分布，也不是我们熟知的任何参数分布。为了区分传统的 t 分布检验统计量，记

$$\tau = \frac{|\hat{\phi}_1| - 1}{S(\hat{\phi}_1)}$$

该统计量称为 DF（Dickey-Fuller）统计量。

Dickey 和 Fuller 对 τ 统计量的分布进行了随机模拟研究，随机模拟结果显示该统计量的极限分布为对称钟形分布，和正态分布的形状相似，但是均值有偏移。它的极限分布为：

$$\frac{\int_0^1 W(r)\mathrm{d}W(r)}{\sqrt{\int_0^1 [W(r)]^2 \, \mathrm{d}r}}$$

式中，$W(r)$ 为自由度为 r 的维纳过程（Weiner process）。所谓维纳过程，是一个独立增量过程，每个增量均服从正态分布。维纳过程具有如下性质：

（1）$W(0) = 0$

（2）$W(1) \sim N(0,1)$

（3）$\sigma W(r) \sim N(0, r\sigma^2)$

（4）$[W(r)]^2 / r \sim \chi^2(1)$

由于 DF 统计量只有一个极限分布的表达式，没有明确的密度函数，因此我们无法通过理论计算得到 DF 统计量的精确分位表，这是 DF 检验面临的一个重大操作困难。

1979 年，Dickey 和 Fuller 通过蒙特卡罗随机模拟的方法，计算出了 DF 统计量的模拟分位表，为 DF 检验解决了最后的技术难题。有了 DF 统计量的模拟分位表，我们很容易做出序列平稳性判别。

当显著性水平为 α 时，记 τ_α 为 DF 检验的 α 分位点，则：

● 当 $\tau \leqslant \tau_\alpha$ 时，拒绝原假设，认为序列平稳。等价判别是 τ 统计量的 P 值小于等于显著性水平 α。

● 当 $\tau > \tau_\alpha$ 时，接受原假设，认为序列非平稳。等价判别是 τ 统计量的 P 值大于显著性水平 α。

二、DF 统计量的等价表达

在式（4.1）等号两边同时减去 x_{t-1}，得到如下等式：

$$x_t - x_{t-1} = (\phi_1 - 1)x_{t-1} + \xi_t$$

记

$$\rho = |\phi_1| - 1$$

则式（4.1）可以等价表示为：

$$\Delta x_t = \rho x_{t-1} + \xi_t$$

DF 检验可以通过对参数 ρ 的检验等价进行：

$$H_0:\ \rho \geqslant 0 \leftrightarrow H_1:\ \rho < 0$$

检验统计量将更加精简：

$$\tau = \frac{\hat{\rho}}{S(\hat{\rho})}$$

式中，$S(\hat{\rho})$ 为 $\hat{\rho}$ 的样本标准差。

三、DF 检验的三种类型

在讲 Wold 分解定理时我们说过，序列的确定性部分可以是任何函数形式，但不管是什么函数形式都可以等价表示为序列历史信息的线性组合。也就是说，序列真实的确定性影响可以是任何结构。如果能够确定序列真实的确定性信息生成函数，那么基于这个函数得到的分析结果一定是最精确的。

但研究人员没有上帝之眼，通常无法知道序列真实的生成机制到底是怎样的，他们只能根据序列的样本数据表现出的特征和自己的经验，对序列可能的生成机制进行猜测。

在 Dickey 和 Fuller 的那个年代，人们对确定性影响的拟合常常使用如下三种结构：无漂移项自回归结构、有漂移项自回归结构和关于时间 t 的趋势回归结构。对于不同的模型结构，DF 检验的临界值也会不一样。针对这三种最常用的确定性结构假定，Dickey 和 Fuller 分别求出了它们的 DF 统计量拟合分位数表。

类型一：无漂移项自回归结构：

$$x_t = \phi_1 x_{t-1} + \xi_t$$

这是一个典型的无截距项的线性回归结构。考虑系数 ϕ_1 是否为 0，该模型又可以分为以下两个子模型。

（1）无延迟项模型：$x_t = \xi_t$。

该模型表示序列的确定性部分的均值为常数零，序列所有的波动信息都来自随机波动。在这种场合，如果 DF 检验结果显著拒绝原假设，则说明原序列 x_t 在统计意义上可以视为零均值平稳序列。

（2）有延迟项模型：$x_t = \phi_1 x_{t-1} + \xi_t$。

该模型表示序列的确定性部分由零均值、1 阶自相关的历史信息决定。将 1 阶自回归信息提取完之后，剩余的信息都是随机波动 $\xi_t = x_t - \phi_1 x_{t-1}$。DF 检验主要是检验残差序列 ξ_t 是否为平稳序列。如果 DF 检验结果显著拒绝原假设，说明残差序列 ξ_t 可以视为平稳序列，进而原序列 x_t 可以视为零均值、1 阶自相关的平稳序列。

类型二：有漂移项自回归结构：

$$x_t = \phi_0 + \phi_1 x_{t-1} + \xi_t$$

同样，这种结构也包括以下两个子模型。

（1）无延迟项模型：$x_t = \phi_0 + \xi_t$。

该模型表示序列的确定性部分的均值为常数 ϕ_0。如果 DF 检验结果显著拒绝原假设，说明残差序列 $\xi_t = x_t - \phi_0$ 在统计意义上可以视为平稳序列，进而原序列 x_t 在统计意义上可以视为均值为 ϕ_0 的平稳序列。

（2）有延迟项模型：$x_t = \phi_0 + \phi_1 x_{t-1} + \xi_t$。

该模型表示序列的确定性部分是由漂移项 ϕ_0 和 1 阶自相关的历史信息决定的。如果 DF 检验结果显著拒绝原假设，说明 $|\phi_1| < 1$，残差序列 $\xi_t = x_t - \phi_0 - \phi_1 x_{t-1}$ 可以视为平稳序列，进而原序列 x_t 可以视为均值非零、1 阶自相关的平稳序列。根据平稳序列的特征，还可以求出序列 x_t 的均值为 $\dfrac{\phi_0}{1 - \phi_1}$。

如果 DF 检验结果不能拒绝原假设，说明 $|\phi_1| > 1$，那么该序列的确定性部分和随机性部分都是非平稳的。以 $\phi_1 = 1$ 为例：

$$x_0 = 0$$
$$x_1 = \phi_0 + x_0 + \xi_1 = \phi_0 + \xi_1$$
$$x_2 = \phi_0 + x_1 + \xi_2 = 2\phi_0 + \xi_1 + \xi_2$$
$$\vdots$$
$$x_t = \phi_0 + x_{t-1} + \xi_t = t\phi_0 + \xi_1 + \xi_2 + \cdots + \xi_t$$

该序列的确定性部分为 $x_t = t\phi_0$，呈现出线性趋势的非平稳特征。

该序列的随机性部分为 $\xi_1 + \xi_2 + \cdots + \xi_t$，即使每个 ξ_{t-i}（$\forall 0 \leqslant i \leqslant t$）都是平稳序列，随机序列 $\xi_1 + \xi_2 + \cdots + \xi_t$ 也是非平稳序列，因为它的方差随时间递增

$$\mathrm{Var}(\xi_1 + \xi_2 + \cdots + \xi_t) = t\sigma_\varepsilon^2$$

类型三：关于时间 t 的趋势回归结构：

$$x_t = \alpha + \beta t + \phi_1 x_{t-1} + \xi_t$$

同样，这种结构也包括以下两个子模型。

（1）无延迟项模型：$x_t = \alpha + \beta t + \xi_t$。

该模型的确定性部分为时间 t 的一元线性回归结构 $x_t = \alpha + \beta t$，随机性部分为 ξ_t。

DF 检验如果拒绝原假设，说明残差序列 ξ_t 平稳，进而说明可以用一元线性回归模型 $x_t = \alpha + \beta t$ 提取序列的非平稳确定性信息。这时带趋势的回归模型也称为趋势平稳模型。

（2）有延迟项模型：$x_t = \alpha + \beta t + \phi_1 x_{t-1} + \xi_t$。

该模型的确定性部分为时间 t 的一元线性回归和 1 阶自回归的组合 $x_t = \alpha + \beta t + \phi_1 x_{t-1}$，随机性部分为 ξ_t。如果 DF 检验结果拒绝原假设，说明残差序列 ξ_t 平稳，进而说明可以用 $x_t = \alpha + \beta t + \phi_1 x_{t-1}$ 的模型结构提取序列的确定性信息。

Dickey 和 Fuller 通过蒙特卡罗随机模拟的方法，分别计算出了这三种类型 6 个子模型

的 DF 统计量的分位数表。研究人员可以根据自己对观察值序列确定性结构的选择，进行序列的平稳性检验。

【例 2-3 续（2）】对 1915—2004 年澳大利亚自杀率序列（每 10 万人自杀人口数）进行 DF 检验，判断该序列的平稳性。

在例 2-3 中，我们通过图检验方法判断该序列为非平稳序列。但这种判断带有很强的个人主观色彩和经验主义色彩。现在借助 DF 统计量，进行序列的平稳性检验（$\alpha=0.05$）。

在 Python 中进行 DF 检验，可以从 statsmodels.tsa.api 中调用 adfuller 函数来执行。该函数的常用格式为：

adfuller(x,regression=,maxlag=,autolag=)

其中：

● x：进行平稳性检验的序列名。

● regression：设置 DF 检验的类型，具体设置如下：

（1）regression="n"，代表检验类型一（无漂移项自回归结构）。

（2）regression="c"，代表检验类型二（有漂移项自回归结构）。这是实务中最常用的平稳性检验类型，是系统默认设置。

（3）regression="ct"或者 regression="ctt"，代表检验类型三（关于时间 t 的趋势回归结构），其中"ct"代表趋势为线性趋势（t 为自变量），"ctt"代表趋势为非线性趋势（t^2 为自变量）。

● maxlag：自回归部分最高延迟阶数。具体设置如下：

（1）maxlag=n，类型一场合输出延迟 n 阶自回归模型的平稳性检验结果，类型二和类型三场合输出延迟 $n-1$ 阶自回归模型的平稳性检验结果。

（2）DF 检验的最高延迟阶数，在类型一场合取 1，在类型二和类型三场合取 2。

（3）最高延迟阶数可以由研究人员自行指定，如果研究人员自己不给出 maxlag 参数的值，则由系统根据最优拟合模型自动给出最高延迟阶数。

● autolag：系统基于最优模型确定最高延迟阶数时选择的最优模型的统计量，具体设置如下：

（1）autolag="AIC"，基于 AIC 最小信息量准则，这是系统默认设置。

（2）autolag="BIC"，基于 BIC 最小信息量准则，AIC 和 BIC 信息量准则将在 4.6 节介绍。

（3）autolag="t-stat"，基于所有回归参数显著非零的原则（t 统计量）。

本例基于 DF 统计量进行序列的平稳性检验，相关步骤和指令如下：

```
# 导入数据分析三件套和进行 DF 检验的 adfuller 函数
import numpy as np
import pandas as pd
import matplotlib.pyplot as plt
from statsmodels.tsa.api import adfuller

# 导入数据文件，并指定时间标签
file6=pd.read_excel('D:\\Ts_Data\\A1_6.xlsx',parse_dates=True,index_col=0).to_period()
```

```
# 对自杀率序列进行 DF 检验
Suicide_df=adfuller(file6.Suicide,maxlag=2)
Suicide_df
```

```
(-1.3122547213882965,
 0.6235472812598891,
 1,
 88,
 {'1%':-3.506944401824286,
  '5%':-2.894989819214876,
  '10%':-2.584614550619835},
 43.56632454760029)
```

'''

系统默认的输出格式非常简洁，这些结果分别代表：

（1）DF 检验统计量的值

（2）P 值

（3）自回归延迟阶数

（4）回归模型的样本容量

（5）显著性水平为 1%时的临界值点

（6）显著性水平为 5%时的临界值点

（7）显著性水半为 10%时的临界值点

（8）该拟合模型的 AIC 信息量

如果对这种极简输出格式不满意，我们可以自行设计输出格式。

'''

```
# 自行设计 DF 检验结果的输出格式
Suicide_df_c=pd.DataFrame(Suicide_df,index=['统计量','P 值','延迟阶数','样本容量','临界值','AIC'],
columns=['DF 检验 Type2'])
Suicide_df_c
```

	DF检验 Type2
统计量	-1.312255
P值	0.623547
延迟阶数	1
样本容量	88
临界值	{'1%': -3.506944401824286, '5%': -2.8949898192...
AIC	61.254258

本例进行 DF 检验时，我们使用了系统默认的参数设置，只做类型二的平稳性检验。这是因为类型一可以视为类型二的一个特例，通常可以不单独对它进行检验。而拟合 ARMA 模型时，不需要考虑引入时间 t 的趋势项，所以不用做类型三的检验。

如果要专门做类型一的平稳性检验，命令为：

adfuller(file6.Suicide,maxlag=2,regression="n")

如果要专门做类型三的平稳性检验，命令为：

adfuller(file6.Suicide,maxlag=2,regression="nt")

本例输出结果显示，DF 检验的 P 值等于 0.623 547，大于显著性水平（$\alpha=0.05$），所以不能拒绝序列非平稳的原假设，也就是说 1915—2004 年澳大利亚自杀率序列是非平稳序列。

4.2.2　ADF 检验

DF 检验只适用于最简单的、确定性部分只由上一期历史信息决定的 AR(1) 模型的平稳性检验。如果序列的确定性部分需要由 AR(p) 模型描述呢？这时还能用 DF 检验吗？

为了使 DF 检验能适用于任意 p 期确定性信息的提取，人们对 DF 检验进行了一定的修正，得到了增广 DF（augmented Dickey-Fuller）检验，简记为 ADF 检验。

一、ADF 检验的原理

假设序列的确定性部分可以由过去 p 期的历史数据描述，即序列可以表示为：

$$x_t = \phi_1 x_{t-1} + \phi_2 x_{t-2} + \cdots + \phi_p x_{t-p} + \xi_t \qquad (4.2)$$

式中，ξ_t 为序列的随机部分，$\xi_t \sim N(0, \sigma^2)$。

它的特征方程为：

$$\lambda^p - \phi_1 \lambda^{p-1} - \phi_2 \lambda^{p-2} - \cdots - \phi_p = 0 \qquad (4.3)$$

该特征方程的非零特征根不妨记作

$$\lambda_1, \lambda_2, \cdots, \lambda_p$$

如果所有特征根均在单位圆内，即

$$|\lambda_i| < 1, \ i = 1, 2, \cdots, p$$

则序列 $\{x_t\}$ 平稳。

如果有一个单位根存在，不妨假设

$$\lambda_1 = 1$$

则序列 $\{x_t\}$ 非平稳。

把 $\lambda_1=1$ 代入特征方程，得到

$$1 - \phi_1 - \phi_2 - \cdots - \phi_p = 0 \Rightarrow \phi_1 + \phi_2 + \cdots + \phi_p = 1$$

这意味着，如果序列非平稳，存在特征根，那么序列回归系数之和恰好等于 1。因而，对于式（4.2）的序列平稳性检验，我们可以通过它的回归系数之和的性质进行判断。

二、ADF 检验统计量

为了构造 ADF 检验统计量，我们需要对式（4.2）进行等价变换。首先等号两边同时减去 x_{t-1}，得到

$$x_t - x_{t-1} = (\phi_1 - 1)x_{t-1} + \phi_2 x_{t-2} + \cdots + \phi_p x_{t-p} + \xi_t$$

然后在等号右边，加一项 $\phi_p x_{t-p+1}$，再减一项 $\phi_p x_{t-p+1}$，得到式（4.2）的等价表达式

$$\begin{aligned} \Delta x_t &= (\phi_1 - 1)x_{t-1} + \phi_2 x_{t-2} + \cdots + \phi_{p-1}x_{t-p+1} + \phi_p x_{t-p+1} - \phi_p x_{t-p+1} + \phi_p x_{t-p} + \xi_t \\ &= (\phi_1 - 1)x_{t-1} + \phi_2 x_{t-2} + \cdots + (\phi_{p-1} + \phi_p)x_{t-p+1} - \phi_p(x_{t-p+1} - x_{t-p}) + \xi_t \\ &= (\phi_1 - 1)x_{t-1} + \phi_2 x_{t-2} + \cdots + (\phi_{p-1} + \phi_p)x_{t-p+1} - \phi_p \Delta x_{t-p+1} + \xi_t \end{aligned}$$

同理，在上式等号右边，加一项 $(\phi_{p-1} + \phi_p)x_{t-p+2}$，再减一项 $(\phi_{p-1} + \phi_p)x_{t-p+2}$，得到

$$\begin{aligned} \Delta x_t &= (\phi_1 - 1)x_{t-1} + \phi_2 x_{t-2} + \cdots + (\phi_{p-2} + \phi_{p-1} + \phi_p)x_{t-p+2} - (\phi_{p-1} + \phi_p)\Delta x_{t-p+2} \\ &\quad - \phi_p \Delta x_{t-p+1} + \xi_t \end{aligned}$$

持续类似操作，直至所有自变量都变为差分变量，最后等价表示为：

$$\begin{aligned} \Delta x_t &= (\phi_1 + \phi_2 + \cdots + \phi_p - 1)x_{t-1} - (\phi_2 + \phi_3 + \cdots + \phi_p)\Delta x_{t-1} - \cdots - (\phi_{p-1} + \phi_p)\Delta x_{t-p+2} \\ &\quad - \phi_p \Delta x_{t-p+1} + \xi_t \end{aligned}$$

记

$$\rho = \phi_1 + \phi_2 + \cdots + \phi_p - 1$$
$$\beta_j = \phi_{j+1} + \phi_{j+2} + \cdots + \phi_p, \ j = 1, 2, \cdots, p-1$$

式（4.2）可以简记为：

$$\Delta x_t = \rho x_{t-1} - \beta_1 \Delta x_{t-1} - \cdots - \beta_{p-2}\Delta x_{t-p+2} - \beta_{p-1}\Delta x_{t-p+1} + \xi_t$$

若序列非平稳，则至少存在一个单位根，有 $\phi_1 + \phi_2 + \cdots + \phi_p = 1$，即 $\rho = 0$。反之，如果序列平稳，则 $\phi_1 + \phi_2 + \cdots + \phi_p < 1$，即 $\rho < 0$。

通过这种序列的变换，我们将式（4.2）的平稳性检验转变为对参数 ρ 的检验。原假设为序列非平稳，备择假设为序列平稳。假设条件用参数 ρ 表达，即为：

$$H_0: \ \rho \geqslant 0 \leftrightarrow H_1: \ \rho < 0$$

构造 ADF 检验统计量

$$\tau = \frac{\hat{\rho}}{S(\hat{\rho})}$$

式中，$S(\hat{\rho})$ 为 $\hat{\rho}$ 的样本标准差。

和 DF 检验一样。通过蒙特卡罗方法，可以得到 ADF 检验 τ 统计量的临界值表。当 τ 统计量小于 α 分位点，或者等价的 τ 统计量的 P 值小于显著性水平 α 时，可以认为该序列平稳。

显然，DF 检验是 ADF 检验在 $p=1$ 时的一个特例，因此它们统称为 ADF 检验。

【例 2-5 续】对 1900—1998 年全球 7 级以上地震发生次数序列进行 ADF 检验，判断该序列的平稳性。

我们在例 2-5 中通过图检验判断该序列平稳。现在基于 ADF 检验，对序列的平稳性进行统计检验。

ADF 检验和 DF 检验都是调用 statsmodels.tsa.api 包中的 adfuller 函数来执行。为了简化 adfuller 函数的输出结果，我们可以自定义一个 ADF 检验函数。Python 的自定义函数结构为：

> def 函数名{参数}:
> 自定义命令
> 　　return 函数结果

本例相关步骤和指令如下：

```
# 导入数据分析三件套和进行 ADF 检验的 adfuller 函数
import numpy as np
import pandas as pd
import matplotlib.pyplot as plt
from statsmodels.tsa.api import adfuller

# 自定义 ADF_test 函数，简化 ADF 检验的输出信息，只输出检验统计量、P 值和延迟阶数
def ADF_test(x):
    ADF=pd.DataFrame(adfuller(x)[0:3],index=['统计量','P 值','延迟阶数'],columns=['ADF 检验'])
    return ADF

# 导入数据文件，并指定时间标签
file7=pd.read_excel('D:\\Ts_Data\\A1_7.xlsx',parse_dates=True,index_col=0).to_period()

# 调用自定义 ADF_test 函数对 number 序列做 ADF 检验
ADF_test(file7.number)
```

	ADF检验
统计量	-3.183192
P值	0.020978
延迟阶数	2.000000

本例输出结果显示，该序列延迟 2 阶的 ADF 检验统计量的 P 值等于 0.020 978，小于显著性水平（$\alpha=0.05$），所以可以认为该序列显著平稳。

4.3　模型识别

如果一个观察值序列被识别为平稳非白噪声序列，接下来就需要通过考察平稳序列样本自相关系数和偏自相关系数的性质来选择适合的模型拟合该观察值序列。因此模型拟合的第一步是要根据观察值序列的取值求出该序列的样本自相关系数和偏自相关系数的值。

样本自相关系数可以根据以下公式求得：

$$\hat{\rho}_k = \frac{\sum\limits_{t=1}^{n-k}(x_t-\overline{x})(x_{t+k}-\overline{x})}{\sum\limits_{t=1}^{n}(x_t-\overline{x})^2}, \ \forall 0 \leqslant k < n$$

样本偏自相关系数可以利用样本自相关系数的值，根据以下公式求得：

$$\hat{\phi}_{kk} = \frac{\hat{D}_k}{\hat{D}}, \ \forall 0 < k < n$$

式中：

$$\hat{D} = \begin{vmatrix} 1 & \hat{\rho}_1 & \cdots & \hat{\rho}_{k-1} \\ \hat{\rho}_1 & 1 & \cdots & \hat{\rho}_{k-2} \\ \vdots & \vdots & & \vdots \\ \hat{\rho}_{k-1} & \hat{\rho}_{k-2} & \cdots & 1 \end{vmatrix}, \hat{D}_k = \begin{vmatrix} 1 & \hat{\rho}_1 & \cdots & \hat{\rho}_1 \\ \hat{\rho}_1 & 1 & \cdots & \hat{\rho}_2 \\ \vdots & \vdots & & \vdots \\ \hat{\rho}_{k-1} & \hat{\rho}_{k-2} & \cdots & \hat{\rho}_k \end{vmatrix}$$

计算出样本自相关系数和偏自相关系数的值之后，就要根据它们表现出来的性质，选择适当的 ARMA 模型拟合观察值序列。这个过程实际上就是根据样本自相关系数和偏自相关系数的性质估计自相关阶数 $\hat{p}$ 和移动平均阶数 $\hat{q}$，因此，模型识别过程也称为模型定阶过程。

ARMA 模型定阶的基本原则如表 4-1 所示。

表 4-1

$\hat{\rho}_k$	$\hat{\phi}_{kk}$	模型定阶
拖尾	p 阶截尾	AR(p)模型
q 阶截尾	拖尾	MA(q)模型
拖尾	拖尾	ARMA(p,q)模型

但是在实践中，这个定阶原则在操作上具有一定的难度。由于样本的随机性，本应截尾的样本自相关系数或偏自相关系数不会呈现出理论截尾的完美情况，仍会呈现出小值振荡。同时，由于平稳时间序列通常都具有短期相关性，随着延迟阶数 $k \to \infty$，$\hat{\rho}_k$ 与 $\hat{\phi}_{kk}$ 都会衰减至零附近作小值波动。

这种现象促使我们必须思考：当样本自相关系数或偏自相关系数在延迟若干阶之后衰减为小值波动时，什么情况下该看作相关系数截尾，什么情况下该看作相关系数在延迟若干阶之后正常衰减到零附近作拖尾波动？

这实际上没有绝对的标准，在很大程度上依靠分析人员的主观经验。但样本自相关系数和偏自相关系数的近似分布可以帮助缺乏经验的分析人员做出尽量合理的判断。

Jenkins 和 Watts 于 1968 年证明

$$E(\hat{\rho}_k) = \left(1 - \frac{k}{n}\right)\rho_k$$

根据 Bartlett 公式计算样本自相关系数的方差：

$$\mathrm{Var}(\hat{\rho}_k) \approx \frac{1}{n}\sum_{m=-j}^{j}\hat{\rho}_m^2 = \frac{1}{n}\left(1+2\sum_{m=1}^{j}\hat{\rho}_m^2\right), k > j$$

当样本容量 n 充分大时，样本自相关系数近似服从正态分布：

$$\hat{\rho}_k \sim N\left(0,\frac{1}{n}\right)$$

Quenouille 证明，样本偏自相关系数也近似服从该正态分布：

$$\hat{\phi}_{kk} \sim N\left(0,\frac{1}{n}\right)$$

根据正态分布的性质，有

$$P\left(-\frac{2}{\sqrt{n}} \leqslant \hat{\rho}_k \leqslant \frac{2}{\sqrt{n}}\right) \geqslant 0.95$$

$$P\left(-\frac{2}{\sqrt{n}} \leqslant \hat{\phi}_{kk} \leqslant \frac{2}{\sqrt{n}}\right) \geqslant 0.95$$

所以可以利用 2 倍标准差范围辅助判断。

　　如果样本自相关系数（或偏自相关系数）在最初的 R 阶明显超过 2 倍标准差范围，而后几乎 95% 的自相关系数都落在 2 倍标准差范围以内，而且由非零自相关系数衰减为小值波动的过程非常突然，通常视为自相关系数截尾，截尾阶数为 R。

　　如果有超过 5% 的样本自相关系数落在 2 倍标准差范围之外，或者由显著非零的自相关系数衰减为小值波动的过程比较缓慢或者非常连续，通常视为自相关系数拖尾。

　　【例 4-1】选择合适的模型拟合 1900—1998 年全球 7 级以上地震发生次数序列（数据见表 A1-7）。

```
#导入自相关图和偏自相关图函数，绘制自相关图和偏自相关图（见图 4-2）
from statsmodels.graphics.tsaplots import plot_acf,plot_pacf
fig,axes=plt.subplots(1,2)
plot_acf(file7.number,zero=False,title="ACF",ax=axes[0])
plot_pacf(file7.number,zero=False,title="PACF",ax=axes[1])
```

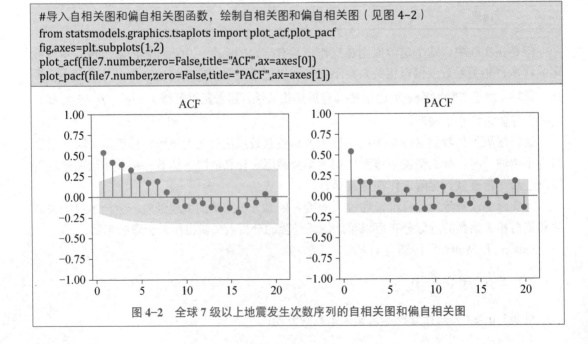

图 4-2　全球 7 级以上地震发生次数序列的自相关图和偏自相关图

　　从本例的自相关图可以看出，自相关系数是以一种有规律的方式，按指数函数轨迹衰减的，这说明自相关系数衰减到零不是一个突然截尾的过程，而是一个连续渐变的过程。这是自相关系数拖尾的典型特征，我们可以把拖尾特征形象地描述为"坐着滑梯落水"。

　　从本例的偏自相关图可以看出，除了 1 阶偏自相关系数在 2 倍标准差范围之外，其他阶数的偏自相关系数都在 2 倍标准差范围以内，这是一个偏自相关系数 1 阶截尾的典型特征。我们可以把这种截尾特征形象地描述为"1 阶之后高台跳水"。

　　本例中，根据自相关系数拖尾、偏自相关系数 1 阶截尾的属性，我们可以初步确定拟合模型为 AR(1) 模型。

　　【例 4-2】选择合适的模型拟合美国科罗拉多州某个加油站连续 57 天的盈亏序列（数据见表 A1-8）。

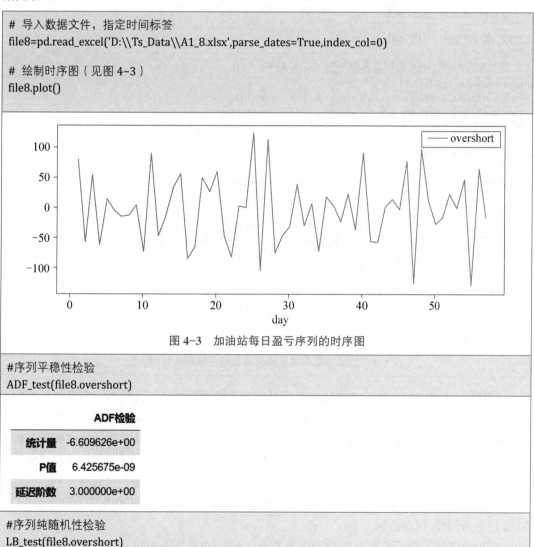

```
# 导入数据文件，指定时间标签
file8=pd.read_excel('D:\\Ts_Data\\A1_8.xlsx',parse_dates=True,index_col=0)

# 绘制时序图（见图4-3）
file8.plot()
```

图 4-3　加油站每日盈亏序列的时序图

```
#序列平稳性检验
ADF_test(file8.overshort)
```

ADF检验	
统计量	-6.609626e+00
P值	6.425675e-09
延迟阶数	3.000000e+00

```
#序列纯随机性检验
LB_test(file8.overshort)
```

	lb_stat	lb_pvalue
1	15.237351	0.000095
2	16.146727	0.000312
3	18.913073	0.000285
4	19.315225	0.000681
5	19.337909	0.001663
6	20.238638	0.002511
7	23.383721	0.001461
8	27.731652	0.000528
9	30.346172	0.000383
10	30.570044	0.000691

```
# 绘制该序列的自相关图和偏自相关图（见图 4-4）
fig,axes=plt.subplots(1,2)
plot_acf(file8.overshort,zero=False,title="ACF",ax=axes[0])
plot_pacf(file8.overshort,zero=False,title="PACF",ax=axes[1])
plt.show()
```

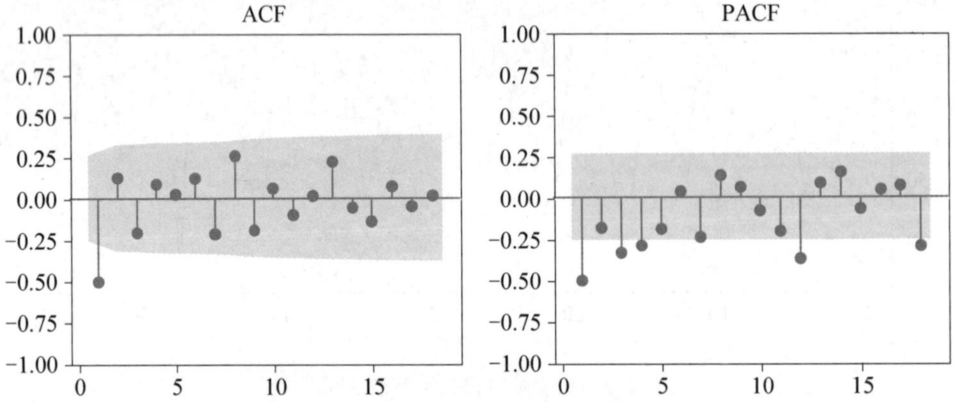

图 4-4   加油站每日盈亏序列的自相关图和偏自相关图

时序图（见图 4-3）显示该序列没有明显的趋势或周期特征，说明该序列没有显著的非平稳特征。进一步进行 ADF 检验，判断该序列的平稳性。ADF 检验结果显示，该序列延迟 3 阶的 ADF 检验统计量的 P 值小于显著性水平（$\alpha=0.05$），所以可以确认该序列为平稳序列。再对平稳序列进行纯随机性检验。纯随机性检验结果显示，延迟 $1\sim10$ 阶的 LB 统计量的 P 值都小于显著性水平（$\alpha=0.05$），所以可以判断该序列为平稳非白噪声序列，可以使用 ARMA 模型拟合该序列。最后考察该序列的样本自相关图和偏自相关图（见图 4-4）的特征，为 ARMA 模型定阶。

自相关图显示除了延迟 1 阶自相关系数在 2 倍标准差范围之外，其他阶数的自相关系数都在 2 倍标准差范围以内波动，且自相关系数衰减没有显著的规律性。偏自相关图显示出有规律的衰减，而且在 10 阶之后，依然有多个自相关系数落在 2 倍标准差范围之外，这是偏自相关系数拖尾的特征。综合该序列自相关系数 1 阶截尾和偏自相关系数拖尾的特征，我们将该序列的拟合模型定阶为 MA(1)。

【例 4-3】选择合适的模型拟合 1880—1985 年全球气表平均温度改变值差分序列（数据见表 A1-9）。

```
# 导入数据文件，并对气表平均温度改变值序列进行差分运算
file9=pd.read_excel('D:\\Ts_Data\\A1_9.xlsx',parse_dates=True,index_col=0)
file9=file9.to_period()
file9['diff_change']=file9.change.diff(1)
file9.head()
```

year	change	diff_change
1880	-0.40	NaN
1881	-0.37	0.03
1882	-0.43	-0.06
1883	-0.47	-0.04
1884	-0.72	-0.25

```
# 解决坐标轴负号显示问题
plt.rcParams['axes.unicode_minus']=False
# 对差分序列绘制时序图（见图 4-5）
file9.diff_change.plot(ylabel='diff_change')
```

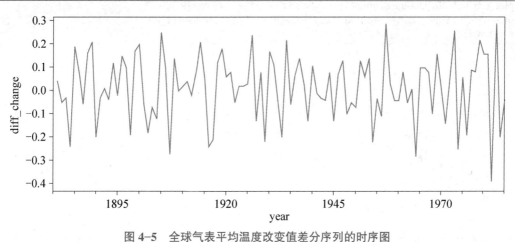

图 4-5　全球气表平均温度改变值差分序列的时序图

```
# 序列平稳性检验
ADF_test(file9.diff_change.dropna())
'''
差分运算会产生缺失值，所以在对 diff_change 序列进行平稳性检验时，要调用 pandas 包中的 dropna
函数来去除该序列的缺失值，否则 ADF 检验会报错。
'''
```

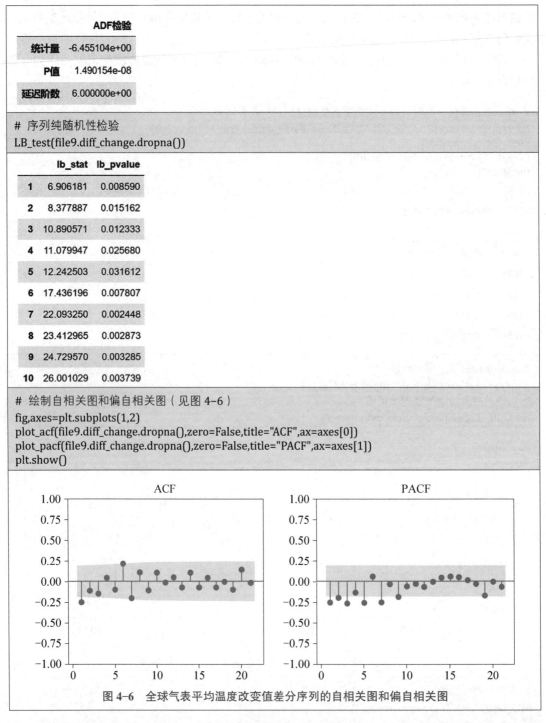

	ADF检验
统计量	-6.455104e+00
P值	1.490154e-08
延迟阶数	6.000000e+00

```
# 序列纯随机性检验
LB_test(file9.diff_change.dropna())
```

	lb_stat	lb_pvalue
1	6.906181	0.008590
2	8.377887	0.015162
3	10.890571	0.012333
4	11.079947	0.025680
5	12.242503	0.031612
6	17.436196	0.007807
7	22.093250	0.002448
8	23.412965	0.002873
9	24.729570	0.003285
10	26.001029	0.003739

```
# 绘制自相关图和偏自相关图（见图 4-6）
fig,axes=plt.subplots(1,2)
plot_acf(file9.diff_change.dropna(),zero=False,title="ACF",ax=axes[0])
plot_pacf(file9.diff_change.dropna(),zero=False,title="PACF",ax=axes[1])
plt.show()
```

图 4-6   全球气表平均温度改变值差分序列的自相关图和偏自相关图

时序图（见图 4-5）显示该序列没有明显的趋势或周期特征。进一步进行 ADF 检验，检验结果显示该序列显著平稳。接下来检验序列的纯随机性，LB 检验结果显示该序列为非白噪声序列。所以全球气表平均温度改变值差分序列是平稳非白噪声序列，可以使用 ARMA 模型拟合该序列。接下来，序列的自相关图和偏自相关图（见图 4-6）均显示出不截尾的性质，因此可以尝试使用 ARMA(1, 1) 模型来拟合该序列。

关于 ARMA 模型的定阶，统计学家曾经研究过使用三角格子法进行准确定阶。但三角格子法也不是精确的方法，而且计算复杂，所以现在很少有人使用该方法。因为 ARMA 模型的阶数通常都不高，所以实务中更常用的方法是从最小阶数 $p=1$，$q=1$ 开始尝试，不断增加 p 和 q 的阶数，直至模型精度达到研究要求。

自相关图和偏自相关图的特征可以帮助我们进行 ARMA 模型的阶数识别，但显然图识别具有很大的主观性，这可能会使部分研究人员产生焦虑，怕自己识别有误，造成很严重的系统性错误。其实不必太担心这个问题。因为平稳可逆 ARMA 模型存在整体自洽性，即 AR 模型可以转化为 MA 模型，MA 模型也可以转化为 AR 模型，所以对于 ARMA 模型的阶数识别并没有唯一结果。很可能出现对同一个序列使用不同的阶数识别，都能得到不错的拟合效果的情况。

4.4　参数估计

模型识别之后，下一步就是要利用序列的观察值确定该模型的口径，即估计模型中未知参数的值。

对于一个非中心化 ARMA(p, q) 模型，有

$$x_t = \mu + \frac{\Theta_q(B)}{\Phi_p(B)}\varepsilon_t$$

式中：

$$\varepsilon_t \sim WN(0, \sigma_\varepsilon^2)$$
$$\Theta_q(B) = 1 - \theta_1 B - \cdots - \theta_q B^q$$
$$\Phi_p(B) = 1 - \phi_1 B - \cdots - \phi_p B^p$$

该模型共含有 $p+q+2$ 个未知参数：$\phi_1, \cdots, \phi_p, \theta_1, \cdots, \theta_q, \mu, \sigma_\varepsilon^2$。

参数 μ 是序列均值，通常采用矩估计方法，用样本均值估计总体均值即可得到它的估计值：

$$\hat{\mu} = \bar{x} = \frac{\sum_{i=1}^{n} x_i}{n}$$

对原序列中心化，有

$$y_t = x_t - \bar{x}$$

原 $p+q+2$ 个待估参数减少为 $p+q+1$ 个：$\phi_1, \cdots, \phi_p, \theta_1, \cdots, \theta_q, \mu, \sigma_\varepsilon^2$。对这 $p+q+1$ 个未知参数的估计方法有三种：矩估计、极大似然估计和最小二乘估计。

4.4.1 矩估计

运用 $p+q$ 个样本自相关系数估计总体自相关系数，构造 $p+q$ 个方程组成的 Yule-Walker 方程组

$$\begin{cases} \rho_1(\phi_1, \phi_2, \cdots, \phi_p, \theta_1, \theta_2, \cdots, \theta_q) = \hat{\rho}_1 \\ \vdots \\ \rho_{p+q}(\phi_1, \phi_2, \cdots, \phi_p, \theta_1, \theta_2, \cdots, \theta_q) = \hat{\rho}_{p+q} \end{cases}$$

从中解出的参数值 $\hat{\phi}_1, \hat{\phi}_2, \cdots, \hat{\phi}_p, \hat{\theta}_1, \hat{\theta}_2, \cdots, \hat{\theta}_q$ 就是 $\phi_1, \phi_2, \cdots, \phi_p, \theta_1, \theta_2, \cdots, \theta_q$ 的矩估计。

将参数估计值 $\hat{\phi}_1, \hat{\phi}_2, \cdots, \hat{\phi}_p, \hat{\theta}_1, \hat{\theta}_2, \cdots, \hat{\theta}_q$ 代入 ARMA(p, q) 表达式，利用历史观察值（不可获得的历史观察值默认为零），得到序列估计值 $\hat{x}_t$ ($t=1, 2, \cdots, n$)。序列观察值 x_t 减去序列估计值 $\hat{x}_t$，就得到序列残差 ε_t ($t=1, 2, \cdots, n$)，即

$$\varepsilon_t = x_t - \hat{x}_t$$

残差序列 ε_t 独立同分布，服从零均值、方差为 σ_ε^2 的正态分布，则方差的矩估计等于

$$\hat{\sigma}_\varepsilon^2 = \frac{\sum_{t=1}^n \varepsilon_t^2}{n}$$

【例 4-4】求 AR(2) 模型 $x_t = \phi_1 x_{t-1} + \phi_2 x_{t-2} + \varepsilon_t$ 中未知参数 ϕ_1, ϕ_2 的矩估计。

根据 Yule-Walker 方程，有

$$\begin{cases} \rho_1 = \phi_1 \rho_0 + \phi_2 \rho_1 \\ \rho_2 = \phi_1 \rho_1 + \phi_2 \rho_0 \end{cases}$$

则

$$\hat{\phi}_1 = \frac{1 - \hat{\rho}_2}{1 - \hat{\rho}_1^2} \hat{\rho}_1, \quad \hat{\phi}_2 = \frac{\hat{\rho}_2 - \hat{\rho}_1^2}{1 - \hat{\rho}_1^2}$$

【例 4-5】求 MA(1) 模型 $x_t = \varepsilon_t - \theta_1 \varepsilon_{t-1}$ 中未知参数 θ_1 的矩估计。

根据 MA(1) 模型自协方差函数的性质，有

$$\begin{cases} \gamma_0 = (1 + \theta_1^2) \sigma_\varepsilon^2 \\ \gamma_1 = -\theta_1 \sigma_\varepsilon^2 \end{cases} \Rightarrow \rho_1 = \frac{\gamma_1}{\gamma_0} = \frac{-\theta_1}{1 + \theta_1^2}$$

解一元二次方程

$$\theta_1^2 \rho_1 + \theta_1 + \rho_1 = 0$$

得

$$\hat{\theta}_1 = \frac{-1 \pm \sqrt{1 - 4\hat{\rho}_1^2}}{2\hat{\rho}_1}$$

考虑 MA(1) 模型的可逆性条件 $|\theta_1| < 1$，可得到未知参数的唯一解：

$$\hat{\theta}_1 = \frac{-1 + \sqrt{1 - 4\hat{\rho}_1^2}}{2\hat{\rho}_1}$$

【例 4-6】求 ARMA(1, 1) 模型 $x_t = \phi_1 x_{t-1} + \varepsilon_t - \theta_1 \varepsilon_{t-1}$ 中未知参数 ϕ_1，θ_1 的矩估计。

根据 ARMA 模型 Green 函数的递推公式，可以确定该 ARMA(1, 1) 模型的 Green 函数为：

$$G_0 = 1$$
$$G_k = (\phi_1 - \theta_1)\phi_1^{k-1}, \ k = 1, 2, \cdots$$

推导出

$$\begin{cases} \gamma_0 = \sum_{k=0}^{\infty} G_k^2 \sigma_\varepsilon^2 = \frac{1 + \theta_1^2 - 2\theta_1\phi_1}{1 - \phi_1^2} \sigma_\varepsilon^2 \\ \gamma_1 = \sum_{k=0}^{\infty} G_k G_{k+1} \sigma_\varepsilon^2 = \frac{(\phi_1 - \theta_1)(1 - \theta_1\phi_1)}{1 - \phi_1^2} \sigma_\varepsilon^2 \\ \gamma_2 = \sum_{k=0}^{\infty} G_k G_{k+2} \sigma_\varepsilon^2 = \phi_1 \gamma_1 \end{cases}$$

则

$$\begin{cases} \rho_1 = \dfrac{\gamma_1}{\gamma_0} = \dfrac{(\phi_1 - \theta_1)(1 - \theta_1\phi_1)}{1 + \theta_1^2 - 2\theta_1\phi_1} \\ \rho_2 = \phi_1 \rho_1 \end{cases} \tag{4.4}$$

整理方程组（4.4），得

$$\begin{cases} \theta_1^2 - \dfrac{1 + \phi_1^2 - 2\rho_2}{\phi_1 - \rho_1}\theta_1 + 1 = 0 \\ \phi_1 = \dfrac{\rho_2}{\rho_1} \end{cases}$$

考虑可逆条件 $|\theta_1| < 1$，得到未知参数矩估计的唯一解：

$$\begin{cases} \hat{\phi}_1 = \dfrac{\hat{\rho}_2}{\hat{\rho}_1} \\ \hat{\theta}_1 = \begin{cases} \dfrac{c + \sqrt{c^2 - 4}}{2}, c \leqslant -2 \\ \dfrac{c - \sqrt{c^2 - 4}}{2}, c \geqslant 2 \end{cases}, c = \dfrac{1 - \hat{\phi}_1^2 - 2\hat{\rho}_2}{\hat{\phi}_1 - \hat{\rho}_1} \end{cases}$$

矩估计方法，尤其是低阶 ARMA 模型场合下的矩估计方法具有计算量小、估计思想简单直观，且不需要假设总体分布的优点。但是这种估计方法只用到了 $p+q$ 个样本自相关系数，即样本二阶矩的信息，观察值序列中的其他信息都被忽略了。这导致矩估计方法比较粗糙，它的估计精度一般不高，因此常用于确定极大似然估计和最小二乘估计迭代计算的初始值。

4.4.2 极大似然估计

在极大似然准则下，认为样本来自使该样本出现概率最大的总体。因此未知参数的极大似然估计就是使得似然函数（即联合密度函数）达到最大的参数值。

$$L(\hat{\beta}_1, \hat{\beta}_2, \cdots, \hat{\beta}_k; x_1, x_2, \cdots, x_n) = \max\{p(x_1, x_2, \cdots, x_n); \beta_1, \beta_2, \cdots, \beta_k\}$$

使用极大似然估计必须已知总体的分布函数，在时间序列分析中，序列的总体分布通常是未知的。为便于分析和计算，通常假设序列服从多元正态分布。

$$x_t = \phi_1 x_{t-1} + \cdots + \phi_p x_{t-p} + \varepsilon_t - \theta_1 \varepsilon_{t-1} - \cdots - \theta_q \varepsilon_{t-q}$$

记

$$\tilde{x} = (x_1, x_2, \cdots, x_n)$$
$$\tilde{\beta} = (\phi_1, \phi_2, \cdots, \phi_p, \theta_1, \theta_2, \cdots, \theta_q)'$$
$$\Sigma_n = E(\tilde{x}'\tilde{x}) = \Omega \sigma_\varepsilon^2$$

式中：

$$\Omega = \begin{pmatrix} \sum_{i=0}^{\infty} G_i^2 & \cdots & \sum_{i=0}^{\infty} G_i G_{i+n-1} \\ \vdots & & \vdots \\ \sum_{i=0}^{\infty} G_i G_{i+n-1} & \cdots & \sum_{i=0}^{\infty} G_i^2 \end{pmatrix}$$

$\tilde{x}$ 的似然函数为：

$$L(\tilde{\beta}; \tilde{x}) = p(x_1, x_2, \cdots, x_n; \tilde{\beta})$$
$$= (2\pi)^{-\frac{n}{2}} |\Sigma_n|^{-\frac{1}{2}} \exp\left\{-\frac{\tilde{x}'\Sigma_n^{-1}\tilde{x}}{2}\right\}$$
$$= (2\pi)^{-\frac{n}{2}} (\sigma_\varepsilon^2)^{-\frac{n}{2}} |\Omega|^{-\frac{1}{2}} \exp\left\{-\frac{\tilde{x}'\Omega^{-1}\tilde{x}}{2\sigma_\varepsilon^2}\right\}$$

对数似然函数为：

$$l(\tilde{\beta}; \tilde{x}) = -\frac{n}{2}\ln(2\pi) - \frac{n}{2}\ln(\sigma_\varepsilon^2) - \frac{1}{2}\ln|\Omega| - \frac{1}{2\sigma_\varepsilon^2}(\tilde{x}'\Omega^{-1}\tilde{x})$$

关于对数似然函数中的未知参数求偏导数，得到似然方程组

$$\begin{cases} \dfrac{\partial}{\partial \sigma_\varepsilon^2} l(\tilde{\beta}; \tilde{x}) = -\dfrac{n}{2\sigma_\varepsilon^2} + \dfrac{S(\tilde{\beta})}{2\sigma_\varepsilon^4} = 0 \\ \dfrac{\partial}{\partial \tilde{\beta}} l(\tilde{\beta}; \tilde{x}) = -\dfrac{1}{2}\dfrac{\partial \ln|\Omega|}{\partial \tilde{\beta}} - \dfrac{1}{\sigma_\varepsilon^2}\dfrac{\partial S(\tilde{\beta})}{2\partial \tilde{\beta}} = 0 \end{cases} \tag{4.5}$$

式中，$S(\tilde{\beta}) = \tilde{x}'\Omega^{-1}\tilde{x}$。

理论上，求解方程组（4.5）即可得到未知参数的极大似然估计值。但是，由于 $S(\tilde{\beta})$

和 $\ln|\boldsymbol{\Omega}|$ 都不是 $\tilde{\boldsymbol{\beta}}$ 的显式表达式，因此似然方程组（4.5）实际上是由 $p+q+1$ 个超越方程构成的，通常需要利用迭代算法才能求出未知参数的极大似然估计值。

幸运的是，目前计算机技术比较发达，有许多统计软件可以辅助分析，使得求 ARMA 模型的极大似然估计值很容易实现。

极大似然估计充分利用了每一个观察值所提供的信息，因而它的估计精度高，同时具有估计的一致性、渐近正态性和渐近有效性等许多优良的统计性质，是一种非常优良的参数估计方法。但它的缺点是需要事先假定序列的分布。

4.4.3　最小二乘估计

在 ARMA(p, q) 模型场合，记

$$\tilde{\boldsymbol{\beta}} = (\phi_1, \cdots, \phi_p, \theta_1, \cdots, \theta_q)'$$

$$F_t(\tilde{\boldsymbol{\beta}}) = \phi_1 x_{t-1} + \cdots + \phi_p x_{t-p} - \theta_1 \varepsilon_{t-1} - \cdots - \theta_q \varepsilon_{t-q}$$

残差项为：

$$\varepsilon_t = x_t - F_t(\tilde{\boldsymbol{\beta}})$$

残差平方和为：

$$Q(\tilde{\boldsymbol{\beta}}) = \sum_{t=1}^{n} \varepsilon_t^2$$

$$= \sum_{t=1}^{n} (x_t - \phi_1 x_{t-1} - \cdots - \phi_p x_{t-p} + \theta_1 \varepsilon_{t-1} + \cdots + \theta_q \varepsilon_{t-q})^2$$

使残差平方和达到最小的那组参数值即为 $\tilde{\boldsymbol{\beta}}$ 的最小二乘估计值。

由于随机扰动 ε_{t-1}，ε_{t-2}，$\cdots$ 不可观测，所以 $Q(\tilde{\boldsymbol{\beta}})$ 也不是 $\tilde{\boldsymbol{\beta}}$ 的显性函数，未知参数的最小二乘估计值通常也得借助迭代法求出。由于充分利用了序列观察值的信息，最小二乘估计的精度很高。

在实际中，最常用的是条件最小二乘估计方法。它假定过去未观测到的序列值等于零，即

$$x_t = 0, \quad t \leq 0$$

根据这个假定可以得到残差序列的有限项表达式：

$$\varepsilon_t = \frac{\Phi(B)}{\Theta(B)} x_t = x_t - \sum_{i=1}^{t} \pi_i x_{t-i}$$

于是残差平方和为：

$$Q(\tilde{\boldsymbol{\beta}}) = \sum_{t=1}^{n} \varepsilon_t^2$$

$$= \sum_{t=1}^{n} \left[x_t - \sum_{i=1}^{t} \pi_i x_{t-i} \right]^2 \tag{4.6}$$

通过迭代法，使式（4.6）达到最小值的估计值即参数 β 的条件最小二乘估计。

在 Python 中，调用 statsmodels.tsa.api 中的 ARIMA 函数或 SARIMAX 函数都可以实现 ARMA 模型的参数估计。由于 SARIMAX 函数功能更全面，因此本书以 SARIMAX 为操作函数进行介绍。

SARIMAX 函数的命令格式为：

SARIMAX(x,order=,trend=)

其中：

- x：要进行模型拟合的序列名。
- order=(p, d, q)：指定模型阶数。

（1）p 为自回归阶数；

（2）d 为差分阶数，本章不涉及差分问题，所以 $d=0$；

（3）q 为移动平均阶数。

- trend：指定是否需要常数项。

（1）trend="n"，不要常数项，系统默认设置；

（2）trend="c"，需要保留常数项。

【例 4-1 续（1）】确定 1900—1998 年全球 7 级以上地震发生次数序列拟合模型的口径。

根据该序列的自相关图和偏自相关图，我们将该序列定阶为 AR(1) 模型，拟合模型的相关指令和输出结果如下：

```
# 导入 SARIMAX 函数
from statsmodels.tsa.api import SARIMAX

# 指定拟合模型阶数
model=SARIMAX(file7.number,order=(1,0,0))

# 对拟合模型进行参数估计，估计结果保存在 number_fit 中
number_fit=model.fit()

#查看参数估计结果
number_fit.summary()
```

SARIMAX Results

Dep. Variable:	number	No. Observations:	99
Model:	SARIMAX(1, 0, 0)	Log Likelihood	-318.984
Date:	Sat, 27 May 2023	AIC	643.968
Time:	22:23:55	BIC	651.753
Sample:	12-31-1900	HQIC	647.118
	- 12-31-1998		
Covariance Type:	opg		

	coef	std err	z	P>|z|	[0.025	0.975]
intercept	9.0842	1.847	4.919	0.000	5.465	12.704
ar.L1	0.5433	0.078	6.930	0.000	0.390	0.697
sigma2	36.6969	4.831	7.595	0.000	27.227	46.166

Ljung-Box (L1) (Q):	0.96	Jarque-Bera (JB):	4.10
Prob(Q):	0.33	Prob(JB):	0.13
Heteroskedasticity (H):	0.84	Skew:	0.40
Prob(H) (two-sided):	0.63	Kurtosis:	3.58

SARIMAX 函数输出结果包括以下三部分。

第一部分为本次参数估计的基本情况，具体包括如下信息：

（1）序列名（Dep.Variable）；

（2）序列观察值长度（No.Observations）；

（3）本次拟合的模型结构（Model）；

（4）拟合模型的对数似然函数值（Log Likelihood）；

（5）本次拟合操作的日期（Date）、时间（Time）和样本区间（Sample）；

（6）拟合模型的三个信息量的值（AIC，BIC，HQIC）；

（7）协方差矩阵的类型（Covariance Type）。

第二部分为参数估计值的具体信息。行标识代表估计的未知参数，其中：

（1）Intercept：截距项，即 ϕ_0；

（2）ar.Lk：AR 部分延迟 k 阶的参数值，即 ϕ_k；

（3）sigma2：方差，即 σ_ε^2。

各列依次代表：参数估计值（coef），参数估计标准差（std err），参数显著性检验统计量的值（z），统计量的 P 值（P>|z|），以及 95%置信区间的下限和上限（[0.025，0.975]）。

第三部分为残差序列的某些检验统计量的值，具体包括：

（1）残差白噪声检验（延迟 1 阶 LB 检验）统计量 (Ljung-Box(L1)(Q)) 的值及其 P 值 (Prob(Q))；

（2）残差的偏态（Skew）和峰态（Kurtosis）的值，以及基于偏态和峰态求得的残差正态分布检验（JB 检验）统计量 (Jarque-Bera(JB)) 的值及其 P 值 (Prob(JB))；

（3）残差方差齐性检验统计量 (Heteroskedasticity(H)) 的值及其 P 值 (Prob(H))。

如果只想得到参数估计值，可以要求系统只输出第二部分。Python 计数从 0 开始，所以第二部分是 table[1]。相关指令如下：

number_fit.summary().tables[1]

根据参数估计输出结果，我们可以确定该拟合模型的口径为：

$$x_t = 9.084\,2 + 0.543\,3x_{t-1} + \varepsilon_t, \mathrm{Var}(\varepsilon_t) = 36.696\,9$$

【例 4-2 续（1）】确定美国科罗拉多州某个加油站连续 57 天的盈亏序列拟合模型的口径。

在例 4-2 中，我们将该序列的拟合模型定阶为 MA(1) 模型，使用最小二乘估计方法确定该模型的口径，相关指令和输出结果如下：

```
# 拟合 MA(1)模型
overshort_fit=SARIMAX(file8.overshort,order=(0,0,1),trend="c").fit()
overshort_fit.summary().tables[1]
```

	coef	std err	z	P>|z|	[0.025	0.975]
intercept	-4.7945	1.068	-4.490	0.000	-6.887	-2.702
ma.L1	-0.8477	0.083	-10.252	0.000	-1.010	-0.686
sigma2	2019.7661	458.974	4.401	0.000	1120.193	2919.339

根据参数估计输出结果，我们可以确定该拟合模型的口径为：

$$x_t = -4.794\,5 + \varepsilon_t - 0.847\,7\varepsilon_{t-1},\ \mathrm{Var}(\varepsilon_t) = 2\,019.766\,1$$

【例 4-3 续（1）】确定 1880—1985 年全球气表平均温度改变值差分序列拟合模型的口径。

在例 4-3 中，我们将该序列的拟合模型定阶为 ARMA(1, 1) 模型，使用最小二乘估计方法确定该模型的口径，相关指令和输出结果如下：

```
# 基于最小二乘估计方法拟合 ARMA(1,1)模型
diff_change_fit=SARIMAX(file9.diff_change.dropna(),order=(1,0,1),trend="c").fit()
diff_change_fit.summary().tables[1]
```

	coef	std err	z	P>|z|	[0.025	0.975]
intercept	0.0032	0.002	1.817	0.069	-0.000	0.007
ar.L1	0.3928	0.106	3.691	0.000	0.184	0.601
ma.L1	-0.8868	0.061	-14.471	0.000	-1.007	-0.767
sigma2	0.0154	0.002	6.682	0.000	0.011	0.020

根据参数估计输出结果，我们可以确定该拟合模型的口径为：

$$x_t = 0.003\,2 + 0.392\,8x_{t-1} + \varepsilon_t - 0.886\,8\varepsilon_{t-1},\ \mathrm{Var}(\varepsilon_t) = 0.015\,4$$

4.5　模型检验

确定了拟合模型的口径之后，我们还要对该拟合模型进行必要的检验。

4.5.1　模型的显著性检验

模型的显著性检验主要是检验模型的有效性。一个模型是否显著有效主要看它提取的信息是否充分。一个好的拟合模型应该能够提取观察值序列中几乎所有的样本相关信息，换言之，拟合残差项中将不再蕴涵任何相关信息，即残差序列应该为白噪声序列，这样的模型称为显著有效模型。

反之，如果残差序列为非白噪声序列，就意味着残差序列中还残留着相关信息未被提取，这就说明拟合模型不够有效，通常需要选择其他模型重新拟合。

因此，模型的显著性检验即残差序列的白噪声检验，原假设和备择假设分别为：

$$H_0:\ \rho_1 = \rho_2 = \cdots = \rho_m = 0,\ \forall m \geqslant 1$$

$$H_1:\ 至少存在某个\rho_k \neq 0,\ \forall m \geqslant 1, k \leqslant m$$

检验统计量为 LB（Ljung-Box）统计量：

$$\text{LB} = n(n+2)\sum_{k=1}^{m}\frac{\hat{\rho}_k^2}{n-k} \sim \chi^2(m),\ \forall m>0$$

如果拒绝原假设，就说明残差序列中还残留着相关信息，拟合模型不显著。如果不能拒绝原假设，就认为拟合模型显著有效。

【例 4-1 续（2）】检验 1900—1998 年全球 7 级以上地震发生次数序列拟合模型的显著性（α=0.05）。

我们对该序列拟合了 AR(1) 模型，拟合模型显著性检验的相关指令和输出结果如下：

```
# 对残差序列进行纯随机性检验
LB_test(number_fit.resid,20)
```

	lb_stat	lb_pvalue
1	0.934650	0.333657
2	1.152186	0.562090
3	3.784665	0.285675
4	4.865456	0.301383
5	5.193485	0.392726
6	5.204448	0.517871
7	8.155492	0.319083
8	8.160651	0.417937
9	8.481168	0.486475
10	10.131103	0.429068
11	10.576633	0.479382
12	10.576862	0.565487
13	10.965649	0.613695
14	11.522195	0.644614
15	11.587703	0.709930
16	15.037048	0.521927
17	15.085165	0.589347
18	15.624588	0.618729
19	17.651460	0.545821
20	17.989005	0.588133

检查所有延迟阶数的 LB 检验统计量的 P 值，如果有 P 值小于 α（通常 α=0.05），就说明残差序列不是白噪声序列，该拟合模型信息提取不充分，模型不显著。如果所有的 P 值均大于 α，就说明残差序列可以视为白噪声序列，该模型显著成立。

本例残差序列 LB 检验的所有 P 值都大于 0.05，我们可以认为这个拟合模型显著成立。

对延迟很多阶（本例取了 20 阶）的 LB 统计量，逐个比较 P 值与显著性水平 α 的大小，效率是比较低的。为了提高比较的效率，我们可以自定义残差的白噪声检验的图函数。

该图的横坐标是延迟阶数（LB 统计量的自由度），纵坐标是 LB 统计量的 P 值，每个检验 P 值是二维坐标轴上的一个点。显著性水平 α 作为水平参照线。如果所有 P 值点均在水平参照线之上，就说明残差序列是白噪声序列，拟合模型显著成立。如果有至少一个点在水平参照线之下，就说明残差序列不是白噪声序列，拟合模型不显著成立。

我们将该函数命名为 LB_plot，它有两个参数：一个是 ARIMA 模型拟合结果（x），一个是检验的最高延迟阶数（lags）。我们调用这个自定义的图函数，就可以得到残差序列的白噪声检验图。通常图检验比数值检验更直观、更高效。

下面我们重新对例 4-1 中 1900—1998 年全球 7 级以上地震发生次数的拟合模型进行显著性检验，相关指令和结果如下：

```python
# 自定义 LB_plot 函数
def LB_plot(x,lags):
    plt.figure(figsize=(5,3))
    plt.plot(LB_test(x.resid,lags).lb_pvalue,marker=".",linestyle='none')
    plt.yticks(np.arange(0,1.05,0.1))
    plt.xticks(range(lags+1))
    plt.xlabel("Lags")
    plt.ylabel("Pvalue")
    plt.axhline(0.05,c='red',linestyle='--')
    plt.rcParams['font.sans-serif']=['SimHei']
    plt.title('LB-Plot')
        return plt.show()

# 调用 LB_plot 函数对残差序列进行白噪声检验（见图 4-7）
LB_plot(number_fit,20)
```

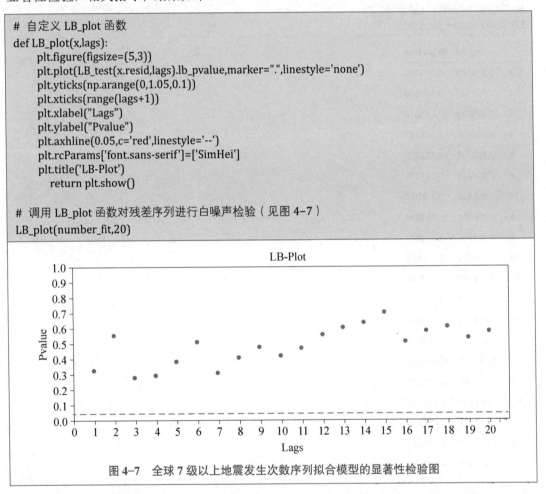

图 4-7　全球 7 级以上地震发生次数序列拟合模型的显著性检验图

图 4-7 中，虚线为 α=0.05 的参照线，图中点为不同延迟阶数情况下的 LB 检验统计量的 P 值。所有点都在参照线之上，说明对于任意延迟阶数，白噪声检验统计量的 P 值都显著大于 0.05。我们可以迅速判断，该拟合模型显著成立。

4.5.2　参数的显著性检验

参数的显著性检验就是要检验每个未知参数是否显著非零。该检验的目的是使模型精简。

如果某个参数不显著非零，即表示该参数所对应的自变量对因变量的影响不明显，就可以将该自变量从拟合模型中剔除。最终模型将由一系列参数显著非零的自变量表示。

检验假设：

$$H_0:\ \beta_j = 0 \leftrightarrow H_1:\ \beta_j \neq 0, \forall 1 \leqslant j \leqslant m$$

$$E(\hat{\boldsymbol{\beta}}) = E[(\boldsymbol{X'X})^{-1}\boldsymbol{X'}\tilde{\boldsymbol{y}}] = (\boldsymbol{X'X})^{-1}\boldsymbol{X'X}\hat{\boldsymbol{\beta}} = \hat{\boldsymbol{\beta}}$$

$$\mathrm{Var}(\hat{\boldsymbol{\beta}}) = \mathrm{Var}[(\boldsymbol{X'X})^{-1}\boldsymbol{X'}\tilde{\boldsymbol{y}}] = (\boldsymbol{X'X})^{-1}\boldsymbol{X'X}(\boldsymbol{X'X})^{-1}\sigma_\varepsilon^2$$
$$= (\boldsymbol{X'X})^{-1}\sigma_\varepsilon^2$$

对于线性拟合模型，记 $\hat{\boldsymbol{\beta}}$ 为 $\tilde{\boldsymbol{\beta}}$ 的最小二乘估计，有

$$\boldsymbol{\Omega} = (\boldsymbol{X'X})^{-1} = \begin{pmatrix} a_{11} & \cdots & a_{1m} \\ \vdots & & \vdots \\ a_{m1} & \cdots & a_{mm} \end{pmatrix}$$

在正态分布假定下，第 j 个未知参数的最小二乘估计值 $\hat{\beta}_j$ 服从正态分布：

$$\hat{\beta}_j \sim N(0, a_{jj}\sigma_\varepsilon^2), 1 \leqslant j \leqslant m \tag{4.7}$$

由于 σ_ε^2 不可观测，故用最小残差平方和估计 σ_ε^2：

$$\hat{\sigma}_\varepsilon^2 = \frac{Q(\tilde{\boldsymbol{\beta}})}{n-m}$$

根据正态分布的性质，有

$$\frac{Q(\tilde{\boldsymbol{\beta}})}{\sigma_\varepsilon^2} \sim \chi^2(n-m) \tag{4.8}$$

式中，n 为序列长度；m 为待估参数个数。

由式（4.7）和式（4.8）可以构造出用于检验未知参数显著性的 t 统计量

$$T = \sqrt{n-m}\ \frac{\hat{\beta}_j}{\sqrt{a_{jj}Q(\tilde{\boldsymbol{\beta}})}} \sim t(n-m)$$

当序列长度足够大（大于 25）时，t 统计量近似服从标准正态分布，即

$$\frac{\hat{\phi}_j}{\sqrt{a_{jj}}\sigma_\varepsilon} \dot\sim N(0,1)$$

根据正态分布的 P 值，我们能得到参数是否显著非零的判断。

【例 4-1 续（3）】检验 1900—1998 年全球 7 级以上地震发生次数序列拟合模型参数的显著性（$\alpha = 0.05$）。

基于 SARIMAX 函数建模，输出模型拟合结果时，既输出了参数估计值，也输出了参数估计值的显著性检验结果。本例参数估计结果如下：

	coef	std err	z	P>|z|	[0.025	0.975]
const	19.8912	1.424	13.968	0.000	17.100	22.682
ar.L1	0.5422	0.079	6.882	0.000	0.388	0.697
sigma2	36.8841	4.881	7.557	0.000	27.318	46.451

其中，z 就是每个参数的正态检验统计量的值，P>\|z\|是 z 统计量的 P 值。

因为前两个参数的 z 统计量的 P 值都远远小于 0.05，所以可以判断我们为 1900—1998 年全球 7 级以上地震发生次数序列拟合的 AR(1) 模型的两个参数都显著非零。

【例 4–2 续（2）】对美国科罗拉多州某个加油站连续 57 天的盈亏序列拟合模型进行检验。

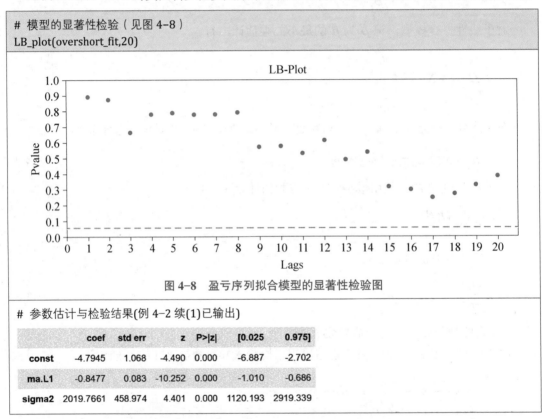

```
# 模型的显著性检验（见图 4-8）
LB_plot(overshort_fit,20)
```

图 4-8　盈亏序列拟合模型的显著性检验图

```
# 参数估计与检验结果(例 4-2 续(1)已输出)
```

	coef	std err	z	P>|z|	[0.025	0.975]
const	-4.7945	1.068	-4.490	0.000	-6.887	-2.702
ma.L1	-0.8477	0.083	-10.252	0.000	-1.010	-0.686
sigma2	2019.7661	458.974	4.401	0.000	1120.193	2919.339

模型的显著性检验结果显示残差序列可以视为白噪声序列，所以拟合模型显著成立。参数估计与检验结果显示所有参数显著非零。

【例 4–3 续（2）】对 1880—1985 年全球气表平均温度改变值差分序列拟合模型进行检验。

前面我们已经为该序列拟合了 ARMA(1, 1) 模型。例 4–3 续（1）已经输出了该拟合模型的参数估计结果和参数显著性检验的信息：

	coef	std err	z	P>|z|	[0.025	0.975]
intercept	0.0032	0.002	1.817	0.069	-0.000	0.007
ar.L1	0.3928	0.106	3.691	0.000	0.184	0.601
ma.L1	-0.8868	0.061	-14.471	0.000	-1.007	-0.767
sigma2	0.0154	0.002	6.682	0.000	0.011	0.020

　　检验结果显示，常数项的显著性检验 P 值为 0.069，如果显著性水平取为 0.05，那么常数项不能视为显著非零。这时可以删除常数项，重新拟合模型，并进行模型检验。

```
# 删除常数项，重新拟合模型
diff_change_fit=SARIMAX(file9.diff_change.dropna(),order=(1,0,1),trend="n").fit()
diff_change_fit.summary().tables[1]
```

	coef	std err	z	P>|z|	[0.025	0.975]
ar.L1	0.3738	0.127	2.953	0.003	0.126	0.622
ma.L1	-0.8341	0.083	-10.104	0.000	-0.996	-0.672
sigma2	0.0159	0.002	6.490	0.000	0.011	0.021

```
# 模型的显著性检验（见图 4-9）
LB_plot(diff_change_fit,20)
```

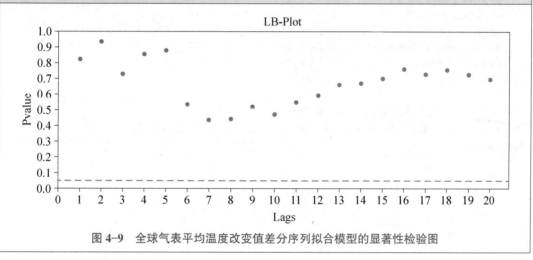

图 4-9　全球气表平均温度改变值差分序列拟合模型的显著性检验图

　　精简后的模型为：
$$x_t = 0.373\,8x_{t-1} + \varepsilon_t - 0.834\,1\varepsilon_{t-1}, \mathrm{Var}(\varepsilon_t) = 0.015\,9$$
该模型显著成立，所有参数均显著非零。

4.6　模型优化

4.6.1　问题的提出

　　若一个拟合模型通过了检验，就说明在一定的置信水平下，该模型能有效拟合观察值序列的波动，但这种有效模型并不一定是唯一的。

　　【例 4-7】等时间间隔连续读取某次化学反应的 70 个过程数据，构成一时间序列（数据见表 A1-10）。试对该序列进行拟合（α=0.05）。

```
# 第一步:导入分析工具(含自定义函数)
import numpy as np
```

```
import pandas as pd
import matplotlib.pyplot as plt
from statsmodels.tsa.api import acf,pacf,adfuller,SARIMAX
from statsmodels.graphics.tsaplots import plot_acf,plot_pacf
from statsmodels.stats.diagnostic import acorr_ljungbox as LB_test
def ADF_test(x):
    ADF=pd.DataFrame(adfuller(x)[0:3],index=['统计量','P 值','延迟阶数'],columns=['ADF 检验'])
    return ADF

def LB_plot(x,lags):
    plt.figure(figsize=(5,3))
    plt.plot(LB_test(x.resid,lags).lb_pvalue,marker=".",linestyle='none')
    plt.yticks(np.arange(0,1.05,0.1))
    plt.xticks(range(lags+1))
    plt.xlabel("Lags")
    plt.ylabel("Pvalue")
    plt.axhline(0.05,c='red',linestyle='--')
    plt.rcParams['font.sans-serif']=['SimHei']
    plt.title('LB-Plot')
return plt.show()
```

\# 第二步:读入数据文件，绘制时序图（见图 4-10）
```
file10=pd.read_excel('D:\\Ts_Data\\A1_10.xlsx',parse_dates=True,index_col=0)
file10.plot()
```

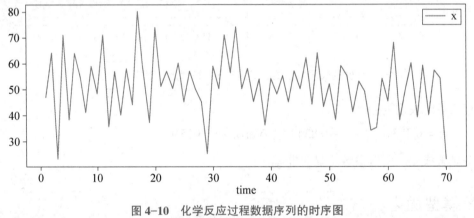

图 4-10　化学反应过程数据序列的时序图

\# 第三步(1):序列预处理(平稳性检验)
```
ADF_test(file10.x)
```

	ADF检验
统计量	-5.376313
P值	0.000004
延迟阶数	1.000000

\# 第三步(2):序列预处理(纯随机性检验)
```
LB_test(file10.x,5)
```

	lb_stat	lb_pvalue
1	11.102981	0.000862
2	17.970408	0.000125
3	20.032172	0.000167
4	20.414083	0.000414
5	21.144234	0.000761

因为 ADF 检验统计量的 P 值小于 0.05，所以该序列平稳。因为 LB 检验统计量的 P 值均小于 0.05，所以该序列为非白噪声序列。平稳非白噪声序列可以使用 ARMA 模型来拟合。

```
# 第四步:ARMA 模型阶数识别
fig,axes=plt.subplots(1,2)
plot_acf(file10.x,zero=False,title="ACF",ax=axes[0])
plot_pacf(file10.x,zero=False,title="PACF",ax=axes[1])
plt.show()          #见图 4-11
```

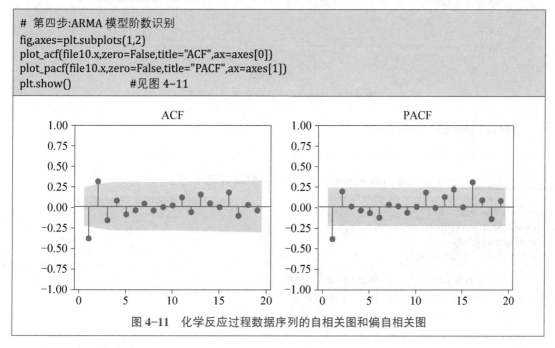

图 4-11　化学反应过程数据序列的自相关图和偏自相关图

根据自相关图的特征，可能有人会认为自相关系数 2 阶截尾，那么可以对序列拟合 MA(2) 模型。

根据偏自相关图的特征，可能有人会认为偏自相关系数 1 阶截尾，那么可以对序列拟合 AR(1) 模型。

在第五步，我们对该序列分别拟合上述两个模型。

```
# 第五步(1):拟合 MA(2)模型
mod1=SARIMAX(file10.x,order=(0,0,2),trend="c")
x_fit1=mod1.fit()
x_fit1.summary().tables[1]
```

	coef	std err	z	P>|z|	[0.025	0.975]
intercept	51.1696	1.351	37.861	0.000	48.521	53.818
ma.L1	-0.3194	0.125	-2.565	0.010	-0.563	-0.075
ma.L2	0.3019	0.125	2.410	0.016	0.056	0.547
sigma2	114.4345	18.063	6.335	0.000	79.032	149.837

```
# MA(2)模型的显著性检验（见图 4-12）
LB_plot(x_fit1,20)
```

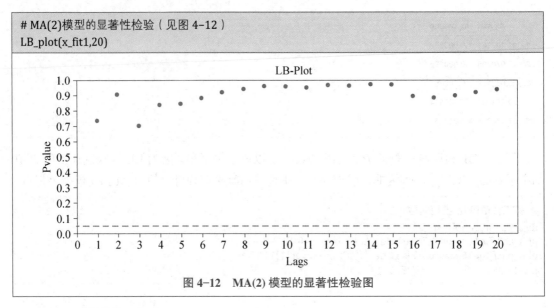

图 4-12　MA(2) 模型的显著性检验图

MA(2) 模型的口径为：

$$x_t = 51.169\,6\varepsilon_t - 0.319\,4\varepsilon_{t-1} + 0.301\,9\varepsilon_{t-2},\ \mathrm{Var}(\varepsilon_t) = 114.434\,5$$

该模型的残差序列可视为白噪声序列，且所有参数均显著非零。

```
# 第五步(2):拟合 AR(1)模型
mod2=SARIMAX(file10.x,order=(1,0,0),trend="c")
x_fit2=mod2.fit()
x_fit2.summary().tables[1]
```

	coef	std err	z	P>|z|	[0.025	0.975]
intercept	72.7460	6.340	11.474	0.000	60.320	85.173
ar.L1	-0.4190	0.121	-3.475	0.001	-0.655	-0.183
sigma2	116.6015	17.608	6.622	0.000	82.091	151.112

```
# AR(1)模型的显著性检验（见图 4-13）
LB_plot(x_fit2,20)
```

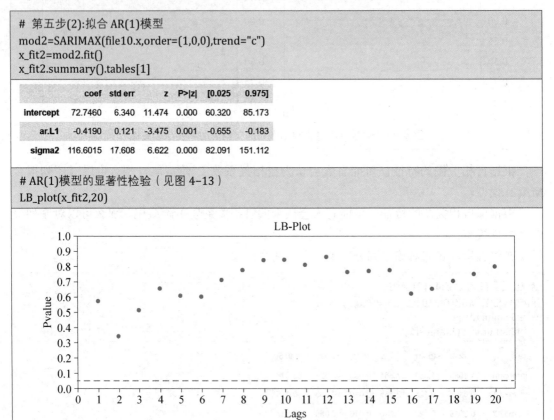

图 4-13　AR(1) 模型的显著性检验图

AR(1) 模型的口径为：

$$x_t = 72.746 - 0.419x_{t-1} + \varepsilon_t, \ \mathrm{Var}(\varepsilon_t) = 116.6015$$

该模型的残差序列可视为白噪声序列，且所有参数均显著非零。

上述分析说明 MA(2) 模型和 AR(1) 模型都是这个化学反应过程数据序列的有效拟合模型。

同一个序列可以构造两个甚至更多个拟合模型，多个模型都显著有效，那么到底该选哪个模型用于统计推断呢？为了解决这个问题，引进 AIC 和 BIC 信息准则，进行模型优化。

4.6.2　AIC 准则

AIC（Akaike information criterion）准则是由日本统计学家 Akaike 于 1973 年提出的，它的全称是最小信息量准则。

该准则的指导思想是一个拟合模型的优劣可以从两方面来考察：一方面是常用来衡量拟合程度的似然函数值；另一方面是模型中未知参数的个数。

通常似然函数值越大，说明模型拟合效果越好。模型中未知参数个数越多，说明模型中包含的自变量越多，自变量越多，模型变化越灵活，模型拟合的准确度就会越高。模型拟合程度高是我们所希望的，但是我们又不能单纯地以拟合精度来衡量模型的优劣，因为这样势必会导致未知参数的个数越多越好。

未知参数越多，说明模型中自变量越多，未知的风险越多，而且参数越多，参数估计的难度就越大，估计的精度也越差。因此，一个好的拟合模型应该是拟合精度和未知参数个数的综合的最优配置。

AIC 准则就是在这种考虑下提出的，它是拟合精度和参数个数的加权函数：

AIC=−2ln(模型的极大似然函数值)+2(模型中未知参数个数)

使 AIC 函数达到最小的模型被认为是最优模型。

$$l(\tilde{\boldsymbol{\beta}}; x_1, \cdots, x_n) = -\left[\frac{n}{2} \ln \sigma_\varepsilon^2 + \frac{1}{2} \ln |\boldsymbol{\Omega}| + \frac{1}{2\sigma_\varepsilon^2} S(\tilde{\boldsymbol{\beta}}) \right]$$

因为 $\frac{1}{2}\ln|\boldsymbol{\Omega}|$ 有界，$\frac{1}{2\sigma_\varepsilon^2}S(\tilde{\boldsymbol{\beta}}) \to \frac{n}{2}$，所以对数似然函数与 $-\frac{n}{2}\ln\sigma_\varepsilon^2$ 成正比。

$$l(\tilde{\boldsymbol{\beta}}; x_1, \cdots, x_n) \propto -\frac{n}{2} \ln \sigma_\varepsilon^2$$

中心化 ARMA(p, q) 模型的未知参数个数为 $p+q+1$，非中心化 ARMA(p, q) 模型的未知参数个数为 $p+q+2$。

所以，中心化 ARMA(p, q) 模型的 AIC 信息量为：

$$\mathrm{AIC} = n \ln \hat{\sigma}_\varepsilon^2 + 2(p + q + 1)$$

非中心化 ARMA(p, q) 模型的 AIC 信息量为：

$$\mathrm{AIC} = n \ln \hat{\sigma}_\varepsilon^2 + 2(p + q + 2)$$

4.6.3 BIC 准则

AIC 准则为选择最优模型提供了有效的规则，但它也有不足之处。对于一个观察值序列而言，序列越长，相关信息就越分散，要很充分地提取其中有用的信息，或者说要使拟合精度比较高，通常需要用到包含多个自变量的复杂模型。在 AIC 准则中拟合误差提供的信息会因样本容量而放大，它等于 $n \ln \hat{\sigma}_\varepsilon^2$，但参数个数的惩罚因子和样本容量无关，它的权重始终是常数 2。因此，在样本容量趋于无穷大时，根据 AIC 准则选择的模型不收敛于真实模型，它所含的未知参数个数通常比真实模型要多。

为了弥补 AIC 准则的不足，Akaike 于 1976 年提出 BIC 准则。Schwartz 在 1978 年根据 Bayes 理论也得出了同样的判别准则，所以 BIC 准则也称为 SBC 准则。BIC 准则定义为：

$$\text{BIC}=-2\ln(模型的极大似然函数值)+(\ln n)(模型中未知参数个数)$$

BIC 准则对 AIC 准则的改进就是将未知参数个数的惩罚权重由常数 2 变成了样本容量的对数函数 $\ln n$。理论上已证明，BIC 准则是最优模型的真实阶数的相合估计。

容易得到，中心化 ARMA(p, q) 模型的 BIC 信息量为：

$$\text{BIC} = n \ln \hat{\sigma}_\varepsilon^2 + (\ln n)(p + q + 1)$$

非中心化 ARMA(p, q) 模型的 BIC 信息量为：

$$\text{BIC} = n \ln \hat{\sigma}_\varepsilon^2 + (\ln n)(p + q + 2)$$

近 30 年来，除了 AIC，BIC，HQ 准则之外，还产生了很多其他的信息量准则。比如 1979 年，统计学家 Hannan 和 Quinn 提出了一个新的信息量准则，称为 HQ 准则（Hannan-Quinn criterion）。HQ 准则的定义为：

$$\text{HQ}=-2\ln(模型的极大似然函数值)+\ln(\ln n)(模型中未知参数个数)$$

HQ 准则的关键是将未知参数个数的惩罚权重修订为 $\ln(\ln n)$。未知参数个数的惩罚权重比 AIC 大，但比 BIC 小。

在所有通过检验的拟合模型中，使得信息量达到最小的那个拟合模型称为相对最优模型。这个说法包含两层意思：

（1）之所以称为相对最优模型而不是绝对最优模型，是因为我们不可能比较所有模型的信息量。我们总是在尽可能全面的范围内考察有限多个模型的相对优劣。

（2）选择哪个信息量准则进行最优模型判断由研究人员自行决定。不同的信息量得到的最优模型的结果有时是一致的，有时是不一致的。信息量准则不同，得到的最优模型也可能不同，因此所谓的最优模型也是相对的。

由于 BIC 准则得到的模型阶数是真实阶数的相合估计，因此 BIC 准则的使用最普及。

【例 4-7 续（1）】用信息量准则评判例 4-7 中两个拟合模型的相对优劣。

```
# 查看 MA(2)模型的信息量
x_fit1.summary().tables[0]
```

SARIMAX Results

Dep. Variable:	x	No. Observations:	70
Model:	SARIMAX(0, 0, 2)	Log Likelihood	-265.353
Date:	Sat, 27 May 2023	AIC	538.706
Time:	23:37:49	BIC	547.700
Sample:	0	HQIC	542.278
	- 70		
Covariance Type:	opg		

```
# 查看 AR(1)模型的信息量
x_fit2.summary().tables[0]
```

SARIMAX Results

Dep. Variable:	x	No. Observations:	70
Model:	SARIMAX(1, 0, 0)	Log Likelihood	-265.979
Date:	Sat, 27 May 2023	AIC	537.958
Time:	23:37:31	BIC	544.703
Sample:	0	HQIC	540.637
	- 70		
Covariance Type:	opg		

输出结果显示，AR(1) 模型的 AIC 信息量、BIC 信息量和 HQ 信息量均小于 MA(2) 模型，这说明在三个不同的信息量准则下，AR(1) 模型都优于 MA(2) 模型。所以本例中 AR(1) 模型是相对最优模型。

最小信息量准则的提出还可以帮助我们纠正根据自相关图和偏自相关图进行模型定阶的主观性，尽量避免因为个人经验不足导致的模型阶数识别不准确的问题，在有限的阶数范围内帮助我们寻找相对最优拟合模型。

在 Python 的 statsmodels.tsa.api 中有 arma_order_select_ic 函数，它可以基于指定的信息量准则，帮助用户在一定的阶数范围内自动寻找最优模型。该函数的命令格式为：

arma_order_select_ic(x,max_ar=,max_ma=,ic=)

其中：

- x：序列名。
- max_ar：自回归系数最高阶数，不特殊指定的话，系统默认值为 4。
- max_ma：移动平均系数最高阶数，不特殊指定的话，系统默认值为 2。
- ic：指定信息量准则。可选"aic" "bic" "hqic"等不同的信息量准则，如果不自行指定，系统默认使用 BIC 准则。

arma_order_select_ic 函数输出的最优拟合模型阶数是最优模型定价的参考信息，而不是最优模型的准确信息。arma_order_select_ic 函数只能在有限的自相关阶数和偏自相关阶数内寻找信息量最小的模型，它指定的最优模型的阶数只是相对最优解，而且该函数没有考虑部分系数因不显著而需要剔除的问题，这导致有时研究人员根据自相关图、偏自相关图、参数显著性检验等多方面的信息人工定阶的模型可能会优于 arma_order_select_ic 函数推荐的最优模型。

【例 4-7 续（2）】使用 arma_order_select_ic 函数对化学反应过程数据序列进行最优模型定阶。

```
# 导入最优模型定阶工具
from statsmodels.tsa.api import arma_order_select_ic

# 最优模型定阶
arma_order_select_ic(file10.x,max_ar=5,max_ma=5,ic=["aic","bic",'hqic'])
```

{'aic':	0	1	2	3	4	5
0	548.465169	542.026812	538.705546	539.780353	541.732760	542.053199
1	537.957864	538.137602	539.552898	541.535649	543.535044	544.037268
2	537.657313	539.653640	541.542286	543.334172	545.037507	541.638115
3	539.650748	541.313193	540.614749	541.391388	542.668214	543.974931
4	541.344380	542.699710	540.736705	544.601602	544.867027	545.332831
5	543.058255	544.516457	541.986516	544.602869	548.795005	547.452316,
'bic':	0	1	2	3	4	5
0	552.962159	548.772298	547.699527	551.022830	555.223731	557.792666
1	544.703350	547.131583	550.795374	555.026621	559.274510	562.025230
2	546.651293	550.896116	555.033257	559.073639	563.025469	561.874572
3	550.893224	554.804164	556.354216	559.379350	562.904671	566.459884
4	554.835352	558.439177	558.724667	564.838059	567.351979	570.066279
5	558.797722	562.504419	562.222973	567.087822	573.528452	574.434259,
'hqic':	0	1	2	3	4	5
0	550.251428	544.706202	542.278065	544.246002	547.091538	548.305107
1	540.637253	541.710121	544.018546	546.894427	549.786952	551.182305
2	541.229831	544.119288	546.901064	549.586080	552.182545	549.676282
3	544.116396	546.671971	546.866657	548.536425	550.706381	552.906229
4	546.703158	548.951618	547.881742	552.639770	553.798324	555.157258
5	549.310163	551.661494	550.024683	553.534167	558.619431	558.169872,
'aic_min_order':(2,0),						
'bic_min_order':(1,0),						
'hqic_min_order':(1,0)}						

我们向系统发出指令，在 ARMA(5, 5) 范围内分别基于 AIC、BIC 和 HQ 准则寻找最优模型。

输出信息分为两部分：

（1）在不同的信息量准则下每个 ARMA(p, q)模型的信息量，其中行为 p，列为 q；

（2）不同信息量准则下的最优模型阶数。

本例在 AIC 准则下的最优模型为 AR(2)，在 BIC 和 HQ 准则下的最优模型为 AR(1)。再结合该序列偏自相关图 1 阶截尾的特征，我们有理由认为 AIC 准则定阶偏高了，该序列的最优拟合模型为 AR(1)。

4.7 序列预测

到目前为止，我们对观察值序列做了许多工作，包括平稳性判别、白噪声判别、模型选择、参数估计及模型检验。这些工作的最终目的常常就是要利用这个拟合模型对随机序列的未来发展进行预测。

所谓预测，就是利用序列已观测到的样本值对序列在未来某个时刻的取值进行估计。目前对平稳序列最常用的预测方法是线性最小方差预测。线性是指预测值为观察值序列的线性函数，最小方差是指预测方差达到最小。

4.7.1 线性预测函数

根据平稳 ARMA 模型的可逆性，可以用 AR 结构表示任意一个平稳 ARMA 模型

$$\sum_{j=0}^{\infty} I_j x_{t-j} = \varepsilon_t$$

式中，I_j（$j=0, 1, 2, \cdots$）为逆函数，它的递推公式如式（3.42）所示。

这意味着使用递推法，基于现有的序列观察值 x_t，x_{t-1}，x_{t-2}，$\cdots$，可以预测未来任意时刻的序列值

$$\hat{x}_{t+1} = -I_1 x_t - I_2 x_{t-1} - I_3 x_{t-2} - \cdots$$
$$\hat{x}_{t+2} = -I_1 \hat{x}_{t+1} - I_2 x_t - I_3 x_{t-1} - \cdots$$
$$\hat{x}_{t+3} = -I_1 \hat{x}_{t+2} - I_2 \hat{x}_{t+1} - I_3 x_t - \cdots$$
$$\vdots$$
$$\hat{x}_{t+l} = -I_1 \hat{x}_{t+l-1} - I_2 \hat{x}_{t+l-2} - I_3 \hat{x}_{t+l-3} - \cdots$$

【例 4-8】假设序列 $\{x_t\}$ 可以用如下 ARMA(1, 1) 模型拟合：

$$x_t = 0.8x_t + \varepsilon_t - 0.2\varepsilon_{t-1}$$

请确定该序列未来 2 期预测值 $\hat{x}_{t+1}$ 和 $\hat{x}_{t+2}$ 中第 t 期和第 $t-1$ 期序列值的权重。

根据式（3.37），本例 ARMA(1, 1) 模型的逆函数为：

$$I_0 = 1$$
$$I_1 = \theta_1 - \phi_1 = 0.2 - 0.8 = -0.6$$
$$I_2 = \theta_1 I_1 = -0.2 \times 0.6 = -0.12$$
$$I_3 = \theta_1 I_2 = -0.2 \times 0.12 = -0.024$$

则未来 2 期的预测值递推公式为：

$$\hat{x}_{t+1} = 0.6x_t + 0.12x_{t-1} + 0.024x_{t-2} - \cdots$$
$$\hat{x}_{t+2} = 0.6\hat{x}_{t+1} + 0.12x_t + 0.024x_{t-1} - \cdots$$
$$= 0.6(0.6x_t + 0.12x_{t-1} + 0.024x_{t-2} - \cdots) + 0.12x_t + 0.024x_{t-1} - \cdots$$
$$= (0.36 + 0.12)x_t + (0.072 + 0.024)x_{t-1} + \cdots$$

所以，该序列未来 1 期的预测值 $\hat{x}_{t+1}$ 中，第 t 期序列值 x_t 的权重是 0.6，第 $t-1$ 期序列值 x_{t-1}

的权重是 0.12。该序列未来 2 期的预测值 $\hat{x}_{t+2}$ 中，第 t 期序列值 x_t 的权重是 0.48 (即 0.36+ 0.12)，第 $t-1$ 期序列值 x_{t-1} 的权重是 0.096 (即 0.072+0.024)。

4.7.2 预测方差最小原则

用 $e_t(l)$ 衡量预测误差

$$e_t(l) = x_{t+1} - \hat{x}_t(l)$$

显然，预测误差越小，预测精度就越高。因此，目前最常用的预测原则是预测方差最小原则，即

$$\text{Var}[\hat{e}_t(l)] = \min\{\text{Var}[e_t(l)]\}$$

因为 $\hat{x}_t(l)$ 为 x_t, x_{t-1}, $\cdots$的线性函数，所以该原则也称为线性预测方差最小原则。

为便于分析，使用传递形式来描述序列值。根据 ARMA(p, q) 平稳模型的性质和线性函数的可加性，显然有

$$\begin{cases} x_{t+l} = \sum_{i=0}^{\infty} G_i \varepsilon_{t+l-i} \\ \hat{x}_t(l) = \sum_{i=0}^{\infty} D_i x_{t-i} = \sum_{i=0}^{\infty} D_i \left(\sum_{j=0}^{\infty} G_j \varepsilon_{t-i-j} \right) \triangleq \sum_{i=0}^{\infty} W_i \varepsilon_{t-i} \end{cases}$$

则

$$\begin{aligned} e_t(l) &= x_{t+l} - \hat{x}_t(l) \\ &= \sum_{i=0}^{\infty} G_i \varepsilon_{t+l-i} - \sum_{i=0}^{\infty} W_i \varepsilon_{t-i} = \sum_{i=0}^{l-1} G_i \varepsilon_{t+l-i} + \sum_{i=0}^{\infty} (G_{l+i} - W_i) \varepsilon_{t-i} \end{aligned}$$

预测方差为：

$$\text{Var}[e_t(l)] = \left[\sum_{i=0}^{l-1} G_i^2 + \sum_{i=0}^{\infty} (G_{l+i} - W_i)^2 \right] \sigma_\varepsilon^2 \geqslant \sum_{i=0}^{l-1} G_i^2 \sigma_\varepsilon^2$$

显然，要使得预测方差达到最小，必须有

$$W_i = G_{l+i}, i = 0, 1, 2, \cdots$$

这时，x_{t+l} 的预测值为：

$$\hat{x}_t(l) = \sum_{i=0}^{\infty} G_{l+i} \varepsilon_{t-i}, \forall l \geqslant 1$$

预测误差为：

$$e_t(l) = \sum_{i=0}^{l-1} G_i \varepsilon_{t+l-i}$$

由于 $\{\varepsilon_t\}$ 为白噪声序列，因此

$$E[e_t(l)] = 0$$

$$\text{Var}[e_t(l)] = \sum_{i=0}^{l-1} G_i^2 \sigma_\varepsilon^2, \ \forall l \geqslant 1$$

4.7.3 线性最小方差预测的性质

一、条件无偏最小方差估计值

序列值 x_{t+l} 可以进行如下分解：

$$\begin{aligned}
x_{t+l} &= (\varepsilon_{t+l} + G_1\varepsilon_{t+l-1} + \cdots + G_{l-1}\varepsilon_{t+1}) + (G_l\varepsilon_t + G_{l+1}\varepsilon_{t-1} + \cdots) \\
&= e_t(l) + \hat{x}_t(l)
\end{aligned}$$

未来任意 l 期的序列值最终都可以表示成已知历史信息的线性函数，不妨记作：

$$\hat{x}_t(l) = \sum_{i=0}^{\infty} D_i x_{t-i}$$

即在 x_t, x_{t-1}, $\cdots$ 已知的条件下，$\hat{x}_t(l)$ 为常数，有

$$E[\hat{x}_t(l) \,|\, x_t, x_{t-1}, \cdots] = \hat{x}_t(l), \ \text{Var}[\hat{x}_t(l) \,|\, x_t, x_{t-1}, \cdots] = 0$$

推导出

$$E(x_{t+l} \,|\, x_t, x_{t-1}, \cdots) = E[e_t(l) \,|\, x_t, x_{t-1}, \cdots] + E[\hat{x}_t(l) \,|\, x_t, x_{t-1}, \cdots] = \hat{x}_t(l)$$

$$\begin{aligned}
\text{Var}(x_{t+l} \,|\, x_t, x_{t-1}, \cdots) &= \text{Var}[e_t(l) \,|\, x_t, x_{t-1}, \cdots] + \text{Var}[\hat{x}_t(l) \,|\, x_t, x_{t-1}, \cdots] \\
&= \text{Var}[e_t(l)]
\end{aligned}$$

这说明在预测方差最小原则下得到的估计值 $\hat{x}_t(l)$ 是序列值 x_{t+l} 在 x_t, x_{t-1}, $\cdots$ 已知的情况下得到的条件无偏最小方差估计值，且预测方差只与预测步长 l 有关，而与预测起始点 t 无关。但预测步长 l 越大，预测值的方差也越大，因而为了保证预测的精度，时间序列数据通常只适合做短期预测。

在正态假定下，有

$$x_{t+l} \,|\, x_t, x_{t-1}, \cdots \sim N(\hat{x}_t(l), \text{Var}[e_t(l)])$$

式中，$x_{t+l}|x_t$, x_{t-1}, $\cdots$ 的置信水平为 $1-\alpha$ 的置信区间为：

$$\left(\hat{x}_t(l) \mp z_{1-\alpha/2} (1 + G_1^2 + \cdots + G_{l-1}^2)^{\frac{1}{2}} \sigma_\varepsilon \right)$$

其中，$z_{1-\alpha/2}$ 为标准正态分布的 $1-\alpha/2$ 分位点的值。

二、AR(p)序列的预测

在 AR(p)序列场合

$$\begin{aligned}
\hat{x}_t(l) &= E(x_{t+l} \,|\, x_t, x_{t-1}, \cdots) \\
&= E(\phi_1 x_{t+l-1} + \cdots + \phi_p x_{t+l-p} + \varepsilon_{t+l} \,|\, x_t, x_{t-1}, \cdots) \\
&= \phi_1 \hat{x}_t(l-1) + \cdots + \phi_p \hat{x}_t(l-p)
\end{aligned}$$

式中：

$$\hat{x}_t(k) = \begin{cases} \hat{x}_t(k), & k \geqslant 1 \\ x_{t+k}, & k \leqslant 0 \end{cases}$$

预测方差为：

$$\mathrm{Var}[e_t(l)] = (1 + G_1^2 + \cdots + G_{l-1}^2)\sigma_\varepsilon^2$$

【例 4-9】已知某超市月销售额（单位：万元）近似服从 AR(2) 模型：

$$x_t = 10 + 0.6x_{t-1} + 0.3x_{t-2} + \varepsilon_t, \ \varepsilon_t \sim N(0, 36)$$

某年第一季度该超市月销售额分别为：101 万元、96 万元、97.2 万元。请确定该超市第二季度每月销售额的 95% 的置信区间。

（1）预测值的计算。

4 月：$\hat{x}_3(1) = 10 + 0.6x_3 + 0.3x_2 = 97.12$

5 月：$\hat{x}_3(2) = 10 + 0.6\hat{x}_3(1) + 0.3x_3 = 97.432$

6 月：$\hat{x}_3(3) = 10 + 0.6\hat{x}_3(2) + 0.3\hat{x}_3(1) = 97.595\,2$

（2）预测方差的计算。

首先，根据 Green 函数的递推公式，算得

$G_0 = 1$

$G_1 = \phi_1\, G_0 = 0.6$

$G_2 = \phi_1\, G_1 + \phi_2\, G_0 = 0.36 + 0.3 = 0.66$

则 $\mathrm{Var}[e_3(1)] = G_0^2\sigma_\varepsilon^2 = 36$

$\mathrm{Var}[e_3(2)] = (G_0^2 + G_1^2)\sigma_\varepsilon^2 = 48.96$

$\mathrm{Var}[e_3(3)] = (G_0^2 + G_1^2 + G_2^2)\sigma_\varepsilon^2 = 64.641\,6$

（3）l 步预测销售额的 95% 的置信区间为：

$$(\hat{x}_3(l) - 1.96\sqrt{\mathrm{Var}[e_3(l)]}, \hat{x}_3(l) + 1.96\sqrt{\mathrm{Var}[e_3(l)]})$$

计算结果如表 4-2 所示。

表 4-2   单位：万元

预测时期	95%的置信区间
4 月	（85.36，108.88）
5 月	（83.72，111.15）
6 月	（81.84，113.35）

在 Python 中，当我们使用 SARIMAX 函数拟合模型时，可以用 get_forecast 函数或 get_prediction 函数进行序列预测。这两个预测函数大同小异，主要区别如下。

get_forecast 函数的命令格式为：

SARIMAX 拟合结果.forecast(steps=,alpha=)

其中：

● steps：预测期数。

- alpha：预测值置信区间的显著性水平，默认为 0.05。

get_forecast 函数得到的是未来 k 期（steps=k）的预测值和预测值的置信区间，不包含观察期内的序列拟合值。

get_prediction 函数的命令格式为：

　　　　SARIMAX 拟合结果.prediction(start=,end=,alpha=)

其中：

- start：预测开始时间。
- end：预测结束时间。
- alpha：预测值置信区间的显著性水平，默认为 0.05。

由于 get_prediction 函数可以由用户自行指定预测起始时间和结束时间，如果预测时间在拟合期内，get_prediction 函数输出的就是模型的拟合值以及拟合值的置信区间；如果预测时间超出拟合期，get_prediction 函数输出的就是模型的预测值以及预测值的置信区间。

【例 4-1 续（4）】根据 1900—1998 年全球 7 级以上地震发生次数的观察值，预测 1999—2008 年全球 7 级以上地震发生次数。

```
#调用 get_forecast 函数，做 10 期预测，预测值存放在 number_fore 中
number_fore=number_fit.get_forecast(10)

# 输出预测结果
number_fore.summary_frame()
```

number	mean	mean_se	mean_ci_lower	mean_ci_upper
1999	17.776857	6.057797	5.903794	29.649921
2000	18.742214	6.894104	5.230018	32.254410
2001	19.266686	7.122210	5.307412	33.225960
2002	19.551629	7.188156	5.463102	33.640155
2003	19.706437	7.207506	5.579985	33.832888
2004	19.790543	7.213207	5.652916	33.928169
2005	19.836237	7.214889	5.695314	33.977160
2006	19.861063	7.215386	5.719167	34.002959
2007	19.874550	7.215532	5.732367	34.016733
2008	19.881878	7.215575	5.739610	34.024146

```
'''
输出结果包括:
（1）预测值(mean)
（2）预测值的标准差(mean_se)
（3）预测值 95%的置信下限(mean_ci_lower)
（4）预测值 95%的置信上限(mean_ci_upper)
'''

#调用 plot_predict 函数绘制拟合预测效果图（见图 4-14）
```

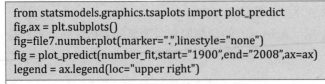

```
from statsmodels.graphics.tsaplots import plot_predict
fig,ax = plt.subplots()
fig=file7.number.plot(marker=".",linestyle="none")
fig = plot_predict(number_fit,start="1900",end="2008",ax=ax)
legend = ax.legend(loc="upper right")
```

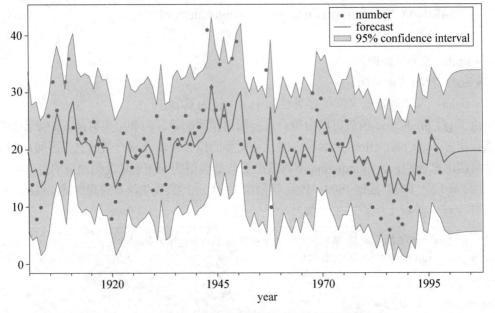

图 4-14　全球 7 级以上地震发生次数序列的预测效果图

注：图中点号为观察值，实线为拟合值，阴影部分为 95% 的置信区间。

三、MA(q)序列的预测

对一个 MA(q) 序列 $x_t=\mu+\varepsilon_t-\theta_1\varepsilon_{t-1}-\cdots-\theta_q\varepsilon_{t-q}$ 而言，有

$$x_{t+l}=\mu+\varepsilon_{t+l}-\theta_1\varepsilon_{t+l-1}-\cdots-\theta_q\varepsilon_{t+l-q}$$

在 x_t, x_{t-1}, $\cdots$ 已知的条件下求 x_{t+l} 的估计值，就等价于在 ε_t, ε_{t-1}, $\cdots$ 已知的条件下求 x_{t+l} 的估计值，而未来时刻的随机扰动 ε_{t+1}, ε_{t+2}, $\cdots$ 是不可观测的，属于预测误差。所以当预测步长小于等于 MA 模型的阶数（$l\leqslant q$）时，x_{t+l} 可以分解为：

$$
\begin{aligned}
x_{t+l}&=\mu+\varepsilon_{t+l}-\theta_1\varepsilon_{t+l-1}-\cdots-\theta_q\varepsilon_{t+l-q}\\
&=(\varepsilon_{t+l}-\theta_1\varepsilon_{t+l-1}-\cdots-\theta_{l-1}\varepsilon_{t+1})+(\mu-\theta_l\varepsilon_t-\cdots-\theta_q\varepsilon_{t+l-q})\\
&=e_t(l)+\hat{x}_t(l)
\end{aligned}
$$

当预测步长大于 MA 模型的阶数（$l>q$）时，x_{t+l} 可以分解为：

$$
\begin{aligned}
x_{t+l}&=\mu+\varepsilon_{t+l}-\theta_1\varepsilon_{t+l-1}-\cdots-\theta_q\varepsilon_{t+l-q}\\
&=(\varepsilon_{t+l}-\theta_1\varepsilon_{t+l-1}-\cdots-\theta_q\varepsilon_{t+l-q})+\mu\\
&=e_t(l)+\hat{x}_t(l)
\end{aligned}
$$

即 MA(q) 序列 l 步的预测值为：

$$\hat{x}_t(l) = \begin{cases} \mu - \sum_{i=l}^{q} \theta_i \varepsilon_{t+l-i}, & l \leq q \\ \mu, & l > q \end{cases}$$

这说明 MA(q) 序列理论上只能预测 q 步之内的序列走势，超过 q 步时预测值恒等于序列均值。这是由 MA(q) 序列自相关系数 q 步截尾的性质决定的。

MA(q) 序列的预测方差为：

$$\text{Var}[e_t(l)] = \begin{cases} (1 + \theta_1^2 + \cdots + \theta_{l-1}^2)\sigma_\varepsilon^2, & l \leq q \\ (1 + \theta_1^2 + \cdots + \theta_q^2)\sigma_\varepsilon^2, & l > q \end{cases}$$

【例 4-10】已知某地区每年常住人口数量近似服从 MA(3) 模型：

$$x_t = 100 + \varepsilon_t - 0.8\varepsilon_{t-1} + 0.6\varepsilon_{-2} - 0.2\varepsilon_{t-3}, \sigma_\varepsilon^2 = 25$$

最近 3 年的常住人口数量及一步预测数量如表 4-3 所示。预测未来 5 年该地区常住人口数量的 95% 的置信区间。

表 4-3

单位：万人

年份	统计人数	预测人数
2002	104	110
2003	108	100
2004	105	109

（1）随机扰动项的计算：

$$\varepsilon_{t-2} = x_{2002} - \hat{x}_{2001}(1) = 104 - 110 = -6$$
$$\varepsilon_{t-1} = x_{2003} - \hat{x}_{2002}(1) = 108 - 100 = 8$$
$$\varepsilon_t = x_{2004} - \hat{x}_{2003}(1) = 105 - 109 = -4$$

（2）未来常住人口预测值的计算：

$$\hat{x}_t(1) = 100 - 0.8\varepsilon_t + 0.6\varepsilon_{t-1} - 0.2\varepsilon_{t-2} = 109.2$$
$$\hat{x}_t(2) = 100 + 0.6\varepsilon_t - 0.2\varepsilon_{t-1} = 96$$
$$\hat{x}_t(3) = 100 - 0.2\varepsilon_t = 100.8$$
$$\hat{x}_t(4) = 100$$
$$\hat{x}_t(5) = 100$$

（3）预测方差的计算：

$$\text{Var}[e_t(1)] = \sigma_\varepsilon^2 = 25$$
$$\text{Var}[e_t(2)] = (1 + \theta_1^2)\sigma_\varepsilon^2 = 41$$
$$\text{Var}[e_t(3)] = (1 + \theta_1^2 + \theta_2^2)\sigma_\varepsilon^2 = 50$$
$$\text{Var}[e_t(4)] = (1 + \theta_1^2 + \theta_2^2 + \theta_3^2)\sigma_\varepsilon^2 = 51$$
$$\text{Var}[e_t(5)] = (1 + \theta_1^2 + \theta_2^2 + \theta_3^2)\sigma_\varepsilon^2 = 51$$

（4）95%的置信区间的计算：

$$(\hat{x}_t(l)-1.96\sqrt{\text{Var}[e_t(l)]},\ \hat{x}_t(l)+1.96\sqrt{\text{Var}[e_t(l)]})$$

容易计算未来 5 年该地区常住人口数量的 95%的置信区间，如表 4-4 所示。

表 4-4 单位：万人

预测年份	95%的置信区间
2005	（99，119）
2006	（83，109）
2007	（87，115）
2008	（86，114）
2009	（86，114）

四、ARMA(p, q) 序列的预测

$$x_t(l) = E(\phi_0 + \phi_1 x_{t+l-1} + \cdots + \phi_p x_{t+l-p} + \varepsilon_{t+l} - \theta_1 \varepsilon_{t+l-1} - \cdots - \theta_q \varepsilon_{t+l-q} \mid x_t, x_{t-1}, \cdots)$$

$$= \begin{cases} \phi_0 + \phi_1 \hat{x}_t(l-1) + \cdots + \phi_p \hat{x}_t(l-p) - \sum_{i=l}^{q} \theta_i \varepsilon_{t+l-i}, & l \leqslant q \\ \phi_0 + \phi_1 \hat{x}_t(l-1) + \cdots + \phi_p \hat{x}_t(l-p), & l > q \end{cases}$$

式中：

$$\hat{x}_t(k) = \begin{cases} \hat{x}_t(k), & k \geqslant 1 \\ x_{t+k}, & k \leqslant 0 \end{cases}$$

预测方差为：

$$\text{Var}[e_t(l)] = (G_0^2 + G_1^2 + \cdots + G_{l-1}^2)\sigma_\varepsilon^2$$

【例 4-11】已知 ARMA(1, 1) 模型为：

$$x_t = 0.8x_{t-1} + \varepsilon_t - 0.6\varepsilon_{t-1},\quad \sigma_\varepsilon^2 = 0.002\,5$$

且 $x_{100}=0.3$，$\varepsilon_{100}=0.01$，预测未来 3 期序列值的 95%的置信区间。

（1）计算预测值。

$$\hat{x}_{100}(1) = 0.8x_{100} - 0.6\varepsilon_{100} = 0.234$$
$$\hat{x}_{100}(2) = 0.8\hat{x}_{100}(1) = 0.187\,2$$
$$\hat{x}_{100}(3) = 0.8\hat{x}_{100}(2) = 0.149\,76$$

（2）计算预测方差。

首先，根据 Green 函数的递推公式，算得

$$G_0 = 1$$
$$G_1 = \phi_1 G_0 - \theta_1 = 0.2$$
$$G_2 = \phi_1 G_1 = 0.16$$

则 $\quad\quad \text{Var}[e_{100}(1)] = G_0^2 \sigma_\varepsilon^2 = 0.002\,5$

$$\text{Var}[e_{100}(2)] = (G_0^2 + G_1^2)\sigma_\varepsilon^2 = 0.002\ 6$$

$$\text{Var}[e_{100}(3)] = (G_0^2 + G_1^2 + G_2^2)\sigma_\varepsilon^2 = 0.002\ 664$$

（3）95%的置信区间的计算：

$$(\hat{x}_{100}(l) - 1.96\sqrt{\text{Var}[e_{100}(l)]}),\ \hat{x}_{100}(l) + 1.96\sqrt{\text{Var}[e_{100}(l)]}$$

计算结果如表 4-5 所示。

表 4-5

预测时期	95%的置信区间
101	（0.136，0.332）
102	（0.087，0.287）
103	（0.049，0.251）

4.7.4　修正预测

对平稳时间序列的预测，实质就是根据所有的已知历史信息 x_t，x_{t-1}，…对序列未来某个时期的发展水平 x_{t+l}（$l=1$，2，…）做出估计。需要估计的时期越长，未知信息就越多。未知信息越多，估计的精度就越低。

随着时间的推移，在原有观察值 x_t，x_{t-1}，…的基础上，我们会不断获得新的观察值 x_{t+1}，x_{t+2}，…。每获得一个新的观察值就意味着减少了未知信息，显然，如果把新的信息加进来，就能够提高对 x_{t+l} 的估计精度。所谓的修正预测，就是研究如何利用新的信息去获得精度更高的预测值。

一个最简单的想法就是把新的信息加入旧的信息中，重新拟合模型，再利用拟合后的模型预测 x_{t+l} 的序列值。在新的信息量比较大且使用统计软件很便利的时候，这不失为一种可行的修正方法。

但是在新的数据量不大或使用统计软件不是很方便的时候，这种重新拟合是一种非常麻烦的修正方法。我们可以根据平稳时序预测的性质，寻找更为简便的修正方法。

已知在旧信息 x_t，x_{t-1}，…的基础上，x_{t+l} 的预测值为：

$$\hat{x}_t(l) = G_l\varepsilon_t + G_{l+1}\varepsilon_{t-1} + \cdots$$

假如获得了新的信息 x_{t+1}，则在 x_{t+1}，x_t，x_{t-1}，…的基础上，重新预测 x_{t+l} 为：

$$\begin{aligned}\hat{x}_{t+1}(l-1) &= G_{l-1}\varepsilon_{t+1} + G_l\varepsilon_t + G_{l+1}\varepsilon_{t-1} + \cdots \\ &= G_{l-1}\varepsilon_{t+1} + \hat{x}_t(l)\end{aligned}$$

式中，$\varepsilon_{t+1} = x_{t+1} - \hat{x}_t(1)$，是 x_{t+1} 的一步预测误差。它的可测源于 x_{t+1} 提供的新信息。

此时，修正预测误差为：

$$e_{t+1}(l-1) = G_0\varepsilon_{t+l} + \cdots + G_{l-2}\varepsilon_{t+2}$$

因而，预测方差为：

$$\begin{aligned}\text{Var}[e_{t+1}(l-1)] &= (G_0^2 + \cdots + G_{l-2}^2)\sigma_\varepsilon^2 \\ &= \text{Var}[e_t(l-1)]\end{aligned}$$

一期修正后的第 l 步预测方差就等于修正前的第 $l-1$ 步预测方差。它比修正前的同期预测方差减少了 $G_{l-1}^2\sigma_\varepsilon^2$，提高了预测精度。

上面的分析说明，当我们获得新的观察值时，要获得 x_{t+l} 更确切的预测值并不需要重新对所有历史数据进行计算，只需利用新的观察值所带来的新的信息对旧的预测值进行修正即可。

更一般的情况，假如重新获得 p 个新观察值 x_{t+1}，…，x_{t+p}（$1 \leqslant p \leqslant l$），则 x_{t+l} 的修正预测值为：

$$\hat{x}_{t+p}(l-p) = G_{l-p}\varepsilon_{t+p} + \cdots + G_{l-1}\varepsilon_{t+1} + G_l\varepsilon_t + G_{l+1}\varepsilon_{t-1} + \cdots$$
$$= G_{l-p}\varepsilon_{t+p} + \cdots + G_{l-1}\varepsilon_{t+1} + \hat{x}_t(l)$$

式中，$\varepsilon_{t+i} = x_{t+i} - \hat{x}_{t+i-1}(1)$，是 x_{t+i}（$i=1, 2, \cdots, p$）的一步预测误差。

此时，修正预测误差为：

$$e_{t+p}(l-p) = G_0\varepsilon_{t+l} + \cdots + G_{l-p-1}\varepsilon_{t+p+1}$$

预测方差为：

$$\text{Var}[e_{t+p}(l-p)] = (G_0^2 + \cdots + G_{l-p-1}^2)\sigma_\varepsilon^2 = \text{Var}[e_t(l-p)]$$

【例 4-9 续】假如一个月后知道 4 月的真实销售额为 100 万元，求第二季度后两个月销售额的修正预测值。

（1）计算 4 月销售额的 1 步预测误差：

$$\varepsilon_4 = x_4 - \hat{x}_3(1) = 100 - 97.12 = 2.88$$

（2）计算修正预测值，如表 4-6 所示。

表 4-6 单位：万元

预测时期	预测值 $\hat{x}_3(l)$	获得新观察值	修正预测 $\hat{x}_4(l-1)$
4 月	97.12	100	
5 月	97.43		$\hat{x}_4(1) = G_1\varepsilon_4 + \hat{x}_3(2) = 99.16$
6 月	97.60		$\hat{x}_4(2) = G_2\varepsilon_4 + \hat{x}_3(3) = 99.50$

（3）计算修正预测方差：

$$\text{Var}[e_4(1)] = \text{Var}[e_3(1)] = G_0^2\sigma_\varepsilon^2 = 36$$
$$\text{Var}[e_4(2)] = \text{Var}[e_3(2)] = (G_0^2 + G_1^2)\sigma_\varepsilon^2 = 48.96$$

（4）l 步预测销售额的 95% 的置信区间为：

$$(\hat{x}_4(l) - 1.96\sqrt{\text{Var}[e_4(l)]},\ \hat{x}_4(l) + 1.96\sqrt{\text{Var}[e_4(l)]})$$

计算结果如表 4-7 所示。

表 4-7　　　　　　　　　　　　　　　　　　　　　　　　单位：万元

预测时期	修正前的置信区间	修正后的置信区间
4 月	（85.36，108.88）	
5 月	（83.72，111.15）	（87.40，110.92）
6 月	（81.84，113.35）	（85.79，113.21）

由修正前后的置信区间范围可以看出，修正以后置信区间的宽度变小，即估计的精度提高了。

4.8　习　题

1. 某公司过去 50 个月每月盈亏情况如表 4-8 所示（行数据）。

表 4-8　　　　　　　　　　　　　　　　　　　　　　　　单位：万元

−2.000	−0.703	−2.232	−2.535	−1.662	−0.152	2.155	2.298	0.886	1.871	1.933
2.221	0.328	−0.103	0.337	1.334	0.864	0.205	0.555	0.883	1.734	0.824
−1.054	1.015	1.479	1.158	1.002	−0.415	0.193	−0.502	−0.316	−0.421	−0.448
−2.115	0.271	−0.558	−0.045	−0.221	−0.875	−0.014	1.746	1.481	0.950	1.714
0.220	−1.924	−1.217	−1.907	0.200	−0.237					

（1）绘制该序列的时序图。
（2）判断该序列的平稳性与纯随机性。
（3）考察该序列的自相关系数和偏自相关系数的性质。
（4）选择适当的模型拟合该序列的发展。
（5）利用拟合模型预测该公司未来 5 年的盈亏情况。

2. 某城市过去 4 年每个月人口净流入数量如表 4-9 所示（行数据）。

表 4-9　　　　　　　　　　　　　　　　　　　　　　　　单位：万人

4.101	3.297	3.533	5.687	6.778	4.873	3.592	3.973	2.731	3.557	2.863	4.170
4.225	2.581	1.965	4.257	4.373	3.573	3.320	2.257	3.110	4.574	5.328	2.645
2.859	3.721	3.836	2.417	3.074	3.483	3.847	3.250	3.735	4.842	3.564	3.109
2.463	1.778	1.450	1.956	2.196	4.584	3.715	1.853	2.543	2.123	2.756	3.690

（1）绘制该序列的时序图。
（2）判断该序列的平稳性与纯随机性。
（3）考察该序列的自相关系数和偏自相关系数的性质。
（4）选择适当的模型拟合该序列的发展。
（5）利用拟合模型预测该城市未来 5 年的人口净流入情况。

3. 某公司过去 3 年每月缴纳的税收金额如表 4-10 所示（行数据）。

表 4-10　　　　　　　　　　　　　　　单位：万元

12.373	12.871	11.799	8.850	8.070	7.886	6.920	7.593	7.574	8.230
10.347	9.549	7.461	8.159	9.243	9.160	10.683	10.516	9.077	8.104
7.700	8.640	8.736	9.027	9.380	9.783	9.648	8.135	8.222	9.155
8.941	9.682	10.331	10.601	10.693	8.311				

（1）绘制该序列的时序图。

（2）判断该序列的平稳性与纯随机性。

（3）考察该序列的自相关系数和偏自相关系数的性质。

（4）尝试用多个模型拟合该序列的发展，并考察该序列的拟合模型优化问题。

（5）利用最优拟合模型预测该公司未来一年的税收缴纳情况。

4. 某城市过去 45 年每年的人口死亡率如表 4-11 所示（行数据）。

表 4-11　　　　　　　　　　　　　　　单位：

3.665	4.247	4.674	3.669	4.752	4.785	5.929	4.468	5.102	4.831	6.899	5.337
5.086	5.603	4.153	4.945	5.726	4.965	1.820	3.723	5.663	4.739	4.845	4.535
4.774	5.962	6.614	5.255	5.355	6.144	5.590	4.388	3.447	4.615	6.032	5.740
4.391	3.128	3.436	4.964	6.332	7.665	5.277	4.904	4.830			

（1）绘制该序列的时序图。

（2）判断该序列的平稳性与纯随机性。

（3）考察该序列的自相关系数和偏自相关系数的性质。

（4）尝试用多个模型拟合该序列的发展，并考察该序列的拟合模型优化问题。

（5）利用最优拟合模型预测该城市未来 5 年的人口死亡率情况。

5. 对于 AR(1) 模型 $x_t - \mu = \varphi_1 \left(x_{t-1} - \mu \right) + e_t$，根据 t 个历史观察值（…，10.1，9.6），已求出 $\hat{\mu} = 10, \hat{\varphi}_1 = 0.3, \hat{\sigma}_\varepsilon^2 = 9$。

（1）求 x_{t+3} 的 95% 的置信区间。

（2）假定获得新观察值 $x_{t+1} = 10.5$，用更新数据求 x_{t+3} 的 95% 的置信区间。

6. 某城市过去 63 年每年降雪量数据如表 4-12 所示（行数据）。

表 4-12　　　　　　　　　　　　　　　单位：mm

126.4	82.4	78.1	51.1	90.9	76.2	104.5	87.4
110.5	25	69.3	53.5	39.8	63.6	46.7	72.9
79.6	83.6	80.7	60.3	79	74.4	49.6	54.7
71.8	49.1	103.9	51.6	82.4	83.6	77.8	79.3
89.6	85.5	58	120.7	110.5	65.4	39.9	40.1
88.7	71.4	83	55.9	89.9	84.8	105.2	113.7
124.7	114.5	115.6	102.4	101.4	89.8	71.5	70.9
98.3	55.5	66.1	78.4	120.5	97	110	

（1）判断该序列的平稳性与纯随机性。

（2）如果序列平稳且非白噪声，选择适当的模型拟合该序列的发展。

（3）利用拟合模型预测该城市未来 5 年的降雪量。

7. 某地区连续 74 年的谷物产量如表 4-13 所示（行数据）。

表 4-13　　　　　　　　　　　　　　　　　　　单位：千吨

0.97	0.45	1.61	1.26	1.37	1.43	1.32	1.23	0.84	0.89	1.18
1.33	1.21	0.98	0.91	0.61	1.23	0.97	1.10	0.74	0.80	0.81
0.80	0.60	0.59	0.63	0.87	0.36	0.81	0.91	0.77	0.96	0.93
0.95	0.65	0.98	0.70	0.86	1.32	0.88	0.68	0.78	1.25	0.79
1.19	0.69	0.92	0.86	0.86	0.85	0.90	0.54	0.32	1.40	1.14
0.69	0.91	0.68	0.57	0.94	0.35	0.39	0.45	0.99	0.84	0.62
0.85	0.73	0.66	0.76	0.63	0.32	0.17	0.46			

（1）判断该序列的平稳性与纯随机性。

（2）选择适当的模型拟合该序列的发展。

（3）利用拟合模型预测该地区未来 5 年的谷物产量。

8. 现有 201 个连续的生产记录，如表 4-14 所示（行数据）。

表 4-14

81.9	89.4	79.0	81.4	84.8	85.9	88.0	80.3	82.6
83.5	80.2	85.2	87.2	83.5	84.3	82.9	84.7	82.9
81.5	83.4	87.7	81.8	79.6	85.8	77.9	89.7	85.4
86.3	80.7	83.8	90.5	84.5	82.4	86.7	83.0	81.8
89.3	79.3	82.7	88.0	79.6	87.8	83.6	79.5	83.3
88.4	86.6	84.6	79.7	86.0	84.2	83.0	84.8	83.6
81.8	85.9	88.2	83.5	87.2	83.7	87.3	83.0	90.5
80.7	83.1	86.5	90.0	77.5	84.7	84.6	87.2	80.5
86.1	82.6	85.4	84.7	82.8	81.9	83.6	86.8	84.0
84.2	82.8	83.0	82.0	84.7	84.4	88.9	82.4	83.0
85.0	82.2	81.6	86.2	85.4	82.1	81.4	85.0	85.8
84.2	83.5	86.5	85.0	80.4	85.7	86.7	86.7	82.3
86.4	82.5	82.0	79.5	86.7	80.5	91.7	81.6	83.9
85.6	84.8	78.4	89.9	85.0	86.2	83.0	85.4	84.4
84.5	86.2	85.6	83.2	85.7	83.5	80.1	82.2	88.6
82.0	85.0	85.2	85.3	84.3	82.3	89.7	84.8	83.1
80.6	87.4	86.8	83.5	86.2	84.1	82.3	84.8	86.6
83.5	78.1	88.8	81.9	83.3	80.0	87.2	83.3	86.6

续表

79.5	84.1	82.2	90.8	86.5	79.7	81.0	87.2	81.6
84.4	84.4	82.2	88.9	80.9	85.1	87.1	84.0	76.5
82.7	85.1	83.3	90.4	81.0	80.3	79.8	89.0	83.7
80.9	87.3	81.1	85.6	86.6	80.0	86.6	83.3	83.1
82.3	86.7	80.2						

（1）判断该序列的平稳性与纯随机性。

（2）如果序列平稳且非白噪声，选择适当的模型拟合该序列的发展。

（3）利用拟合模型预测该序列下一时刻 95% 的置信区间。

9. 1971 年 9 月至 1993 年 6 月澳大利亚季度常住人口变动情况如表 4-15 所示（行数据）。

表 4-15　　　　　　　　　　　　　　　　　单位：千人

63.2	67.9	55.8	49.5	50.2	55.4
49.9	45.3	48.1	61.7	55.2	53.1
49.5	59.9	30.6	30.4	33.8	42.1
35.8	28.4	32.9	44.1	45.5	36.6
39.5	49.8	48.8	29	37.3	34.2
47.6	37.3	39.2	47.6	43.9	49
51.2	60.8	67	48.9	65.4	65.4
67.6	62.5	55.1	49.6	57.3	47.3
45.5	44.5	48	47.9	49.1	48.8
59.4	51.6	51.4	60.9	60.9	56.8
58.6	62.1	64	60.3	64.6	71
79.4	59.9	83.4	75.4	80.2	55.9
58.5	65.2	69.5	59.1	21.5	62.5
170	−47.4	62.2	60	33.1	35.3
43.4	42.7	58.4	34.4		

（1）判断该序列的平稳性与纯随机性。

（2）选择适当的模型拟合该序列的发展。

（3）绘制该序列的拟合图及未来 5 年的预测图。

第5章 无季节效应的非平稳序列分析

第 4 章介绍了平稳时间序列的分析方法。实际上，在自然界中绝大部分序列都是非平稳的，因而非平稳序列的分析更普遍、更重要，人们创造的分析方法也更多。

5.1 Cramer 分解定理

Wold 分解定理是现代时间序列分析理论的灵魂。尽管 Wold 提出这个分解定理只是为了分析平稳序列的构成，但 Cramer 于 1961 年证明这种分解思路同样可以用于非平稳序列。

Cramer 分解定理　任何一个时间序列 $\{x_t\}$ 都可以视为两部分的叠加，其中，一部分是由时间 t 的多项式决定的确定性成分，另一部分是由白噪声序列决定的随机性成分，即

$$x_t = \mu_t + \varepsilon_t = \sum_{j=1}^{d} \beta_j t^j + \varPsi(B) a_t$$

式中，$d < \infty$；β_1，β_2，$\cdots$，β_d 为常数系数；$\{a_t\}$ 为一个零均值白噪声序列；B 为延迟算子。

因为

$$E(\varepsilon_t) = \varPsi(B) E(a_t) = 0$$

所以有

$$E(x_t) = E(\mu_t) = \sum_{j=0}^{d} \beta_j t^j$$

即均值序列 $\left\{ \sum_{j=0}^{d} \beta_j t^j \right\}$ 反映了 $\{x_t\}$ 受到的确定性影响，而 $\{\varepsilon_t；\varepsilon_t = \varPsi(B) a_t\}$ 反映了 $\{x_t\}$ 受到的随机性影响。

Cramer 分解定理说明任何一个序列的波动都可以视为同时受到确定性影响和随机性影响的作用。平稳序列要求这两方面的影响都是稳定的，而非平稳序列产生的机理就在于它所受到的这两方面的影响至少有一方面是不稳定的。

5.2 差分平稳

5.2.1 差分运算的实质

获取了观察值序列之后，分析的重点是通过有效的手段提取序列中所蕴涵的确定性信息。

确定性信息的提取方法非常多。Box 和 Jenkins 在《时间序列分析：预测与控制》一书中特别强调差分方法的使用，他们使用大量的案例分析证明差分方法是一种非常简便有效的确定性信息提取方法。Cramer 分解定理则在理论上保证了适当阶数的差分一定可以充分提取确定性信息。

根据 Cramer 分解定理，非平稳序列都可以分解为如下形式：

$$x_t = \sum_{j=0}^{d} \beta_j t^j + \Psi(B) a_t$$

式中，$\{a_t\}$ 为零均值白噪声序列。

显然，在 Cramer 分解定理的保证下，d 阶差分就可以将 $\{x_t\}$ 中蕴涵的确定性信息充分提取出来：

$$\Delta^d \sum_{j=0}^{d} \beta_j t^j = c, \ c \ \text{为某一常数}$$

展开 1 阶差分，有

$$\Delta x_t = x_t - x_{t-1}$$

等价于

$$x_t = x_{t-1} + \Delta x_t$$

这意味着 1 阶差分实质上就是一个 1 阶自回归过程，它是用延迟 1 阶的历史数据 $\{x_{t-1}\}$ 作为自变量来解释当期序列值 $\{x_t\}$ 的变动状况，差分序列 $\{\Delta x_t\}$ 度量的是 $\{x_t\}$ 1 阶自回归过程中产生的随机误差的大小。

展开任意一个 d 阶差分，有

$$\Delta^d x_t = (1-B)^d x_t = \sum_{i=0}^{d} (-1)^i x_{t-i}$$

它的实质就是一个 d 阶自回归过程：

$$x_t = \sum_{i=1}^{d} (-1)^{i+1} C_d^i x_{t-i} + \Delta^d x_t$$

5.2.2　差分方式的选择

实践中，我们会根据序列的不同特点选择合适的差分方式，常见情况有以下三种。

一、序列蕴涵显著的线性趋势，1 阶差分就可以实现趋势平稳

【例 5-1】尝试提取 1964—1999 年中国纱年产量序列中的确定性信息（数据见表 A1-11）。

```
# 导入本章所需的分析工具库和自定义函数
import numpy as np
import pandas as pd
import matplotlib.pyplot as plt
```

```
plt.rcParams['font.sans-serif']=['SimHei']          #图片中文字体识别
plt.rcParams['axes.unicode_minus']=False            #图片负号正常显示
from statsmodels.tsa.api import acf,pacf,adfuller,SARIMAX,arma_order_select_ic
from statsmodels.graphics.tsaplots import plot_acf,plot_pacf,plot_predict
from statsmodels.stats.diagnostic import acorr_ljungbox as LB_test

def ADF_test(x):
ADF=pd.DataFrame(adfuller(x)[0:3],index=['统计量','P 值','延迟阶数'],columns=['ADF 检验'])
    return ADF

def LB_plot(x,lags):
    plt.plot(LB_test(x.resid,lags).lb_pvalue,marker=".",linestyle='none')
    plt.yticks(np.arange(0,1.05,0.1))
    plt.xticks(range(lags+1))
    plt.xlabel("Lags")
    plt.ylabel("Pvalue")
    plt.axhline(0.05,c='red',linestyle='--')
    plt.rcParams['font.sans-serif']=['SimHei']
    plt.title('LB-Plot')
return plt.show()

# 读入数据文件,绘制时序图（见图 5-1）
file11=pd.read_excel('D:\\Ts_Data\\A1_11.xlsx',parse_dates=True,index_col=0).to_period()
file11.plot(figsize=(5,3),marker="*")
```

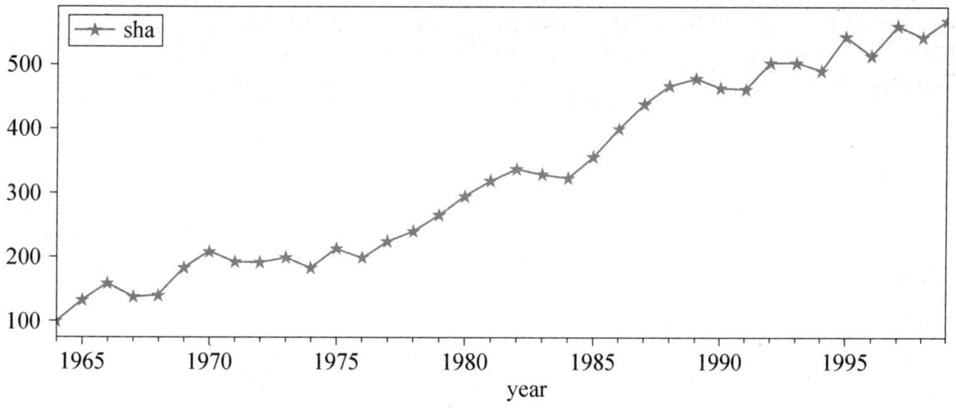

图 5-1　1964—1999 年中国纱年产量序列的时序图

从时序图（见图 5-1）中可以清楚地看到，该序列蕴涵显著的线性递增趋势。对该序列进行 1 阶差分提取线性趋势信息：

$$\Delta x_t = x_t - x_{t-1}$$

```
# 对序列进行 1 阶差分，对 1 阶差分序列绘制时序图（见图 5-2）
diff_sha=file11.sha.diff().dropna()
diff_sha.plot()
```

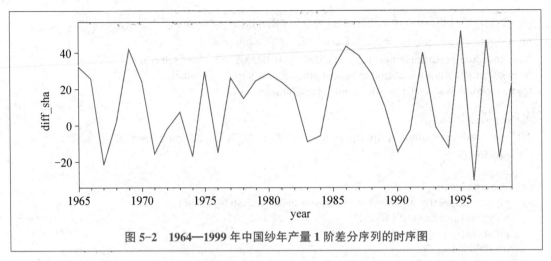

图 5-2　1964—1999 年中国纱年产量 1 阶差分序列的时序图

图 5-2 清晰地显示，1 阶差分运算非常成功地从原序列中提取出了线性趋势，差分后序列呈现出非常平稳的波动特征。

二、序列蕴涵曲线趋势，通常低阶（2 阶或 3 阶）差分就可以提取出曲线趋势的影响

【例 5-2】尝试提取 1950—1999 年北京市民用车辆拥有量序列中的确定性信息（数据见表 A1-12）。

```
# 读入数据文件，绘制时序图（见图 5-3）
file12=pd.read_excel('D:\\Ts_Data\\A1_12.xlsx',parse_dates=True,index_col=0)
file12=file12.to_period()
file12.plot(marker="*")
```

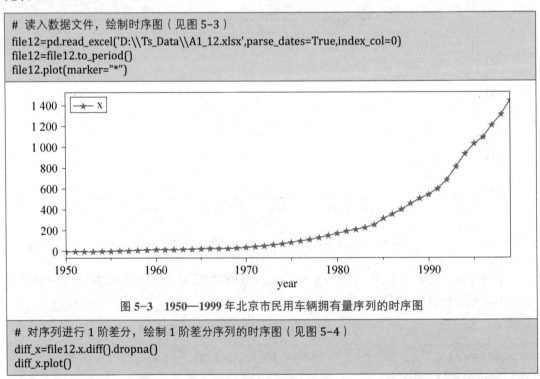

图 5-3　1950—1999 年北京市民用车辆拥有量序列的时序图

```
# 对序列进行 1 阶差分，绘制 1 阶差分序列的时序图（见图 5-4）
diff_x=file12.x.diff().dropna()
diff_x.plot()
```

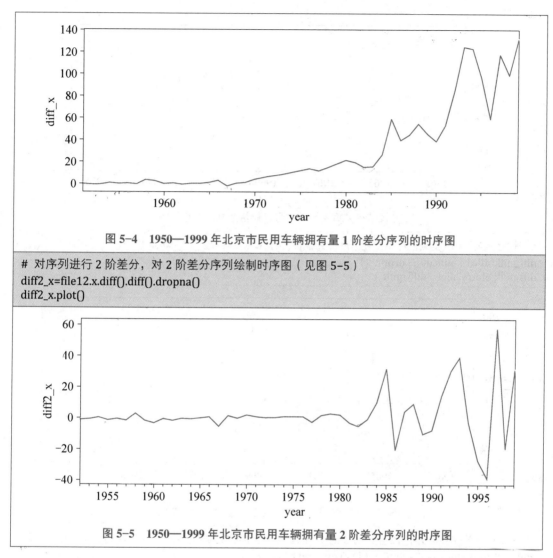

图 5-4　1950—1999 年北京市民用车辆拥有量 1 阶差分序列的时序图

```
# 对序列进行 2 阶差分，对 2 阶差分序列绘制时序图（见图 5-5）
diff2_x=file12.x.diff().diff().dropna()
diff2_x.plot()
```

图 5-5　1950—1999 年北京市民用车辆拥有量 2 阶差分序列的时序图

该序列的时序图（见图 5-3）显示出北京市民用车辆拥有量序列蕴涵曲线递增的长期趋势。如果我们对该序列进行 1 阶差分运算，图 5-4 显示 1 阶差分提取了原序列中部分长期趋势，但是长期趋势信息提取不充分，1 阶差分序列中仍蕴涵长期递增趋势。于是对 1 阶差分序列再进行一次差分运算。2 阶差分序列的时序图（见图 5-5）显示，2 阶差分比较充分地提取了原序列中蕴涵的长期趋势，使得差分序列不再呈现确定性趋势。

三、蕴涵固定周期的序列

对蕴涵固定周期的序列进行步长为周期长度的差分运算，通常可以较好地提取周期信息。

【例 5-3】利用差分运算提取 1962 年 1 月至 1975 年 12 月每头奶牛的平均月产奶量序列中的确定性信息（数据见表 A1-13）。

```
# 读入数据文件，绘制时序图（见图 5-6）
file13=pd.read_excel('D:\\Ts_Data\\A1_13.xlsx',parse_dates=True,index_col=0).to_period()
file13.plot()
```

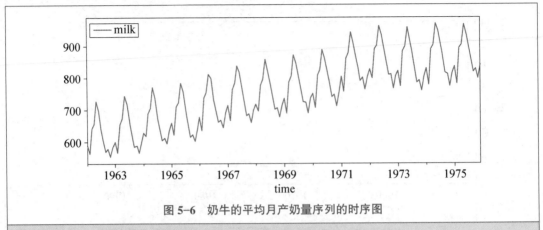

图 5-6　奶牛的平均月产奶量序列的时序图

# 对序列进行 1 阶差分，对 1 阶差分序列绘制时序图（见图 5-7）
diff_milk=file13.milk.diff().dropna()
diff_milk.plot(ylabel="diff_milk")

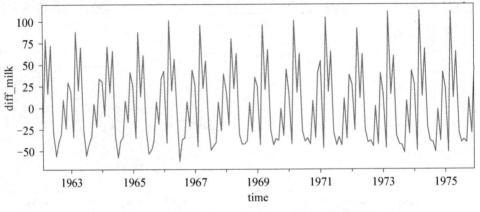

图 5-7　奶牛的平均月产奶量 1 阶差分序列的时序图

# 对 1 阶差分序列再进行 12 步差分，对 1 阶 12 步差分序列绘制时序图（见图 5-8）
diff1_12_milk=file13.milk.diff().diff(12).dropna()
diff1_12_milk.plot(ylabel="diff1_12_milk")

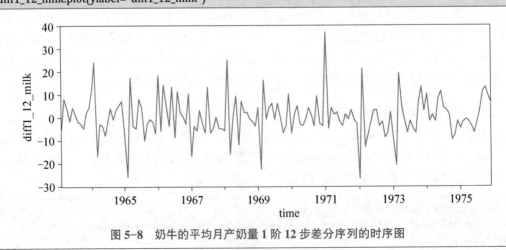

图 5-8　奶牛的平均月产奶量 1 阶 12 步差分序列的时序图

时序图（见图 5-6）显示该序列具有一个线性递增的长期趋势和一个周期长度为一年的稳定的季节变动。所以对原序列先进行 1 阶差分，提取线性递增趋势。

1 阶差分序列的时序图（见图 5-7）显示 1 阶差分能提取原序列中蕴涵的线性递增趋势，残留季节变动和随机波动。

对 1 阶差分序列再进行 12 步的周期差分，提取季节波动信息。图 5-8 显示，周期差分可以非常好地提取周期信息。至此，1 阶 12 步差分运算比较充分地提取了原序列中蕴涵的长期趋势和季节效应等确定性信息。

5.2.3　过差分

从理论上讲，足够多次的差分运算可以充分提取原序列中的非平稳确定性信息。但应当注意的是，差分运算的阶数并不是越多越好。因为差分运算是一种信息的提取和加工过程，每次差分都会有信息的损失，所以在实际应用中差分运算的阶数要适当，应当避免出现过度差分（简称过差分）现象。

【例 5-4】假定线性非平稳序列 $\{x_t\}$ 形如

$$x_t = \beta_0 + \beta_1 t + a_t$$

式中，$E(a_t) = 0, \mathrm{Var}(a_t) = \sigma^2, \mathrm{Cov}(a_t, a_{t-1}) = 0, \forall t \geqslant 1$。

对 x_t 进行 1 阶差分：

$$
\begin{aligned}
\Delta x_t &= x_t - x_{t-1} \\
&= \beta_0 + \beta_1 t + a_t - [\beta_0 + \beta_1(t-1) + a_{t-1}] \\
&= \beta_1 + a_t - a_{t-1}
\end{aligned}
$$

显然，1 阶差分序列 $\{\Delta x_t\}$ 为平稳序列。这说明 1 阶差分运算有效地提取了 $\{x_t\}$ 中的非平稳确定性信息。

对 1 阶差分序列 $\{\Delta x_t\}$ 再进行一次差分：

$$
\begin{aligned}
\Delta^2 x_t &= \Delta x_t - \Delta x_{t-1} \\
&= \beta_1 + a_t - a_{t-1} - (\beta_1 + a_{t-1} - a_{t-2}) \\
&= a_t - 2a_{t-1} + a_{t-2}
\end{aligned}
$$

显然，2 阶差分序列 $\{\Delta^2 x_t\}$ 也是平稳序列，它也将原序列中的非平稳趋势充分提取了。

考察它们的方差状况：

$$\mathrm{Var}(\Delta x_t) = \mathrm{Var}(a_t - a_{t-1}) = 2\sigma^2$$

$$\mathrm{Var}(\Delta^2 x_t) = \mathrm{Var}(a_t - 2a_{t-1} + a_{t-2}) = 6\sigma^2$$

显然，2 阶差分序列 $\{\Delta^2 x_t\}$ 的方差大于 1 阶差分序列 $\{\Delta x_t\}$ 的方差，在这种场合下 2 阶差分就属于过差分。过差分实质上是过多次数的差分导致有效信息的无谓损失，从而降低了拟合的精度。

5.3 ARIMA 模型

差分运算具有强大的确定性信息提取能力，许多非平稳序列差分后会显示出平稳序列的性质，这时我们称这个非平稳序列为差分平稳序列。对差分平稳序列可以使用 ARIMA 模型进行拟合。本章主要介绍无季节效应的非平稳序列建模。

5.3.1 ARIMA 模型的结构

具有如下结构的模型称为求和自回归移动平均（autoregressive integrated moving average）模型，简记为 ARIMA(p, d, q) 模型：

$$
\begin{cases}
\Phi(B)\Delta^d x_t = \Theta(B)\varepsilon_t \\
E(\varepsilon_t) = 0, \ \mathrm{Var}(\varepsilon_t) = \sigma_\varepsilon^2, \ E(\varepsilon_t \varepsilon_s) = 0, \ s \neq t \\
E(x_s \varepsilon_t) = 0, \ \forall s < t
\end{cases}
\tag{5.1}
$$

式中，$\Delta^d = (1-B)^d$；$\Phi(B) = 1 - \phi_1 B - \cdots - \phi_p B^p$，为平稳可逆 ARMA($p, q$) 模型的自回归系数多项式；$\Theta(B) = 1 - \theta_1 B - \cdots - \theta_q B^q$，为平稳可逆 ARMA($p, q$) 模型的移动平均系数多项式。

求和自回归移动平均模型这个名字的由来是，d 阶差分序列可以表示为：

$$
\Delta^d x_t = \sum_{i=0}^{d} (-1)^i C_d^i x_{t-i}
$$

式中，$C_d^i = \dfrac{d!}{i!(d-i)!}$，即差分序列等于原序列的若干序列值的加权和，对差分平稳序列又可以拟合自回归移动平均（ARMA）模型，所以称它为求和自回归移动平均模型。式（5.1）可以简记为：

$$
\Delta^d x_t = \frac{\Theta(B)\varepsilon_t}{\Phi(B)}
\tag{5.2}
$$

式中，$\{\varepsilon_t\}$ 为零均值白噪声序列。

由式（5.2）容易看出，ARIMA 模型的实质就是差分运算与 ARMA 模型的组合。这一关系意义重大。这说明任何非平稳序列如果能通过适当阶数的差分实现差分后平稳，就可以对差分序列进行 ARMA 模型拟合。而 ARMA 模型的分析方法非常成熟，这意味着对差分平稳序列的分析也将是非常简单可靠的。

特别地，当 $d=0$ 时，ARIMA(p, d, q) 模型实际上就是 ARMA(p, q) 模型。

当 $p=0$ 时，ARIMA($0, d, q$) 模型可以简记为 IMA(d, q) 模型。

当 $q=0$ 时，ARIMA($p, d, 0$) 模型可以简记为 ARI(p, d) 模型。

当 $d=1$，$p=q=0$ 时，ARIMA($0, 1, 0$) 模型为：

$$
\begin{cases}
x_t = x_{t-1} + \varepsilon_t \\
E(\varepsilon_t) = 0, \mathrm{Var}(\varepsilon_t) = \sigma_\varepsilon^2, E(\varepsilon_t \varepsilon_s) = 0, s \neq t \\
E(x_s \varepsilon_t) = 0, \forall s < t
\end{cases}
\tag{5.3}
$$

该模型又称随机游走（random walk）模型或醉汉模型。

随机游走模型的产生有一个有趣的典故。它最早由 Karl Pearson 于 1905 年 7 月在《自然》杂志上作为一个问题提出：假如有一个人酩酊大醉，完全丧失方向感，把他放在荒郊野外，一段时间之后再去找他，在什么地方找到他的概率最大？

考虑到他完全丧失方向感，那么他第 t 步的位置将是他第 $t-1$ 步的位置再加一个完全随机的位移。用数学模型来描述任意时刻这个醉汉可能的位置即一个随机游走模型。

1905 年 8 月，Lord Rayleigh 对 Karl Pearson 的这个问题做出了解答。他算出这个醉汉与初始点的距离为 $r\sim r+\delta r$ 的概率是：

$$\frac{2}{nl^2}e^{-r^2/(nl^2)}r\delta r$$

且当 n 很大时，该醉汉与初始点的距离服从零均值正态分布。这意味着假如有人想去寻找该醉汉，最好是去初始点附近找他，该地点是醉汉未来位置的无偏估计值。

作为一个最简单的 ARIMA 模型，随机游走模型目前广泛应用于计量经济学领域。传统的经济学家普遍认为投机价格的走势类似于随机游走模型，该模型也是有效市场理论（efficient market theory）的核心。

5.3.2　ARIMA 模型的性质

一、平稳性

假如 $\{x_t\}$ 服从 ARIMA(p, d, q) 模型

$$\Phi(B)\Delta^d x_t = \Theta(B)\varepsilon_t$$

式中：

$$\Delta^d = (1-B)^d$$
$$\Phi(B) = 1 - \phi_1 B - \cdots - \phi_p B^p$$
$$\Theta(B) = 1 - \theta_1 B - \cdots - \theta_q B^q$$

记 $\Psi(B) = \Phi(B)\Delta^d$，$\Psi(B)$ 称为广义自回归系数多项式。显然，ARIMA 模型的平稳性完全由 $\Psi(B) = 0$ 的根的性质决定。

因为 $\{x_t\}$ d 阶差分后平稳，服从 ARMA(p, q) 模型，所以不妨设

$$\Phi(B) = \prod_{i=1}^{p}(1-\lambda_i B),\ |\lambda_i| < 1;\ i = 1, 2, \cdots, p$$

则

$$\Psi(B) = \Phi(B)\Delta^d = \left[\prod_{i=1}^{p}(1-\lambda_i B)\right](1-B)^d \tag{5.4}$$

由式（5.4）容易判断，ARIMA(p, d, q) 模型的广义自回归系数多项式共有 $p+d$ 个根，其中 p 个根 $\left(\dfrac{1}{\lambda_1}, \cdots, \dfrac{1}{\lambda_p}\right)$ 在单位圆外，d 个根在单位圆上。

广义自回归系数多项式的根即特征根的倒数，所以 ARIMA(p, d, q) 模型共有 $p+d$ 个特征根，其中 p 个根在单位圆内，d 个根在单位圆上。

因为有 d 个特征根在单位圆上而非单位圆内，所以当 $d \neq 0$ 时，ARIMA(p, d, q) 模型不平稳。

【例 5-5】拟合随机游走序列：$x_t = x_{t-1} + \varepsilon_t$，$\varepsilon_t \sim$ NID $(0, 100)$。随机游走序列的时序图见图 5-9。

```
# 拟合随机游走模型，并绘制时序图
x= np.zeros(1000)
e= np.random.normal(size=1000,loc=0,scale=10)
for i in range(999):
    x[i+1]=x[i]+e[i]
pd.Series(x).plot()
```

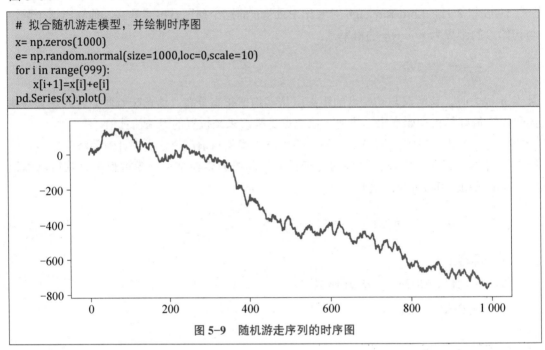

图 5-9　随机游走序列的时序图

时序图清晰显示，该序列非平稳。

二、方差齐性

对于 ARIMA(p, d, q) 模型，当 $d \neq 0$ 时，不仅均值非常数，而且序列方差也非齐性。以最简单的随机游走模型 ARIMA$(0, 1, 0)$ 为例：

$$
\begin{aligned}
x_t &= x_{t-1} + \varepsilon_t \\
&= x_{t-2} + \varepsilon_t + \varepsilon_{t-1} \\
&\vdots \\
&= x_0 + \varepsilon_t + \varepsilon_{t-1} + \cdots + \varepsilon_1
\end{aligned}
$$

则

$$
\mathrm{Var}(x_t) = \mathrm{Var}(x_0 + \varepsilon_t + \varepsilon_{t-1} + \cdots + \varepsilon_1) = t\sigma_\varepsilon^2
$$

显然，$\mathrm{Var}(x_t)$ 是时间 t 的递增函数，随着时间趋向无穷，序列 $\{x_t\}$ 的方差也趋向无穷。

但 1 阶差分之后

$$
\Delta x_t = \varepsilon_t
$$

差分序列满足方差齐性

$$\mathrm{Var}(\Delta x_t) = \sigma_\varepsilon^2$$

5.3.3　ARIMA 模型建模

掌握了 ARMA 模型的建模方法之后，使用 ARIMA 模型对观察值序列建模是一件比较简单的事情。它遵循如图 5-10 所示的操作流程。

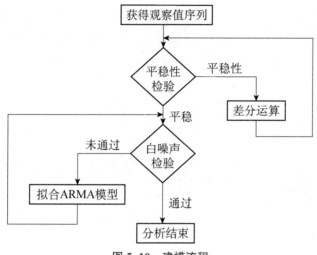

图 5-10　建模流程

下面根据这种建模流程，对一个真实序列建模。

【例 5-6】对 1889—1970 年美国国民生产总值平减指数（GNP deflator）序列建模（数据见表 A1-14）。

```
# 读入数据文件，绘制时序图（见图 5-11）
file14=pd.read_excel('D:\\Ts_Data\\A1_14.xlsx',parse_dates=True,index_col=0)
file14=file14.to_period()
file14.plot()
```

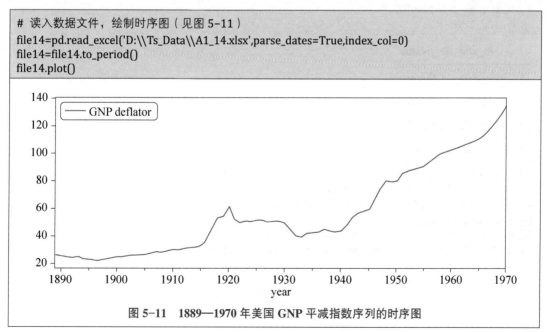

图 5-11　1889—1970 年美国 GNP 平减指数序列的时序图

#1 阶差分并绘制时序图（见图 5-12）
diff_GNP=file14.GNP.diff().dropna()
diff_GNP.plot(ylabel="diff_GNP")

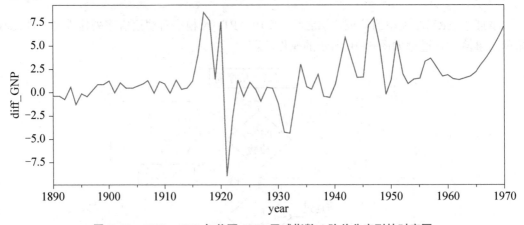

图 5-12 1889—1970 年美国 GNP 平减指数 1 阶差分序列的时序图

#1 阶差分序列平稳性检验
ADF_test(diff_GNP)

ADF检验	
统计量	-5.140688
P值	0.000012
延迟阶数	0.000000

#1 阶差分序列纯随机性检验
LB_test(diff_GNP,5)

	lb_stat	lb_pvalue
1	16.645683	0.000045
2	21.117802	0.000026
3	22.495603	0.000051
4	22.714543	0.000144
5	24.438923	0.000179

#1 阶差分序列的自相关图和偏自相关图（见图 5-13）
fig,axes = plt.subplots(1,2)
fig =plot_acf(diff_GNP,zero=False,title="ACF",lags=20,ax=axes[0])
fig =plot_pacf(diff_GNP,zero=False,title="PACF",lags=20,ax=axes[1])

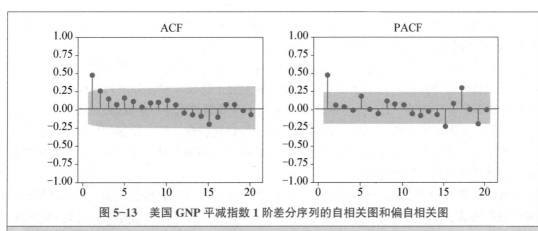

图 5-13　美国 GNP 平减指数 1 阶差分序列的自相关图和偏自相关图

# 基于 BIC 准则定阶
arma_order_select_ic(diff_GNP)

```
{'bic':       0            1            2
 0    405.424983   394.798225   396.651188
 1    390.952496   395.094021   399.361872
 2    395.118396   399.189473   403.636728
 3    399.461205   403.556604   406.101838
 4    403.832047   407.780605   410.430805,
 'bic_min_order':(1,0)}
```

# 拟合 ARIMA(1,1,0)模型
GNP_fit=SARIMAX(file14.GNP,order=(1,1,0),trend="c").fit()
GNP_fit.summary().tables[1]

	coef	std err	z	P>|z|	[0.025	0.975]
intercept	0.7429	0.450	1.652	0.098	-0.138	1.624
ar.L1	0.4662	0.107	4.363	0.000	0.257	0.676
sigma2	6.1898	0.596	10.380	0.000	5.021	7.359

# 模型显著性检验（见图 5-14）
LB_plot(GNP_fit,20)

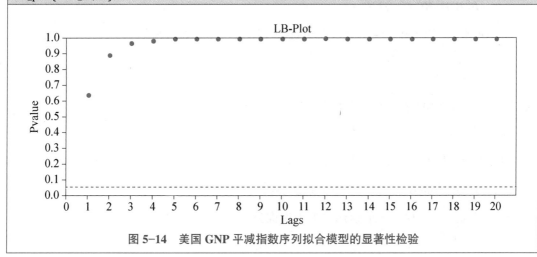

图 5-14　美国 GNP 平减指数序列拟合模型的显著性检验

导入 1889—1970 年美国国民生产总值平减指数序列之后，我们首先绘制时序图（见图 5-11）。时序图显示该序列有显著的线性递增趋势，这是典型的非平稳序列特征。对该序列进行 1 阶差分，差分后的时序图（见图 5-12）显示，差分序列基本围绕在零附近波动，已经没有明显的趋势特征。为了进一步确定差分序列的平稳性，对差分序列进行 ADF 检验。检验结果显示，该序列 ADF 检验统计量的 P 值小于显著性水平（$\alpha=0.05$），所以可以确认 1 阶差分序列实现了平稳。再对 1 阶差分序列进行纯随机性检验。检验结果显示，各阶延迟下 LB 统计量的 P 值均小于显著性水平，这说明差分序列不是白噪声序列。所以可以确认 1 阶差分序列为平稳非白噪声序列。

考察 1 阶差分序列的自相关图和偏自相关图（见图 5-13），自相关图显示拖尾特征，偏自相关图显示 1 阶截尾特征，所以考虑用 AR(1) 模型拟合 1 阶差分序列。考虑到前面已经进行了 1 阶差分运算，综合上面所有分析，为美国国民生产总值平减指数序列拟合 ARIMA(1, 1, 0) 模型。

根据参数估计结果，得到拟合模型口径为：

$$\Delta x_t = 0.742\,9 + 0.466\,2\Delta x_{t-1} + \varepsilon_t$$

展开差分项，拟合模型可以等价表示为：

$$x_t = 0.742\,9 + 1.466\,2x_{t-1} - 0.466\,2x_{t-2} + \varepsilon_t, \ \mathrm{Var}(\varepsilon_t) = 6.189\,8$$

参数显著性检验结果显示，常数项显著性检验 P 值为 0.098。如果严格要求参数的显著性水平为 0.05，那么可以修改拟合指令，指定 trend="n"，删除常数项。相关指定如下：

GNP_fit=SARIMAX(file14.GNP,order=(1,1,0),trend="n").fit()

但是在实务中，如果 P 值不是特别大，通常会保留这个常数项。

5.3.4　ARIMA 模型预测

在最小均方误差预测原理下，ARIMA 模型和 ARMA 模型的预测方法非常相似。ARIMA(p, d, q) 模型的一般表示方法为：

$$\Phi(B)(1-B)^d x_t = \Theta(B)\varepsilon_t$$

和 ARMA 模型一样，也可以用随机扰动项的线性函数表示它：

$$x_t = \varepsilon_t + \Psi_1\varepsilon_{t-1} + \Psi_2\varepsilon_{t-2} + \cdots$$
$$= \Psi(B)\varepsilon_t$$

式中，Ψ_1，Ψ_2，$\cdots$ 的值由如下等式确定：

$$\Phi(B)(1-B)^d \Psi(B) = \Theta(B)$$

如果把 $\Phi^*(B)$ 记为广义自相关函数，则有

$$\Phi^*(B) = \Phi(B)(1-B)^d = 1 - \tilde{\phi}_1 B - \tilde{\phi}_2 B^2 - \cdots$$

容易验证，Ψ_1，Ψ_2，$\cdots$ 的值满足如下递推公式：

$$\begin{cases} \Psi_1 = \tilde{\phi}_1 - \theta_1 \\ \Psi_2 = \tilde{\phi}_1 \Psi_1 + \tilde{\phi}_2 - \theta_2 \\ \vdots \\ \Psi_j = \tilde{\phi}_1 \Psi_{j-1} + \cdots + \tilde{\phi}_{p+d} \Psi_{j-p-d} - \theta_j \end{cases}$$ （5.5）

式中，$\Psi_j = \begin{cases} 0, & j < 0 \\ 1, & j = 0 \end{cases}$，$\theta_j = 0$（$j > q$）。

那么，x_{t+l} 的真实值为：

$$x_{t+l} = (\varepsilon_{t+l} + \Psi_1 \varepsilon_{t+l-1} + \cdots + \Psi_{l-1} \varepsilon_{t+1}) + (\Psi_l \varepsilon_t + \Psi_{l+1} \varepsilon_{t-1} + \cdots)$$ （5.6）

由于 ε_{t+l}，ε_{t+l-1}，$\cdots$，ε_{t+1} 不可获得，所以 x_{t+l} 的估计值只能为：

$$\hat{x}_t(l) = \Psi_0^* \varepsilon_t + \Psi_1^* \varepsilon_{t-1} + \Psi_2^* \varepsilon_{t-2} + \cdots$$

真实值与预测值之间的均方误差为：

$$E[x_{t+l} - \hat{x}_t(l)]^2 = (1 + \Psi_1^2 + \cdots + \Psi_{l-1}^2)\sigma_\varepsilon^2 + \sum_{j=0}^{\infty}(\Psi_{l+j} - \Psi_j^*)^2 \sigma_\varepsilon^2$$

要使均方误差最小，当且仅当

$$\Psi_j^* = \Psi_{l+j}$$

所以在均方误差最小原则下，l 期预测值为：

$$\hat{x}_t(l) = \Psi_l \varepsilon_t + \Psi_{l+1} \varepsilon_{t-1} + \Psi_{l+2} \varepsilon_{t-2} + \cdots$$

l 期预测误差为：

$$e_t(l) = \varepsilon_{t+l} + \Psi_1 \varepsilon_{t+l-1} + \cdots + \Psi_{l-1} \varepsilon_{t+1}$$

真实值等于预测值加上预测误差：

$$\begin{aligned} x_{t+l} &= (\Psi_l \varepsilon_t + \Psi_{l+1} \varepsilon_{t-1} + \cdots) + (\varepsilon_{t+l} + \Psi_1 \varepsilon_{t+l-1} + \cdots + \Psi_{l-1} \varepsilon_{t+1}) \\ &= \hat{x}_t(l) + e_t(l) \end{aligned}$$

l 期预测误差的方差为：

$$\text{Var}[e_t(l)] = (1 + \Psi_1^2 + \cdots + \Psi_{l-1}^2)\sigma_\varepsilon^2$$ （5.7）

【例 5-7】已知 ARIMA(1, 1, 1) 模型为 $(1-0.8B)(1-B)x_t = (1-0.6B)\varepsilon_t$，且 $x_{t-1} = 4.5$，$x_t = 5.3$，$\varepsilon_t = 0.8$，$\sigma_\varepsilon^2 = 1$。求 x_{t+3} 的 95% 的置信区间。

展开原模型，等价形式为：

$$(1 - 1.8B + 0.8B^2)x_t = (1 - 0.6B)\varepsilon_t$$
$$x_t = 1.8x_{t-1} - 0.8x_{t-2} + \varepsilon_t - 0.6\varepsilon_{t-1}$$

则预测值的递推公式为：

$$\hat{x}_t(1) = 1.8x_t - 0.8x_{t-1} - 0.6\varepsilon_t = 5.46$$
$$\hat{x}_t(2) = 1.8\hat{x}_t(1) - 0.8x_t = 5.59$$
$$\hat{x}_t(3) = 1.8\hat{x}_t(2) - 0.8\hat{x}_t(1) = 5.69$$

3 期预测误差的方差为：

$$\mathrm{Var}[e(3)] = (1 + \Psi_1^2 + \Psi_2^2)\sigma_\varepsilon^2$$

广义自相关函数为：

$$\Phi^*(B) = \Phi(B)(1-B)^d$$
$$= (1 - 0.8B)(1 - B)$$
$$= 1 - 1.8B + 0.8B^2$$

则 $\tilde{\phi}_1 = 1.8$，$\tilde{\phi}_2 = -0.8$，根据递推公式（5.5）可以得到

$$\begin{cases} \Psi_1 = 1.8 - 0.6 = 1.2 \\ \Psi_2 = 1.8\Psi_1 - 0.8 = 1.36 \end{cases}$$

则

$$\mathrm{Var}[e(3)] = (1 + \Psi_1^2 + \Psi_2^2)\sigma_\varepsilon^2 = 4.289\,6$$

故 x_{t+3} 的 95%的置信区间为 $(\hat{x}_t(3) - 1.96\sqrt{\mathrm{Var}[e(3)]}, \hat{x}_t(3) + 1.96\sqrt{\mathrm{Var}[e(3)]})$，即（1.63，9.75）。

【例 5-6 续】对 1889—1970 年美国国民生产总值平减指数序列进行为期 10 年的预测。

```
# 进行 10 年期预测，输出预测结果
GNP_fore=GNP_fit.get_forecast(10)
GNP_fore.summary_frame()
```

GNP	mean	mean_se	mean_ci_lower	mean_ci_upper
1971	139.352763	2.487933	134.476504	144.229022
1972	141.984991	4.415403	133.330960	150.639022
1973	143.955008	6.085926	132.026812	155.883203
1974	145.616320	7.533661	130.850616	160.382024
1975	147.133724	8.805161	129.875925	164.391523
1976	148.584041	9.940221	129.101567	168.066516
1977	150.003085	10.969107	128.504029	171.502141
1978	151.407550	11.914076	128.056390	174.758710
1979	152.805218	12.791432	127.734472	177.875965
1980	154.199719	13.613242	127.518255	180.881183

```
# 绘制拟合与预测效果图（见图 5-15）
fig,ax = plt.subplots()
fig=file14.GNP.plot(marker=".",linestyle="none")
fig = plot_predict(GNP_fit,start="1890",end="1980",ax=ax)
legend = ax.legend(loc="upper left")
```

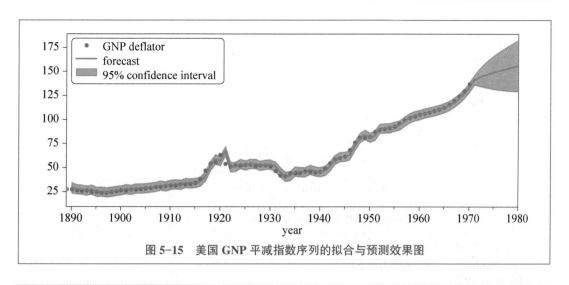

图 5-15　美国 GNP 平减指数序列的拟合与预测效果图

5.4　疏系数模型

ARIMA(p, d, q) 模型是指 d 阶差分后自相关最高阶数为 p、移动平均最高阶数为 q 的模型，它通常包含 $p + q$ 个独立的未知系数：ϕ_1，$\cdots$，ϕ_p，θ_1，$\cdots$，θ_q。

如果该模型中有部分自相关系数 ϕ_j（$1 \leqslant j < p$）或部分移动平均系数 θ_k（$1 \leqslant k < q$）为零，即原 ARIMA(p, d, q) 模型中有部分系数缺省了，那么该模型称为疏系数模型。

如果只是自相关部分有缺省系数，那么该疏系数模型可以简记为：

ARIMA$((p_1, \cdots, p_m), d, q)$

式中，p_1，$\cdots$，p_m 为非零自相关系数的阶数。

如果只是移动平均部分有缺省系数，那么该疏系数模型可以简记为：

ARIMA$(p, d, (q_1, \cdots, q_n))$

式中，q_1，$\cdots$，q_n 为非零移动平均系数的阶数。

如果自相关和移动平均部分都有缺省，可以简记为：

ARIMA$((p_1, \cdots, p_m), d, (q_1, \cdots, q_n))$

在实际操作中，疏系数模型时有应用。

【例 5-8】对 1917—1975 年美国 23 岁妇女每万人生育率序列建模（数据见表 A1-15）。

```
# 读入数据文件，绘制时序图（见图 5-16）
file15=pd.read_excel('D:\\Ts_Data\\A1_15.xlsx',parse_dates=True,index_col=0)
file15=file15.to_period()
file15.plot()
```

图 5-16　美国 23 岁妇女每万人生育率序列的时序图

```
# 1 阶差分后绘制时序图（见图 5-17）
diff_fertility=file15.fertility.diff().dropna()
diff_fertility.plot()
```

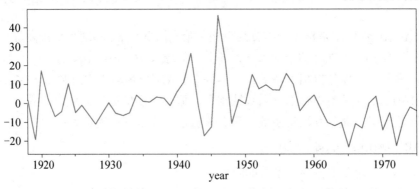

图 5-17　美国 23 岁妇女每万人生育率 1 阶差分序列的时序图

```
#考察 1 阶差分序列的自相关图和偏自相关图（见图 5-18）
fig,axes = plt.subplots(1,2)
fig =plot_acf(diff_fertility,zero=False,title="ACF",lags=20,ax=axes[0])
fig =plot_pacf(diff_fertility,zero=False,title="PACF",lags=20,ax=axes[1])
```

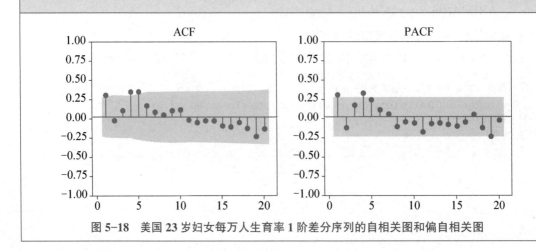

图 5-18　美国 23 岁妇女每万人生育率 1 阶差分序列的自相关图和偏自相关图

```
# 拟合疏系数模型 ARIMA(0,1,(1,4,5))
ma=[1,0,0,1,1]      #指定 MA 部分的疏系数结构
mod1 = SARIMAX(file15.fertility,order=(0,1,ma))
res1 = mod1.fit()
res1.summary()
```

SARIMAX Results

Dep. Variable:	fertility	No. Observations:	59
Model:	SARIMAX(0, 1, [1, 4, 5])	Log Likelihood	-219.645
Date:	Fri, 02 Jun 2023	AIC	447.291
Time:	17:32:54	BIC	455.533
Sample:	12-31-1917	HQIC	450.501
	- 12-31-1975		
Covariance Type:	opg		

	coef	std err	z	P>|z|	[0.025	0.975]
ma.L1	0.1709	0.135	1.267	0.205	-0.093	0.435
ma.L4	0.4355	0.133	3.272	0.001	0.175	0.696
ma.L5	0.4344	0.166	2.612	0.009	0.108	0.760
sigma2	110.2582	20.129	5.478	0.000	70.807	149.710

Ljung-Box (L1) (Q):	0.02	Jarque-Bera (JB):	8.69
Prob(Q):	0.90	Prob(JB):	0.01
Heteroskedasticity (H):	1.15	Skew:	0.66
Prob(H) (two-sided):	0.77	Kurtosis:	4.37

```
# 疏系数模型 ARIMA(0,1,(1,4,5))的显著性检验（见图 5-19）
fig =LB_plot(res1,20)
```

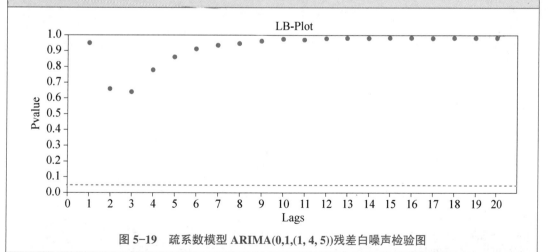

图 5-19 疏系数模型 ARIMA(0,1,(1, 4, 5))残差白噪声检验图

```
#拟合疏系数模型 ARIMA((1,4),1,0)
ar=[1,0,0,1]      #指定 AR 部分的疏系数结构
```

```
mod2 = SARIMAX(file15.fertility,order=(ar,1,0))
res2 = mod2.fit()
res2.summary()
```

Dep. Variable:	fertility	No. Observations:	59
Model:	SARIMAX([1, 4], 1, 0)	Log Likelihood	-221.004
Date:	Fri, 02 Jun 2023	AIC	448.008
Time:	17:40:36	BIC	454.190
Sample:	12-31-1917	HQIC	450.416
	- 12-31-1975		
Covariance Type:	opg		

	coef	std err	z	P>|z|	[0.025	0.975]
ar.L1	0.2583	0.125	2.066	0.039	0.013	0.503
ar.L4	0.3408	0.103	3.297	0.001	0.138	0.543
sigma2	118.1841	19.092	6.190	0.000	80.765	155.603

Ljung-Box (L1) (Q):	0.04	Jarque-Bera (JB):	21.61
Prob(Q):	0.84	Prob(JB):	0.00
Heteroskedasticity (H):	1.33	Skew:	0.80
Prob(H) (two-sided):	0.55	Kurtosis:	5.53

```
# 疏系数模型 ARIMA((1,4),1,0)的显著性检验（见图 5-20）
fig =LB_plot(res2,20)
```

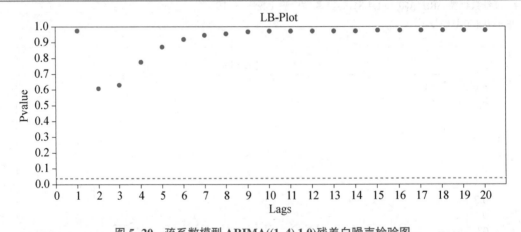

图 5-20　疏系数模型 ARIMA((1, 4),1,0)残差白噪声检验图

```
#5 期预测值
fore=res2.get_forecast(5)
fore.summary_frame()
```

fertility	mean	mean_se	mean_ci_lower	mean_ci_upper
1976	109.064839	10.516831	88.452230	129.677448
1977	102.686186	17.520987	68.345683	137.026688
1978	99.573022	23.179819	54.141411	145.004632
1979	96.950230	27.919636	42.228750	151.671710
1980	92.957323	33.867315	26.578605	159.336041

```
# 拟合与预测效果图（见图 5-21）
fig,ax = plt.subplots()
fig=file15.fertility.plot(marker=".",linestyle="none")
fig = plot_predict(res2,start="1925",end="1980",ax=ax)
legend = ax.legend(loc="upper left")
```

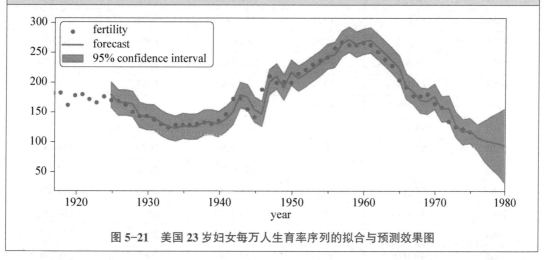

图 5-21　美国 23 岁妇女每万人生育率序列的拟合与预测效果图

由时序图（见图 5-16）可知，序列有显著趋势，呈现典型非平稳特征。1 阶差分序列的时序图（见图 5-17）以及 ADF 检验都显示 1 阶差分序列平稳。白噪声检验显示 1 阶差分序列为平稳非白噪声序列。

考察 1 阶差分序列的自相关图和偏自相关图（见图 5-18）。自相关图显示 5 阶截尾，但第 2 和第 3 阶在 95%的置信区间内，不能视为显著非零。偏自相关图显示 4 阶截尾，同样，第 2 和第 3 阶不能视为显著非零。

基于自相关图，可以考虑拟合疏系数模型 ARIMA(0,1,(1,4,5))。

基于偏自相关图，可以考虑拟合疏系数模型 ARIMA((1,4),1,0)。

分别拟合上述两个疏系数模型。这两个疏系数模型都通过了模型的显著性检验和参数的显著性检验。比较它们的信息量，第二个模型的 BIC 信息量和 HQ 信息量都小于第一个模型。所以这两个模型相比，第二个模型（ARIMA((1,4),1,0)）相对更优。

ARIMA((1,4),1,0)模型的口径为：

$$x_t = 0.258\,3x_{t-1} + 0.340\,8x_{t-4} + \varepsilon_t, \varepsilon_t \sim N(0,118.184)$$

最后基于 ARIMA((1,4),1,0)模型进行 5 期预测，并绘制了拟合与预测效果图。

5.5 习　题

1. 我国 1949—2008 年每年铁路货运量数据如表 5-1 所示。

表 5-1　　　　　　　　　　　　　　　　　　　　单位：万吨

年份	铁路货运量	年份	铁路货运量	年份	铁路货运量
1949	5 589	1969	53 120	1989	151 489
1950	9 983	1970	68 132	1990	150 681
1951	11 083	1971	76 471	1991	152 893
1952	13 217	1972	80 873	1992	157 627
1953	16 131	1973	83 111	1993	162 794
1954	19 288	1974	78 772	1994	163 216
1955	19 376	1975	88 955	1995	165 982
1956	24 605	1976	84 066	1996	171 024
1957	27 421	1977	95 309	1997	172 149
1958	38 109	1978	110 119	1998	164 309
1959	54 410	1979	111 893	1999	167 554
1960	67 219	1980	111 279	2000	178 581
1961	44 988	1981	107 673	2001	193 189
1962	35 261	1982	113 495	2002	204 956
1963	36 418	1983	118 784	2003	224 248
1964	41 786	1984	124 074	2004	249 017
1965	49 100	1985	130 709	2005	269 296
1966	54 951	1986	135 635	2006	288 224
1967	43 089	1987	140 653	2007	314 237
1968	42 095	1988	144 948	2008	330 354

请选择适当的模型拟合该序列，并预测 2009—2013 年我国铁路货运量。

2. 1750—1849 年瑞典人口出生率数据如表 5-2 所示。

表 5-2

年份	出生率（%）	年份	出生率（%）	年份	出生率（%）	年份	出生率（%）
1750	9	1757	2	1764	7	1771	4
1751	12	1758	0	1765	5	1772	−9
1752	8	1759	7	1766	8	1773	−27
1753	12	1760	10	1767	9	1774	12
1754	10	1761	9	1768	5	1775	10
1755	10	1762	4	1769	5	1776	10
1756	8	1763	1	1770	6	1777	8

续表

年份	出生率（%）	年份	出生率（%）	年份	出生率（%）	年份	出生率（%）
1778	8	1796	9	1814	6	1832	7
1779	9	1797	10	1815	1	1833	12
1780	14	1798	9	1816	13	1834	8
1781	7	1799	5	1817	10	1835	14
1782	4	1800	4	1818	10	1836	11
1783	1	1801	3	1819	6	1837	5
1784	1	1802	7	1820	9	1838	5
1785	2	1803	7	1821	10	1839	5
1786	6	1804	6	1822	13	1840	10
1787	7	1805	8	1823	16	1841	11
1788	7	1806	3	1824	14	1842	11
1789	−2	1807	4	1825	16	1843	9
1790	−1	1808	−5	1826	12	1844	12
1791	7	1809	−14	1827	8	1845	13
1792	12	1810	1	1828	7	1846	8
1793	10	1811	6	1829	6	1847	6
1794	10	1812	3	1830	9	1848	10
1795	4	1813	2	1831	4	1849	13

请选择适当的模型拟合该序列的发展。

3. 1867—1938 年英国的绵羊数量如表 5-3 所示（行数据）。

表 5-3　　　　　　　　　　　　　　　　　　　　　单位：千只

2 203	2 360	2 254	2 165	2 024	2 078	2 214	2 292	2 207	2 119	2 119	2 137
2 132	1 955	1 785	1 747	1 818	1 909	1 958	1 892	1 919	1 853	1 868	1 991
2 111	2 119	1 991	1 859	1 856	1 924	1 892	1 916	1 968	1 928	1 898	1 850
1 841	1 824	1 823	1 843	1 880	1 968	2 029	1 996	1 933	1 805	1 713	1 726
1 752	1 795	1 717	1 648	1 512	1 338	1 383	1 344	1 384	1 484	1 597	1 686
1 707	1 640	1 611	1 632	1 775	1 850	1 809	1 653	1 648	1 665	1 627	1 791

（1）确定该序列的平稳性。

（2）选择适当的模型拟合该序列的发展。

（3）利用拟合模型预测 1939—1945 年英国绵羊的数量。

4. 我国 1980—2017 年人口出生率、死亡率和自然增长率数据如表 5-4 所示。

表 5-4

年份	出生率 (‰)	死亡率 (‰)	自然增长率 (‰)	年份	出生率 (‰)	死亡率 (‰)	自然增长率 (‰)
1980	18.21	6.34	11.87	1999	14.64	6.46	8.18
1981	20.91	6.36	14.55	2000	14.03	6.45	7.58
1982	22.28	6.60	15.68	2001	13.38	6.43	6.95
1983	20.19	6.90	13.29	2002	12.86	6.41	6.45
1984	19.90	6.82	13.08	2003	12.41	6.40	6.01
1985	21.04	6.78	14.26	2004	12.29	6.42	5.87
1986	22.43	6.86	15.57	2005	12.40	6.51	5.89
1987	23.33	6.72	16.61	2006	12.09	6.81	5.28
1988	22.37	6.64	15.73	2007	12.10	6.93	5.17
1989	21.58	6.54	15.04	2008	12.14	7.06	5.08
1990	21.06	6.67	14.39	2009	11.95	7.08	4.87
1991	19.68	6.70	12.98	2010	11.90	7.11	4.79
1992	18.24	6.64	11.60	2011	11.93	7.14	4.79
1993	18.09	6.64	11.45	2012	12.10	7.15	4.95
1994	17.70	6.49	11.21	2013	12.08	7.16	4.92
1995	17.12	6.57	10.55	2014	12.37	7.16	5.21
1996	16.98	6.56	10.42	2015	12.07	7.11	4.96
1997	16.57	6.51	10.06	2016	12.95	7.09	5.86
1998	15.64	6.50	9.14	2017	12.45	7.11	5.32

（1）分析我国人口出生率、死亡率和自然增长率序列的平稳性。

（2）对非平稳序列选择适当的差分方式实现差分后平稳。

（3）选择适当的模型拟合我国人口出生率的变化，并预测未来 10 年的人口出生率。

（4）选择适当的模型拟合我国人口死亡率的变化，并预测未来 10 年的人口死亡率。

（5）选择适当的模型拟合我国人口自然增长率的变化，并预测未来 10 年的人口自然增长率。

5. 某农场 1867—1947 年玉米和生猪的销售价格、产量及农场工人平均工资如表 5-5 所示。

表 5-5

年份	玉米价格	玉米产量	工人工资	生猪价格	生猪产量
1867	6.850 13	6.802 39	6.577 86	6.232 45	6.287 86
1868	6.734 59	6.871 09	6.573 68	6.496 78	6.257 67
1869	6.814 54	6.794 59	6.584 79	6.621 41	6.240 28
1870	6.643 79	6.957 5	6.595 78	6.605 3	6.270 99

续表

年份	玉米价格	玉米产量	工人工资	生猪价格	生猪产量
1871	6.576 47	6.963 19	6.606 65	6.393 59	6.336 83
1872	6.452 05	7.009 41	6.617 4	6.320 77	6.386 88
1873	6.599 87	6.910 75	6.628 04	6.386 88	6.396 93
1874	6.754 6	6.932 45	6.617 4	6.502 79	6.369 9
1875	6.511 75	7.057 04	6.606 65	6.654 15	6.317 16
1876	6.411 82	7.064 76	6.595 78	6.625 39	6.315 36
1877	6.403 57	7.074 12	6.612 04	6.535 24	6.388 56
1878	6.124 68	7.085 06	6.628 04	6.210 6	6.456 77
1879	6.416 73	7.126 09	6.656 73	6.466 14	6.463 03
1880	6.464 59	7.116 39	6.683 36	6.523 56	6.472 35
1881	6.744 06	6.998 51	6.683 36	6.656 73	6.452 05
1882	6.597 15	7.126 09	6.683 36	6.720 22	6.444 13
1883	6.510 26	7.104 97	6.683 36	6.621 41	6.458 34
1884	6.386 88	7.161 62	6.685 86	6.556 78	6.495 27
1885	6.326 15	7.180 07	6.688 35	6.450 47	6.514 71
1886	6.403 57	7.131 7	6.692 08	6.496 78	6.489 2
1887	6.519 15	7.094 23	6.692 08	6.563 86	6.444 13
1888	6.347 39	7.209 34	6.692 08	6.637 26	6.437 75
1889	6.194 41	7.215 97	6.697 03	6.523 56	6.473 89
1890	6.616 07	7.104 97	6.700 73	6.440 95	6.525 03
1891	6.478 51	7.221 11	6.697 03	6.502 79	6.516 19
1892	6.469 25	7.153 05	6.692 08	6.689 6	6.484 64
1893	6.411 82	7.153 83	6.647 69	6.661 85	6.461 47
1894	6.558 2	7.096 72	6.647 69	6.561 03	6.504 29
1895	6.115 89	7.247 08	6.659 29	6.481 58	6.519 15
1896	5.945 42	7.263 33	6.670 77	6.459 9	6.539 59
1897	6.144 19	7.214 5	6.683 36	6.510 26	6.565 27
1898	6.226 54	7.223 3	6.709 3	6.505 78	6.588 93
1899	6.263 4	7.260 52	6.726 23	6.591 67	6.568 08
1900	6.388 56	7.261 93	6.742 88	6.664 41	6.562 44
1901	6.720 22	7.118 02	6.760 41	6.735 78	6.558 2
1902	6.483 11	7.274 48	6.784 46	6.786 72	6.522 09
1903	6.511 75	7.244 94	6.809 04	6.664 41	6.525 03
1904	6.538 14	7.264 73	6.833 03	6.646 39	6.569 48
1905	6.492 24	7.293 02	6.855 41	6.663 13	6.587 55
1906	6.466 14	7.301 15	6.866 93	6.776 51	6.591 67
1907	6.625 39	7.256 3	6.878 33	6.655 44	6.622 74

续表

年份	玉米价格	玉米产量	工人工资	生猪价格	生猪产量
1908	6.700 73	7.250 64	6.889 59	6.697 03	6.641 18
1909	6.672 03	7.256 3	6.894 67	6.863 8	6.579 25
1910	6.568 08	7.282 76	6.898 71	6.877 3	6.525 03
1911	6.722 63	7.239 93	6.911 75	6.805 72	6.610 7
1912	6.609 35	7.292 34	6.920 67	6.902 74	6.610 7
1913	6.741 7	7.213 03	6.911 75	6.929 52	6.593 04
1914	6.745 24	7.245 66	6.920 67	6.905 75	6.583 41
1915	6.721 43	7.280 7	6.959 4	6.833 03	6.624 07
1916	6.962 24	7.233 46	7.046 65	6.978 21	6.661 85
1917	7.058 76	7.288 93	7.129 3	7.165 49	6.633 32
1918	7.074 96	7.235 62	7.182 35	7.204 89	6.683 36
1919	7.073 27	7.264 03	7.232 73	7.170 89	6.694 56
1920	6.690 84	7.304 52	7.081 71	7.033 51	6.658 01
1921	6.570 88	7.290 97	7.072 42	6.931 47	6.646 39
1922	6.762 73	7.266 83	7.113 14	6.993 93	6.655 44
1923	6.814 54	7.285 51	7.121 25	6.920 67	6.734 59
1924	6.934 4	7.205 64	7.127 69	7.020 19	6.712 96
1925	6.740 52	7.277 25	7.133 3	7.085 9	6.614 73
1926	6.767 34	7.248 5	7.133 3	7.118 83	6.575 08
1927	6.833 03	7.257	7.133 3	7.021 08	6.612 04
1928	6.828 71	7.262 63	7.134 89	7.013 92	6.673 3
1929	6.805 72	7.244 94	7.109 06	7.029 09	6.647 69
1930	6.655 44	7.183 87	7.015 71	6.961 3	6.614 73
1931	6.228 51	7.252 05	6.889 59	6.668 23	6.605 3
1932	6.214 61	7.290 97	6.834 11	6.436 15	6.650 28
1933	6.573 68	7.229 84	6.885 51	6.416 73	6.675 82
1934	6.814 54	7.057 04	6.920 67	6.684 61	6.643 79
1935	6.704 41	7.216 71	6.951 77	7.006 7	6.383 51
1936	6.926 58	7.071 57	7.003 07	6.980 08	6.450 47
1937	6.570 88	7.259 82	7.000 33	6.958 45	6.452 05
1938	6.532 33	7.248 5	6.993 93	6.954 64	6.475 43
1939	6.625 39	7.252 76	7.003 07	6.792 34	6.549 65
1940	6.673 3	7.237 06	7.080 03	6.825 46	6.666 96
1941	6.775 37	7.261 23	7.172 42	7.084 23	6.599 87
1942	6.869 01	7.304 52	7.259 82	7.209 34	6.661 85
1943	6.956 55	7.294 38	7.311 89	7.125 28	6.767 34
1944	6.944 09	7.306 53	7.342 13	7.180 83	6.827 63

续表

年份	玉米价格	玉米产量	工人工资	生猪价格	生猪产量
1945	7.006 7	7.284 82	7.366 45	7.229 84	6.651 57
1946	7.084 23	7.317 88	7.382 12	7.349 87	6.668 23
1947	7.195 94	7.224 02	7.395 72	7.397 56	6.625 39

（1）分析这几个序列的平稳性。

（2）对非平稳序列找到适当的差分阶数实现差分后平稳。

（3）选择适当的模型拟合这几个序列的发展，并进行 10 年期序列预测。

（4）绘制拟合与预测效果图。

第6章　有季节效应的非平稳序列分析

很多时间序列带有季节效应，呈现出周期性波动规律。统计学家从 100 多年前就开始研究序列中季节性、周期性信息的提取方法。目前，有季节效应的序列的分析方法主要分为两大类。

一类是基于因素分解方法产生的。这类方法主要是从序列外部考察有哪些确定性因素会影响序列的波动，查看序列有没有明显的趋势特征、周期特征或季节性特征，将序列按照这几个固定的特征进行因素分解。本章要介绍的 X11 模型以及 Holt-Winters 三参数指数平滑法都属于这类方法。

另一类是基于 ARIMA 方法产生的。这类方法是深入序列内部去寻找序列值之间的相关关系，借助自相关系数、偏自相关系数等统计量的特征，进行序列相关信息的提取。本章要介绍的 ARIMA 加法模型以及 ARIMA 乘法模型都属于这类方法。

6.1　因素分解理论

1919 年统计学家沃伦·珀森斯（Warren Persons）在他的论文《商业环境的指标》（Indice of Business Conditions）中，首次提出了时间序列分解（time series decomposition）思想。之后，该方法广泛应用于宏观经济领域时间序列的分析和预测。

珀森斯认为尽管不同经济变量的波动特征千变万化，因果关系的影响错综复杂，但所有的序列波动都可以归纳为受到如下四个因素的综合影响：

（1）长期趋势（trend）。序列呈现出明显的长期递增或递减的变化规律。

（2）循环波动（circle）。序列呈现出从低到高，再从高到低的反复循环波动。循环周期可长可短，不一定是固定的。循环波动通常在经济学中作为经济景气周期的指标。

（3）季节效应（season）。序列呈现出和季节变化相关的稳定的周期性波动，后来季节性变化的周期拓展到任意稳定周期。

（4）随机波动（irrelevance）。除了长期趋势、循环波动和季节性变化之外，其他不能用确定性因素解释的序列波动都属于随机波动。

统计学家假定序列会受到这四个因素中全部或部分因素的影响，从而呈现出不同的波动特征。换言之，任何一个时间序列都可以用这四个因素的某个函数进行拟合：

$$x_t = f\left(T_t, C_t, S_t, I_t\right)$$

最常用的两个函数是加法函数和乘法函数，相应的因素分解模型分别称为加法模型和乘法模型。

加法模型：$x_t=T_t+C_t+S_t+I_t$。

乘法模型：$x_t=T_t\times C_t\times S_t\times I_t$。

确定性因素分解方法在经济领域、商业领域和社会领域有广泛的应用。但是几十年来，人们从大量的使用经验中也发现了一些问题。

一是如果观察时期不够长，那么循环因素和趋势因素的影响很难准确区分。很多经济或社会现象确实有"上行—峰顶—下行—谷底"周而复始的循环周期，但是这个周期通常很长，而且周期长度不固定。比如，前面提到的太阳黑子序列就有 9～13 年长度不等的周期。在经济领域更是如此。1913 年美国经济学家韦斯利·米切尔出版了《经济周期》一书，他提出经济周期的持续时间从超过 1 年到 10 年或 12 年不等，它们会重复发生，但不定期。后来不同的经济学家研究了不同的经济问题，一再证明了经济周期的存在和周期的不确定，比如基钦周期（平均周期长度为 40 个月左右）、朱格拉周期（平均周期长度为 10 年左右）、库兹涅茨周期（平均周期长度为 20 年左右）、康德拉捷夫周期（平均周期长度为 53.3 年）。如果观察值序列不够长，没有包含几个循环周期，那么周期的一部分会和趋势重合，无法准确完整地提取循环因素的影响。

二是有些社会现象和经济现象显示某些特殊日期是很显著的影响因素，但是在传统因素分解模型中没有被纳入研究。比如研究股票交易序列，成交量、开盘价、收盘价明显会受到交易日的影响，同一只股票每周一和每周五的波动情况可能有显著的不同。超市销售情况受特殊日期的影响更明显，工作日、周末、重大节假日的销售特征相差很大。春节、端午节、中秋节、儿童节、圣诞节等节日对零售业、旅游业、运输业等多个行业都有显著影响。

近年来，针对这两个问题，人们对确定性因素分解模型做了改进。如果观察时期不够长，人们将循环因素（circle）改为特殊交易日因素（day）。新的四大因素为长期趋势（T）、季节效应（S）、交易日因素（D）和随机波动（I），即

$$x_t = f(T_t, S_t, D_t, I_t)$$

常用的因素分解模型在加法模型和乘法模型的基础上，增加了伪加法模型和对数加法模型。

加法模型：$x_t=T_t+S_t+D_t+I_t$。

乘法模型：$x_t=T_t\times S_t\times D_t\times I_t$。

伪加法模型：$x_t=T_t\times(S_t+D_t+I_t)$。

对数加法模型：$\ln x_t=\ln T_t+\ln S_t+\ln D_t+\ln I_t$。

我们基于因素分解的思想进行确定性时序分析的目的主要包括以下两个方面：

一是克服其他因素的干扰，单纯测度出某个确定性因素（诸如季节、趋势、交易日）对序列的影响。6.2 节介绍的 X11 季节调整模型就是最常用的因素分解模型。

二是根据序列呈现的确定性特征选择适当的方法对序列进行综合预测。6.3 节介绍的指数平滑预测模型就是基于因素分解思想衍生出来的。

6.2　因素分解模型

6.2.1　因素分解模型的选择

【例 6-1】考察 1981—1990 年澳大利亚政府季度消费支出序列的确定性影响因素，并选择因素分解模型（数据见表 A1-16）。

```
# 导入数据分析三件套
import numpy as np
import pandas as pd
import matplotlib.pyplot as plt

#导入数据文件，并绘制时序图（见图 6-1）
file16=pd.read_excel('D:\\Ts_Data\\A1_16.xlsx',parse_dates=True,index_col=0)
file16=file16.to_period()
file16.plot()
```

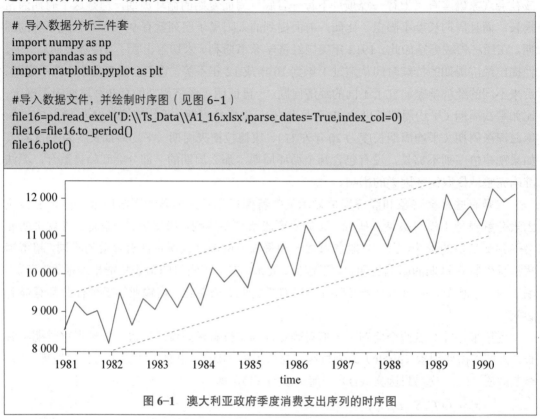

图 6-1　澳大利亚政府季度消费支出序列的时序图

从图 6-1 中可以看到，该序列具有明显的线性递增趋势以及以年为周期的季节效应，没有看到明显的经济周期循环特征，也没有交易日的信息，所以可以确定这个序列受到三个因素的影响：长期趋势、季节效应和随机波动。

这三个因素是怎样相互影响的？也就是说，我们要选择加法模型还是乘法模型？图 6-1 显示，随着趋势的递增，每个季节的振幅维持相对稳定（如图 6-1 中的虚线所示，周期波动范围近似平行），这说明季节效应没有受到趋势的影响，这时通常选择加法模型：

$$x_t = T_t + S_t + I_t$$

【例 6-2】考察 1993—2000 年中国社会消费品零售总额序列的确定性影响因素，并选择因素分解模型（数据见表 A1-17）。

```
#导入数据文件，并绘制时序图（见图 6-2）
file17=pd.read_excel('D:\\Ts_Data\\A1_17.xlsx',parse_dates=True,index_col=0)
file17=file17.to_period()
```

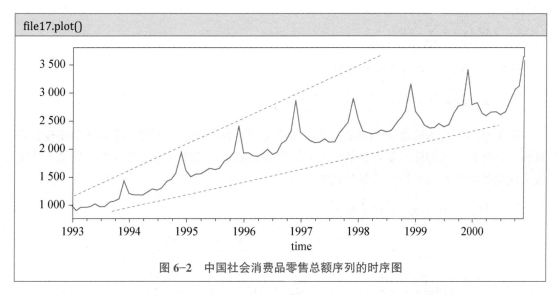

图 6-2　中国社会消费品零售总额序列的时序图

从图 6-2 中可以看到，该序列具有明显的线性递增趋势以及以年为周期的季节效应，没有看到明显的经济周期循环特征，也没有交易日的信息，所以可以确定这个序列也受到三个因素的影响：长期趋势、季节效应和随机波动。

同时，图 6-2 显示出随着趋势的递增，每个季节的振幅也在增大（如图 6-2 中的虚线所示，周期波动范围随着趋势递增而扩大，呈现喇叭形），这说明季节效应受到趋势的影响，这时通常选择乘法模型：

$$x_t = T_t \times S_t \times I_t$$

6.2.2　趋势效应的提取

因素分解方法的重要任务之一就是将序列中蕴涵的信息，根据不同的影响因素进行分解。我们首先介绍如何克服其他因素的影响，只提取趋势效应信息。

趋势效应的提取方法有很多，比如构建序列与时间 t 的线性回归方程或曲线回归方程，或者构建序列与历史信息的自回归方程，但在因素分解场合，最常用的趋势效应提取方法是简单中心移动平均方法。

移动平均方法最早于 1870 年由法国数学家 De Forest 提出。移动平均的计算公式如下：

$$M(x_t) = \sum_{i=-k}^{f} \theta_i x_{t-i}, \ \forall k, f > 0$$

式中，$M(x_t)$ 为序列 x_t 的 $k+f+1$ 期移动平均函数；θ_i 为移动平均系数或移动平均算子。

对移动平均函数增加三个约束条件：1）时期对称；2）系数相等；3）系数和为 1。此时 $M(x_t)$ 称为 n 期简单中心移动平均。

如果移动平均的期数 n 为奇数，不妨假设 $n=2k+1$，那么 n 期简单中心移动平均记作 $M_n(x_t)$，计算公式为：

$$M_n(x_t) = \sum_{i=-k}^{k} \frac{x_{t-i}}{n}$$

比如，5 期简单中心移动平均为：

$$M_5(x_t) = \frac{x_{t-2} + x_{t-1} + x_t + x_{t+1} + x_{t+2}}{5}$$

如果移动平均的期数 n 为偶数，那么通常需要进行两次偶数期移动平均才能实现时期对称。两次移动平均称为复合移动平均，记作 $M_{P \times Q}(x_t)$。比如，采用 2×4 复合移动平均实现 4 期简单中心移动平均，计算公式如下：

$$M_{2 \times 4}(x_t) = \frac{1}{2}M_4(x_t) + \frac{1}{2}M_4(x_{t+1})$$

$$= \frac{1}{2}\left(\frac{x_{t-2} + x_{t-1} + x_t + x_{t+1}}{4}\right) + \frac{1}{2}\left(\frac{x_{t-1} + x_t + x_{t+1} + x_{t+2}}{4}\right)$$

$$= \frac{1}{8}x_{t-2} + \frac{1}{4}x_{t-1} + \frac{1}{4}x_t + \frac{1}{4}x_{t+1} + \frac{1}{8}x_{t+2}$$

简单中心移动平均方法尽管很简单，但是具有很多良好的属性。

（1）简单中心移动平均能够有效提取低阶趋势（一元一次线性趋势或一元二次抛物线趋势）。

如果序列 x_t 有线性趋势，即

$$x_t = a + bt + \varepsilon_t, \quad \varepsilon_t \sim N(0, \sigma^2)$$

那么它的 $2k+1$ 期中心移动平均函数为：

$$M(x_t) = \sum_{i=-k}^{k} \theta_i x_{t-i}$$

$$= \sum_{i=-k}^{k} \theta_i [a + b(t-i) + \varepsilon_{t-i}]$$

$$= a\sum_{i=-k}^{k} \theta_i + bt\sum_{i=-k}^{k} \theta_i - b\sum_{i=-k}^{k} i\theta_i + \sum_{i=-k}^{k} \theta_i \varepsilon_{t-i}$$

我们希望一个好的移动平均能尽量消除随机波动的影响，还能维持线性趋势不变，即

$$E[M(x_t)] = E(x_t)$$

$$\Rightarrow a\sum_{i=-k}^{k} \theta_i + bt\sum_{i=-k}^{k} \theta_i - b\sum_{i=-k}^{k} i\theta_i = a + bt$$

推导出移动平均系数要满足如下条件：

$$\begin{cases} \sum_{i=-k}^{k} \theta_i = 1 \\ \sum_{i=-k}^{k} i\theta_i = 0 \end{cases}$$

简单中心移动平均系数取值对称且系数总和为 1，必然满足上面两个约束条件，所以

简单中心移动平均函数能保持线性趋势不变。

同样可以证明，对于一元二次函数 $x_t = a + bt + ct^2 + \varepsilon_t (\varepsilon_t \sim N(0, \sigma^2))$，简单中心移动平均可以充分提取二阶趋势信息，例如

$$M(x_t) = \frac{1}{2k+1} \sum_{i=-k}^{k} x_{t-i}$$

$$= \frac{1}{2k+1} \sum_{i=-k}^{k} [a + b(t-i) + c(t-i)^2 + \varepsilon_{t-i}]$$

$$= a + bt + ct^2 + c\frac{k(k+1)}{3} + \frac{1}{2k+1} \sum_{i=-k}^{k} \varepsilon_{t-i}$$

但此时 $M(x_t)$ 不再是一元二次函数的无偏估计，即

$$E(\text{error}_t) = E[x_t - M(x_t)] = \frac{ck(k+1)}{3}$$

这说明简单中心移动平均可以非常完整地提取一元二次函数的趋势信息，但是拟合序列和原序列会有一个截距上的小偏差。

（2）简单中心移动平均能够实现拟合方差最小。

中心移动平均估计值的方差为：

$$\text{Var}\left[M(x_t)\right] = \text{Var}\left(\sum_{i=-k}^{k} \theta_i \varepsilon_{t-i}\right) = \sum_{i=-k}^{k} \theta_i^2 \sigma^2$$

要达到最优的修匀效果（拟合方差最小），实际上也就是要使得 $\sum_{i=-k}^{k} \theta_i^2$ 达到最小。在 $\sum_{i=-k}^{k} \theta_i = 1$ 且 $\sum_{i=-k}^{k} i\theta_i = 0$ 的约束下，$\theta_i = \frac{1}{2k+1}$ 能使 $\sum_{i=-k}^{k} \theta_i^2$ 达到最小，即简单中心移动平均能实现方差最小。

（3）简单中心移动平均能有效消除季节效应。对于有稳定季节周期的序列进行周期长度的简单中心移动平均可以消除季节效应。这一属性的证明需要用到季节指数的概念，我们将在后面介绍季节指数，所以这个属性将在后面证明。

因为简单中心移动平均具有这些良好的属性，所以只要选择适当的移动平均期数就能有效消除季节效应和随机波动的影响，有效提取序列的趋势信息。

【例 6-1 续（1）】使用简单中心移动平均方法提取 1981—1990 年澳大利亚政府季度消费支出序列的趋势效应（数据见表 A1-16）。

```
# 做 4 期简单中心移动平均
file16["m4"]=file16.x.rolling(4,center=True).mean().shift(-1)
# 做 2×4 复合移动平均
file16["m2_4"]=file16.m4.rolling(2,center=True).mean()
#显示原序列及移动平均计算结果
file16
```

time	x	m4	m2_4
1981Q1	8444	NaN	NaN
1981Q2	9215	8882.00	NaN
1981Q3	8879	8799.75	8840.875
1981Q4	8990	8860.25	8830.000
1982Q1	8115	8788.00	8824.125
1982Q2	9457	8864.00	8826.000
1982Q3	8590	9084.50	8974.250
1982Q4	9294	9113.75	9099.125
1983Q1	8997	9229.00	9171.375
1983Q2	9574	9336.50	9282.750
1983Q3	9051	9367.25	9351.875
1983Q4	9724	9509.50	9438.375
1984Q1	9120	9683.25	9596.375
1984Q2	10143	9770.75	9727.000
1984Q3	9746	9885.25	9828.000
1984Q4	10074	10053.75	9969.500
1985Q1	9578	10146.25	10100.000
1985Q2	10817	10322.50	10234.375
1985Q3	10116	10403.25	10362.875
1985Q4	10779	10515.50	10459.375
1986Q1	9901	10658.00	10586.750
1986Q2	11266	10703.50	10680.750
1986Q3	10686	10758.50	10731.000
1986Q4	10961	10775.25	10766.875
1987Q1	10121	10773.00	10774.125
1987Q2	11333	10864.00	10818.500
1987Q3	10677	11008.25	10936.125
1987Q4	11325	11081.00	11044.625
1988Q1	10698	11174.75	11127.875
1988Q2	11624	11191.75	11183.250
1988Q3	11052	11169.50	11180.625
1988Q4	11393	11282.75	11226.125
1989Q1	10609	11363.75	11323.250
1989Q2	12077	11459.75	11411.750
1989Q3	11376	11613.75	11536.750
1989Q4	11777	11652.25	11633.000
1990Q1	11225	11779.25	11715.750
1990Q2	12231	11862.25	11820.750
1990Q3	11884	NaN	NaN
1990Q4	12109	NaN	NaN

本例调用 pandas 库中的滚动计算函数 rolling( )，搭配均值函数 mean( )和移动函数 shift( )，得到序列的中心移动平均。相关的命令格式为：

rolling(x,window=,center=).mean().shift()

其中：

- x：需要做滚动计算的序列名。
- window：滚动计算的时期长度。
- center：滚动计算值放置的位置。

（1）如果 center=True，意味着滚动计算值放在中心位置上，如果中心位置不是整数，则向上取整。比如计算 4 期中心移动平均时，利用前 4 个数据（第 0～3 行）计算出来的值应该放置在 (0+3)/2=1.5 行的位置上，向上取整放在第 2 行。Python 的第 2 行就是第三个观察值的位置。

（2）如果 center=False，意味着滚动计算值放在最后一个观察值的位置上。比如计算 4 期中心移动平均时，利用前 4 个数据（第 0～3 行）计算出来的值应该放置在第 3 行，也就是第 4 个观察值的位置上。

- mean( )：做滚动均值计算。
- shift(k)：指定整个序列值向后平移 k 期。如果 k 为负数，就意味着向前平移 k 期。

本例中，因为 rolling 函数中心位置是向上取整，这使得偶数次复合移动平均放置的位置会比真实位置靠后 1 期。所以我们调用 pandas 库中的 shift( ) 函数，将移动平均值放置的位置向前移动一期。

```
# 绘制移动平均效果图（见图 6-3）
file16.x.plot(linestyle="--")
file16.m2_4.plot(color="red")
plt.legend(["x","m2_4"])
```

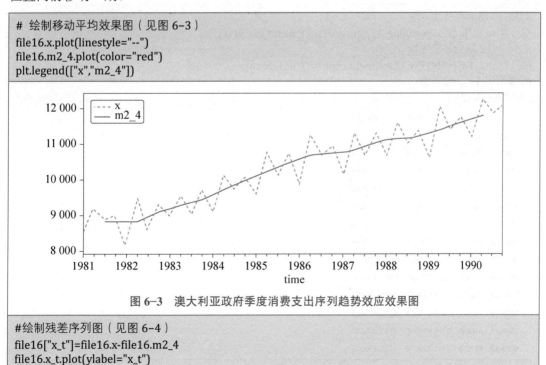

图 6-3　澳大利亚政府季度消费支出序列趋势效应效果图

```
#绘制残差序列图（见图 6-4）
file16["x_t"]=file16.x-file16.m2_4
file16.x_t.plot(ylabel="x_t")
```

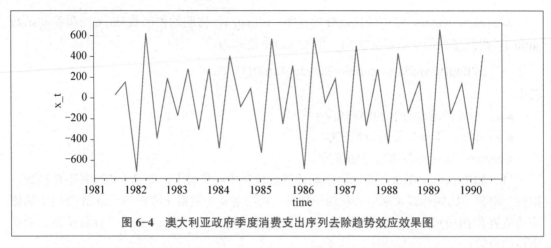

图 6-4 澳大利亚政府季度消费支出序列去除趋势效应效果图

该序列为季度数据序列，时序图（见图 6-1）显示序列有显著的季节效应，每年为一个周期，即周期长度为 4 期。所以首先对原序列进行 4 期简单中心移动平均 $M_4(x_t)$，再对 $M_4(x_t)$ 序列进行 2 期简单中心移动平均，得到 $M_{2×4}(x_t)$ 复合移动平均值。图 6-3 显示 $M_{2×4}(x_t)$ 能有效消除季节效应，提取出该序列的趋势信息。

假定该序列的因素分解模型为加法模型，现在用 $M_{2×4}(x_t)$ 提取趋势信息，那么用原序列减去趋势效应，剩下的就是季节效应和随机波动，原序列去除趋势效应的效果如图 6-4 所示。

【例 6-2 续（1）】使用简单中心移动平均方法提取 1993—2000 年中国社会消费品零售总额序列的趋势效应（数据见表 A1-17）。

```
# 做 12 期中心移动平均
file17["m12"]=file17.x.rolling(12,center=True).mean().shift(-1)
# 做 2×12 复合移动平均
file17["m2_12"]=file17.m12.rolling(2,center=True).mean()
# 查看前 12 期序列值
file17.head(12)
```

time	x	m12	m2_12
1993-01	977.5	NaN	NaN
1993-02	892.5	NaN	NaN
1993-03	942.3	NaN	NaN
1993-04	941.3	NaN	NaN
1993-05	962.2	NaN	NaN
1993-06	1005.7	1019.750000	NaN
1993-07	963.8	1037.641667	1028.695833
1993-08	959.8	1060.158333	1048.900000
1993-09	1023.3	1078.925000	1069.541667
1993-10	1051.1	1098.016667	1088.470833
1993-11	1102.0	1118.975000	1108.495833
1993-12	1415.5	1141.925000	1130.450000

```
# 绘制移动平均效果图（见图 6-5）
file17.x.plot(linestyle="--")
```

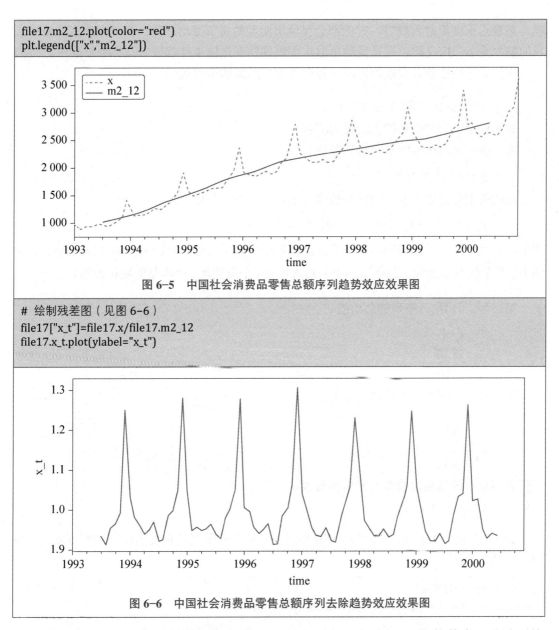

```
file17.m2_12.plot(color="red")
plt.legend(["x","m2_12"])
```

图 6-5　中国社会消费品零售总额序列趋势效应效果图

```
# 绘制残差图（见图 6-6）
file17["x_t"]=file17.x/file17.m2_12
file17.x_t.plot(ylabel="x_t")
```

图 6-6　中国社会消费品零售总额序列去除趋势效应效果图

该序列为月度数据，即周期长度等于 12。对原序列先进行 12 期简单中心移动平均 $M_{12}(x_t)$，再对 $M_{12}(x_t)$ 序列进行 2 期简单中心移动平均，得到 $M_{2×12}(x_t)$ 复合移动平均值。图 6-5 显示 $M_{2×12}(x_t)$ 能有效消除该序列的季节效应，提取该序列的趋势信息。

假定该序列的因素分解模型为乘法模型，现在用 $M_{2×12}(x_t)$ 提取趋势信息，那么用原序列除以趋势效应，剩下的就应该是季节效应和随机波动。原序列去除趋势效应后的效果如图 6-6 所示。

6.2.3　季节效应的提取

在日常生活中可以见到许多有季节效应的时间序列，比如四季的气温、月度商品零售额、某景点季度旅游人数等，它们都会呈现出明显的季节变动规律。在时间序列分析中，我们把"季节"广义化，凡是呈现出固定的周期性变化的事件都称它具有季节效应。

我们通过构造季节指数的方法，提取序列中蕴涵的季节效应。

一、加法模型中季节指数的构造

加法模型中季节指数的构造分为四步。

第一步：从原序列中消除趋势效应。

$$y_t = x_t - T_t = S_t + I_t$$

加法模型假定每个季节的序列值等于均值加上季节效应，即

$$y_{ij} = \bar{y} + S_j + I_{ij}, \ i = 1, 2, \cdots, k; \ j = 1, 2, \cdots, m$$

式中，y_{ij} 表示第 i 个周期的第 j 个季节已去除趋势的序列值；$\bar{y}$ 表示 $\{y\}$ 序列的均值；S_j 为第 j 个季节的季节指数，且 $\sum_j S_j = 0$；I_{ij} 表示第 i 个周期第 j 个季节的随机波动。

第二步：计算 $\{y\}$ 序列的总均值。

$$\bar{y} = \frac{\sum_{i=1}^{k} \sum_{j=1}^{m} y_{ij}}{km}$$

第三步：计算每个季节的均值 $\bar{y}_j$。

$$\bar{y}_j = \frac{\sum_{i=1}^{k} y_{ij}}{k}, \ j = 1, 2, \cdots, m$$

第四步：计算加法模型的季节指数 S_j。

$$S_j = \bar{y}_j - \bar{y}, \ j = 1, 2, \cdots, m$$

【例 6-1 续（2）】提取 1981—1990 年澳大利亚政府季度消费支出序列的季节效应（数据见表 A1-16）。

```
# 计算序列的季度均值
mean_season=file16.x_t.groupby(file16.index.quarter).mean()

# 计算序列的总均值
mean_all=file16.x_t.mean()

# 计算季节指数(加法模型季节指数=季节均值(季度均值)−总均值)
Index_season=mean_season.x_t-mean_all

# 输出季节指数(季度)
Index_season
```

```
time
1        -538.454861
2         505.156250
3        -173.315972
```

```
4              206.614583
Name:x_t,dtype:float64
```

```
# 绘制季节指数图（见图 6-7）
Index_season.plot(ylabel="季节指数",xlabel="季度",marker="o")
```

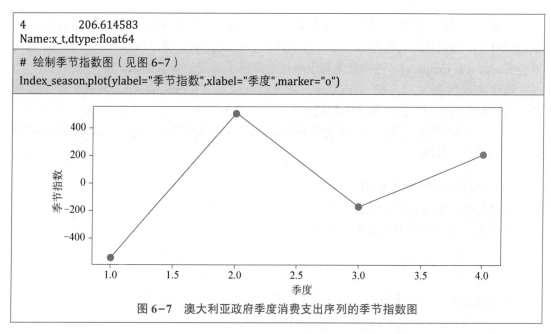

图 6-7　澳大利亚政府季度消费支出序列的季节指数图

　　从该序列的季节指数图（见图 6-7）可以清晰地看到，澳大利亚政府季度消费支出中每年第二季度最高，第一季度最低，消费支出从低到高排序是：第一季度<第三季度<第四季度<第二季度。不同季节之间季节指数的差值，就是季节效应造成的平均差异。

　　最后从原序列中剔除趋势效应和季节效应，剩下的就是随机波动了。本例随机波动的特征如图 6-8 所示。

```
# 将季节效应赋值给每个序列值
file16["Index_season"]=pd.Series(np.array([Index_season]*10).reshape(-1),
                                index=file16.index)
# 计算随机效应
file16["Irr"]=file16.x-file16.m2_4-file16.Index_season

# 绘制随机效应图
file16.Irr.plot(ylabel="Irr")
```

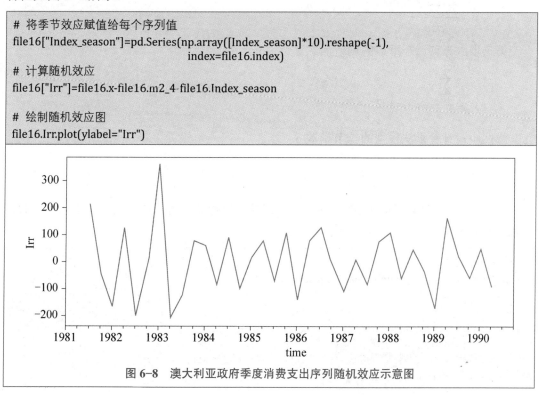

图 6-8　澳大利亚政府季度消费支出序列随机效应示意图

本例中，观察值序列一共有 10 年的数据，我们将季节指数复制 10 次 (np.array([Index_season]*10))，然后指定它们形成一个一维列向量 (reshape(-1))，再给每个季节指数打上时间索引 (index=file16.index)，这样就为每个序列值赋值了对应的季节指数。

对于加法模型，原序列（file16.x）减去趋势效应（file16.m2_4），再减去季节效应（file16.Index_season），就得到了随机效应。

随机效应示意图（见图 6-8）显示，通过多次不同期数的移动平均，可以提取序列中显著的趋势和季节效应。

二、乘法模型中季节指数的构造

乘法模型中季节指数的构造也分为四步。

第一步：从原序列中消除趋势效应。

$$y_t = \frac{x_t}{T_t} = S_t \times I_t$$

乘法模型假定每个季节的序列值等于均值乘以季节指数，即

$$y_{ij} = \bar{y} \times S_j \times I_{ij}, \ i = 1, 2, \cdots, k; \ j = 1, 2, \cdots, m$$

式中，y_{ij} 表示第 i 个周期的第 j 个季节已去除趋势的序列值；$\bar{y}$ 表示 $\{y\}$ 序列的均值；S_j 为第 j 个季节的季节指数；I_{ij} 表示随机波动。

第二步：计算 $\{y\}$ 序列的总均值。

$$\bar{y} = \frac{\sum\limits_{i=1}^{k}\sum\limits_{j=1}^{m} y_{ij}}{km}$$

第三步：计算每个季节的均值 $\bar{y}_j$。

$$\bar{y}_j = \frac{\sum\limits_{i=1}^{k} y_{ij}}{k}, \ j = 1, 2, \cdots, m$$

第四步：计算乘法模型的季节指数 S_j。

$$S_j = \frac{\bar{y}_j}{\bar{y}}, \ j = 1, 2, \cdots, m$$

【例 6-2 续（2）】提取 1993—2000 年中国社会消费品零售总额序列的季节效应（数据见表 A1-17）。

```
# 计算月度均值
mean_month=file17.x_t.groupby(file17.index.month).mean()

# 计算总均值
mean_all=file17.x_t.mean()

# 计算季节指数(乘法模型季节指数=季节均值(月度均值)/总均值)
Index_season=mean_month/mean_all
```

```
#输出季节指数(月度)
Index_season
```

```
time
1        1.043903
2        0.993944
3        0.959263
4        0.939764
5        0.943890
6        0.958880
7        0.928660
8        0.926081
9        0.981429
10       1.007497
11       1.047240
12       1.269449
Name: x_t, dtype:float64
```

```
# 绘制季节指数图（见图 6-9）
Index_season plot(ylabel="季节指数",xlabel="月度",marker="o")
```

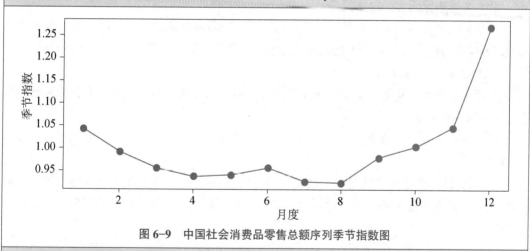

图 6-9　中国社会消费品零售总额序列季节指数图

```
# 将季节指数赋值给每个序列值
file17["Index_season"]=pd.Series(np.array([Index_season]*8).reshape(-1),
                                    index=file17.index)
```

```
#计算随机效应
file17["Irr"]=file17.x / file17.m2_12 / file17.Index_season
```

```
# 绘制随机效应图（见图 6-10）
file17.Irr.plot()
```

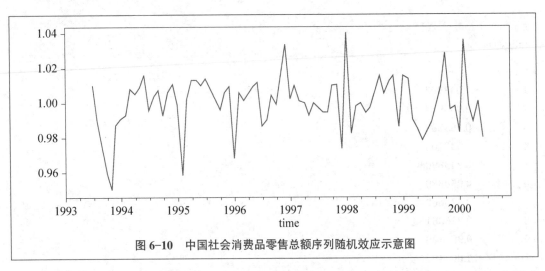

图 6-10　中国社会消费品零售总额序列随机效应示意图

本例首先从原序列中剔除趋势效应，赋值给变量 file17.x_t，然后基于 file17.x_t 分别求序列总均值 mean_all 和各月度均值 mean_month。在乘法模型中，季节均值除以总均值就得到了季节指数 S。从季节指数值或季节指数图（见图 6-9）中可以清晰看到，中国社会消费品零售总额序列具有上半年为淡季、下半年为旺季，而且越到年底销售越旺的特征。在 6 月份，由于换季的原因有一个小反弹。

通过不同季节之间季节指数的比值可以看出季节效应造成的差异。比如 1 月份季节指数为 1.04，2 月份季节指数为 0.99，这说明由于季节的差异，2 月份的平均销售额通常只有 1 月份的 95%左右（0.99/1.04=0.95）。

最后从原序列中剔除趋势效应和季节效应，剩下的就是随机波动了。本例随机波动的特征如图 6-10 所示。

有了季节指数的概念之后，很容易证明，为什么周期长度的简单中心移动平均可以消除季节波动了。

因为周期长度与序列长度相比通常很短，在短期内序列的季节效应与趋势效应之间的乘积效应是看不出来的，所以通常短期内都假定序列的季节效应与趋势效应之间是加法关系：

$$x_t = T_t + S_t + I_t$$

假设周期长度为 m 期，进行周期长度移动平均时，有

$$M_m(x_t) = \frac{\sum T_t}{m} + \frac{\sum S_t}{m} + \frac{\sum I_t}{m}$$

因为加法模型的季节指数之和等于 0，所以有

$$\frac{\sum S_t}{m} = 0$$

这说明 $M_m(x_t)$ 中不再含有季节效应，因此周期长度的简单中心移动平均可以消除季节波动。

6.2.4　X11 季节调节模型

X11 季节调节模型简称 X11 模型。它是第二次世界大战之后，美国人口普查局委托统计学家实施的基于计算机自动进行的时间序列因素分解方法。构造它的原因是很多序列通常具有明显的季节效应，季节性会掩盖序列发展的真正趋势，妨碍人们对长期趋势做出正确判断。因此在进行国情监测研究时，需要对序列进行因素分解，分别监测季节波动和趋势效应。

关于因素分解方法的原理与操作步骤，我们通过例 6-1 和例 6-2 的演示已经介绍过了。但是例 6-1 和例 6-2 是手工操作的，而且没有精度的要求。如何创造出一套适用于所有序列，自动化程度很高，而且精度很高的因素分解模型？统计学家为此进行了长期的改进工作。

1954 年，第一个基于计算机自动完成的因素分解程序测试版本面世，随后经过 10 多年的发展，计算方法不断完善，陆续推出了新的测试版本 X1，X2，…，X10。1965 年，统计学家 Shiskin，Young 和 Musgrave 共同研发并推出了新的测试版本 X11。X11 在传统的简单移动平均方法的基础上，创造性地引入两种移动平均方法以弥补简单移动平均方法的不足。它通过三种移动平均方法，进行三阶段的因素分解。大量的应用实践证明，对具有各种特征的序列，X11 模型都能进行精度很高的计算机程序化操作的因素分解。自此，X11 模型成为全球统计机构和商业机构进行因素分解时最常使用的模型。

X11 面世之后，各国统计学家依然致力于 X11 模型的持续改进。1975 年，加拿大统计局将 ARIMA 模型引入 X11 模型。借助 ARIMA 模型可以对序列进行向后预测来扩充数据，以保证拟合数据的完整性，这弥补了中心移动平均方法的缺陷。1998 年，美国人口普查局开发了 X12-ARIMA 模型。这次是将干预分析（我们将在第 7 章介绍干预分析）引入 X11 模型。它是在进行 X11 分析之前，将一些特殊因素作为干预变量引入研究。这些干预变量包括特殊节假日、固定季节因素、工作日因素、交易日因素、闰年因素以及研究人员自定义的任意自变量。应用时，先建立响应变量和干预变量回归模型，再对回归残差序列进行 X11 因素分解。2006 年，美国人口普查局再次推出更新版本 X13-ARIMA-Seats，它在 X12-ARIMA 的基础上增加了 Seats 季节调整方法。

由这个改进过程我们可以看到，尽管现在有很多因素分解模型的最新版本，但最重要的理论基础依然是 X11 模型。所以我们主要介绍 X11 模型的理论基础和操作流程。

除了简单移动平均方法，X11 模型中还加入了两种新的移动平均方法。

一、Henderson 加权移动平均

简单移动平均具有很多优良的属性，这使得它成为应用最广的一种移动平均方法，但它也有不足之处。在提取趋势信息时，它能很好地提取一次函数（线性趋势）和二次函数（抛物线趋势）的信息，但是对于二次以上的曲线，它对趋势信息的提取就不够充分了。

这说明简单移动平均对高阶多项式函数的拟合不够精确。为了解决这个问题，X11 模型引入了 Henderson 加权移动平均。

对于 Henderson 加权移动平均，在 $\sum\limits_{i=-k}^{k} \theta_i = 1$ 且 $\sum\limits_{i=-k}^{k} i\theta_i = 0$ 的约束下，使 $S^2 = \sum\limits_{i=-k}^{k} (\Delta^3 \theta_i)^2$ 达

到最小的 θ_i 即移动平均的加权系数。其中，S^2 等于移动平均系数的 3 阶差分的平方和，这等价于将某个三次多项式作为光滑度的一个指标，要求 S^2 达到最小，就是力求修匀值接近一条三次曲线。理论上也可以要求 S^2 逼近更高次数的多项式曲线，比如四次或五次，这时只需要调整 S^2 函数中的差分阶数，即 $S^2 = \sum_{i=-k}^{k} (\Delta^4 \theta_i)^2$ 或 $S^2 = \sum_{i=-k}^{k} (\Delta^5 \theta_i)^2$。但阶数越高，计算越复杂，所以使用最多的还是 3 阶差分光滑度要求。

目前人们已经计算出了 3 阶差分光滑度下使 S^2 达到最小的 5 期、7 期、9 期、13 期和 23 期的加权移动平均系数，如表 6-1 所示。

表 6-1　Henderson 加权移动平均系数

k	$\theta_k(\theta_{-k})$				
	5 期	7 期	9 期	13 期	23 期
0	0.559 44	0.412 59	0.331 14	0.240 06	0.144 06
1	0.293 71	0.293 71	0.266 56	0.214 34	0.138 32
2	−0.073 43	0.058 74	0.118 47	0.147 36	0.121 95
3		−0.058 74	−0.009 87	0.065 49	0.097 40
4			−0.040 72	0.000 00	0.068 30
5				−0.027 86	0.038 93
6				−0.019 35	0.013 43
7					−0.004 95
8					−0.014 53
9					−0.015 69
10					−0.010 92
11					−0.004 28

Henderson 加权移动平均的期数选择取决于序列的波动幅度。序列的波动幅度越大，选择的期数越大。

实践证明，对高阶曲线趋势，Henderson 加权移动平均通常也能取得精度很高的拟合效果。

二、Musgrave 非对称移动平均

简单移动平均加上 Henderson 加权移动平均可以很好地提取序列中蕴涵的线性或非线性趋势信息。但是它们都有一个明显的缺点：因为都是中心移动平均方法，所以头尾都会有拟合信息的缺损。如例 6-1 移动平均计算结果 file16 所示，进行 4 期移动平均时，头尾都缺失了 2 期序列拟合值。这是严重的信息损耗，尤其是最后几期的信息可能正是我们最关心的。1964 年，统计学家 Musgrave 针对这个问题，构造了 Musgrave 非对称移动平均方法，专门用来补齐最后缺损的序列拟合值。

Musgrave 非对称移动平均的构造思想是，已知一组中心移动平均系数，满足 $\sum_{i=-k}^{k} \theta_i = 1$、方差最小、光滑度最优等前提约束。现在需要寻找另一组非中心移动平均系数，也满足和

为 1 的约束 $\left(\sum\limits_{i=-(k-d)}^{k}\phi_i=1\right)$，且它的拟合值能无限接近中心移动平均的拟合值，即对中心移动平均现有估计值做出的修正最小：

$$\min\left\{E\left(\sum_{i=-k}^{k}\theta_i x_{t-i}-\sum_{i=-(k-d)}^{k}\phi_i x_{t-i}\right)\right\}^2,d\leqslant k$$

式中，d 为补充平滑的项数。

X11 模型就是基于简单移动平均、Henderson 加权移动平均和 Musgrave 非对称移动平均这三大类移动平均方法，使用多次移动平均反复迭代来进行因素分解。下面借助一个具体的例子，讲解 X11 模型的计算流程。

【例 6-2 续（3）】对 1993—2000 年中国社会消费品零售总额序列，基于 X11 模型进行因素分解（数据见表 A1-17）。

每个序列基于 X11 模型进行因素分解，都要经过如下三个阶段共 10 步的重复迭代过程，才能得到最终的高精度的因素分解结果。

迭代第一阶段：

第 1 步：进行 $M_{2\times12}$ 复合移动平均，剔除周期效应，得到趋势效应初始估计值。

$$T_t^{(1)}=M_{2\times12}(x_t)$$

第 2 步：从原序列 $\{x_t\}$ 中剔除趋势效应，得到季节和随机成分，不妨记作 $\left\{y_t^{(1)}\right\}$。

$$y_t^{(1)}=S_t^{(1)}\times I_t^{(1)}=\frac{x_t}{T_t^{(1)}}$$

第 3 步：计算季节指数 $\{S_t^{(1)}\}$：

$$S_t^{(1)}=\frac{\overline{y_t^{(1)}}}{\overline{\overline{y}}^{(1)}}$$

式中，$\overline{y}_t^{(1)}$ 为 $\left\{y_t^{(1)}\right\}$ 序列的季节均值，$\overline{\overline{y}}^{(1)}$ 为 $\left\{y_t^{(1)}\right\}$ 序列的总均值。

第 4 步：从原序列 $\{x_t\}$ 中剔除趋势和季节效应，得到随机成分，不妨记作 $\{I_t^{(1)}\}$。

$$I_t^{(1)}=\frac{x_t}{T_t^{(1)}S_t^{(1)}}$$

根据 $\{I_t^{(1)}\}$ 序列的均值和方差，对每个序列值产生异常值权重函数 $W_t^{(1)}$：

$$W_t^{(1)}=\frac{I_1^{(1)}-\hat{\mu}_1}{\hat{\sigma}_1}$$

式中，$\hat{\mu}_1$ 为 $\{I_t^{(1)}\}$ 的样本均值，$\hat{\sigma}_1$ 为 $\{I_t^{(1)}\}$ 的样本标准差。

原序列除以权重函数，就初步消除了异常值的影响，得到调整后序列 $\{x_t^{(2)}\}$：

$$x_t^{(2)}=\frac{x_t}{W_t^{(1)}}$$

迭代第二阶段：

第 5 步：基于 $\{x_t^{(2)}\}$ 序列，用 13 期 Henderson 加权移动平均，得出非线性趋势效应估计值：

$$T_2^{(2)} = H_{13}(x_t^{(2)})$$

第 6 步：从序列 $\{x_t^{(2)}\}$ 中剔除趋势效应，得到季节和随机成分，不妨记作 $\{y_t^{(2)}\}$。

$$y_t^{(2)} = S_t^{(2)} \times I_t^{(2)} = \frac{x_t^{(2)}}{T_t^{(2)}}$$

第 7 步：计算 $\{y_t^{(2)}\}$ 序列的季节指数 $S_t^{(2)}$：

$$S_t^{(2)} = \frac{\overline{y_t^{(2)}}}{\overline{\overline{y_t^{(2)}}}}$$

第 8 步：从序列 $\{x_t^{(2)}\}$ 中剔除非线性趋势和季节效应，得到随机成分，不妨记作 $\{I_t^{(2)}\}$。

$$I_t^{(2)} = \frac{x_t^{(2)}}{T_t^{(2)} S_t^{(2)}}$$

根据 $\{I_t^{(2)}\}$ 序列的均值和方差，产生第二次迭代的权重函数 $W_t^{(2)}$：

$$W_t^{(2)} = \frac{I_1^{(2)} - \hat{\mu}_2}{\hat{\sigma}_2}$$

式中，$\hat{\mu}_2$ 为 $\{I_t^{(2)}\}$ 的样本均值，$\hat{\sigma}_1$ 为 $\{I_t^{(2)}\}$ 的样本标准差。

原 $\{x_t^{(2)}\}$ 除以权重函数，进一步消除非线性趋势异常值的影响，得到调整后序列 $\{x_t^{(3)}\}$：

$$x_t^{(3)} = \frac{x_t^{(2)}}{W_t^{(2)}}$$

迭代第三阶段：

第 9 步：使用 Musgrave 非对称移动平均填补 Henderson 加权移动平均不能获得的估计值，计算最终趋势效应。

$$T_t^{(3)} = H_{2k+1}(x_t^{(3)})$$

第 10 步：从 $\{x_t^{(3)}\}$ 中剔除趋势效应，得到随机波动：

$$I_t^{(3)} = \frac{x_t^{(3)}}{T_t^{(3)}}$$

通过上面三个迭代阶段，得到最终的因素分解结果：

$$x_t = S_t^{(2)} \times T_t^{(3)} \times I_t^{(3)}$$

Python 可以从 statsmodels.tsa.api 中调用 seasonal_decompose 函数进行确定性因素分解。该函数的命令格式如下：

```
seasonal_decompose(x,model=,)
```

其中：

- x：序列名。

● model：指定因素分解的模型结构：

（1）model="additive"，加法模型，加法模型为系统默认设置。

（2）model="multiplicative"，乘法模型。

本例进行因素分解的相关指令和输出结果如下。

```
# 导入 seasonal_decompose 函数
from statsmodels.tsa.api import seasonal_decompose

# 对序列进行乘法模型的因素分解
file17_decompose=seasonal_decompose(file17.x,period=12,model="multiplicative")

# 绘制因素分解图（见图 6-11）
plt.figure()
plt.subplot(4,1,1)
file17.x.plot(ylabel="Original")                                    #原序列的时序图
plt.subplot(4,1,2)
file17_decompose.seasonal.plot(ylabel="Seasonal")                   #季节效应图
plt.subplot(4,1,3)
file17_decompose.trend.plot(ylabel="Trend")                         #趋势效应图
plt.subplot(4,1,4)
file17_decompose.resid.plot(ylabel="Residual")                      #随机效应图
plt.show
```

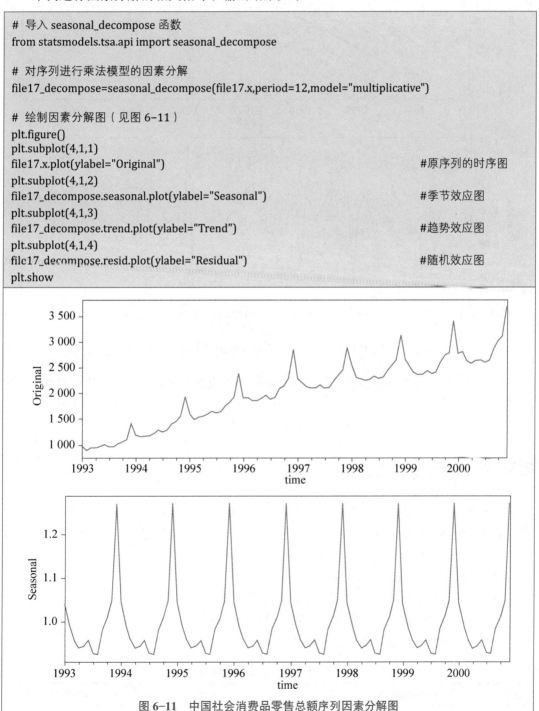

图 6-11　中国社会消费品零售总额序列因素分解图

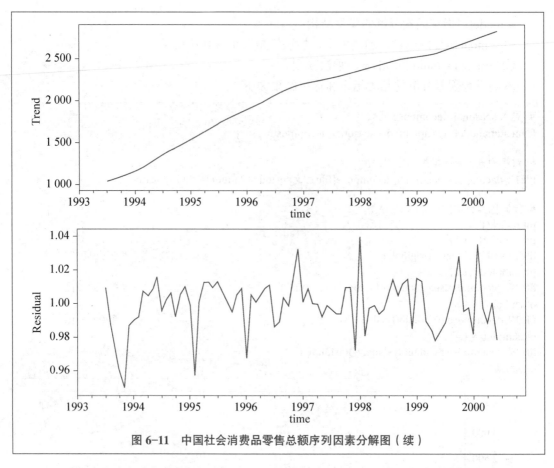

图 6-11 中国社会消费品零售总额序列因素分解图（续）

X11 模型通过多次加权移动平均，可以单纯测度出季节因素、长期趋势和随机波动对序列的影响，将我们需要手工一步步拆分的信息，用一条命令就完成了。这对研究人员进行序列确定性因素分解带来了极大的便利。

6.3　指数平滑预测模型

确定性因素分解的第二个目的是根据序列呈现的确定性特征，选择适当的模型，预测序列未来的发展。根据序列是否具有长期趋势与季节效应，可以把序列分为如下三大类：

（1）既无长期趋势，也无季节效应；

（2）有长期趋势，无季节效应；

（3）长期趋势可有可无，但一定有季节效应。

在确定性因素分解领域，针对这三类序列，可以采用三种不同的指数平滑模型进行预测。各指数平滑模型的使用场合如表 6-2 所示。

表 6-2　各指数平滑模型的使用场合

预测模型选择	长期趋势	季节效应
简单指数平滑	无	无

续表

预测模型选择	长期趋势	季节效应
Holt 两参数指数平滑	有	无
Holt-Winters 三参数指数平滑	有	有
	无	有

6.3.1 简单指数平滑

对于既无长期趋势又无季节效应的序列，可以认为序列围绕在均值附近随机波动，即假定序列的波动服从如下模型：

$$x_t = \mu + \varepsilon_t$$

式中，x_t 为 t 时刻的序列值；μ 为序列的常数均值；ε_t 为 t 时刻的随机波动，假定不同时刻的 ε_t 相互独立，且都服从正态分布，即 $\varepsilon_t \sim N(0, \sigma^2)$，$\forall t > 0$。

根据这个假定，对该序列进行预测的主要目的是消除随机波动的影响，得到序列稳定的均值。简单中心移动平均方法可以很好地完成这个任务。

简单中心移动平均方法就是将过去 n 期的等权重加权算术均值作为序列的预测值。假定序列最后一期的观察值为 x_t，那么使用简单中心移动平均方法，向前 1 期的预测值为：

$$\hat{x}_{t+1} = \frac{x_t + x_{t-1} + \cdots + x_{t-n+1}}{n}$$

式中，$\hat{x}_{t+1}$ 为序列向前 1 期的预测值；x_t，x_{t-1}，$\cdots$ 为序列的历史观察值；n 为移动平均期数，它的大小可以由研究人员根据研究目的自行选择。

因为 $x_t = \mu + \varepsilon_t$，且 $\varepsilon_t \sim N(0, \sigma^2)$，所以

$$\hat{x}_{t+1} = \frac{x_t + x_{t-1} + \cdots + x_{t-n+1}}{n} = \mu + \frac{\varepsilon_t + \varepsilon_{t-1} + \cdots + \varepsilon_{t-n+1}}{n}$$

容易推导出：

$$E(\hat{x}_{t+1}) = \mu, \ \operatorname{Var}(\hat{x}_{t+1}) = \frac{\sigma^2}{n}$$

这说明使用简单中心移动平均方法得到的预测值是序列真实值的无偏估计，而且移动平均期数越大，预测的误差越小。

简单中心移动平均具有很多良好的属性，但是在实务中，人们也发现了它的缺点。以 n 期移动平均为例，它相当于将最近 n 期的加权平均数作为未来 1 期的预测值，历史信息的权重都取为 $\frac{1}{n}$。也就是说，无论时间远近，过去 n 期的观察值对未来的影响都是一样的。但在现实生活中，我们会发现对于大多数随机事件而言，一般是近期的结果对现在的影响大些，远期的结果对现在的影响小些。为了更好地反映这种影响，Brown 和 Meyers 在 1961 年提出了指数平滑的思想。他们修正了等权重的设计，采用各期权重随时间间隔的增大呈指数衰减的设计。

简单指数平滑预测模型为：

$$\hat{x}_{t+1} = \alpha x_t + \alpha(1-\alpha) x_{t-1} + \alpha(1-\alpha)^2 x_{t-2} + \alpha(1-\alpha)^3 x_{t-3} + \cdots$$

式中，$\hat{x}_{t+1}$ 为序列向前 1 期的预测值；x_t，x_{t-1}，x_{t-2}，$\cdots$ 为序列的历史观察值；α 为平滑系数，满足 $0<\alpha<1$。

因为

$$\sum_{k=0}^{\infty} \alpha(1-\alpha)^k = \frac{\alpha}{1-(1-\alpha)} = 1$$

所以

$$E(\hat{x}_{t+1}) = \sum_{k=0}^{\infty} \alpha(1-\alpha)^k \mu = \mu$$

这说明简单指数平滑方法的设计既考虑到时间间隔的影响，又不影响预测值的无偏性。所以它是无趋势、无季节效应序列的一种简单好用的预测方法。

在实际应用中，通常使用简单指数平滑的递推公式进行逐期预测：

$$\begin{aligned}
\hat{x}_{t+1} &= \alpha x_t + \alpha(1-\alpha) x_{t-1} + \alpha(1-\alpha)^2 x_{t-2} + \alpha(1-\alpha)^3 x_{t-3} + \cdots \\
&= \alpha x_t + (1-\alpha)\left[\alpha x_{t-1} + \alpha(1-\alpha) x_{t-2} + \alpha(1-\alpha)^2 x_{t-3} + \cdots\right] \\
&= \alpha x_t + (1-\alpha)\hat{x}_t
\end{aligned}$$

式中，$\hat{x}_{t+1}$ 为序列第 $t+1$ 期的指数平滑估计值；$\hat{x}_t$ 为序列第 t 期的指数平滑估计值；x_t 为序列第 t 期的观察值；α 为平滑系数，满足 $0<\alpha<1$。

平滑系数 α 的值可以由研究人员根据经验和需要自行给定。对于变化缓慢的序列，常取较小的 α 值；相反，对于变化迅速的序列，常取较大的 α 值。经验 α 值通常介于 0.05～0.3 之间。现在很多统计软件也支持基于拟合精度最优原则，由计算机自行给出 α 值。

【例 6-3】对某一观察值序列 $\{x_t\}$ 使用简单指数平滑法。已知 $x_t=10$，$\hat{x}_t=10.5$，平滑系数 $\alpha=0.25$。

（1）求向前 2 期的预测值 $\hat{x}_{t+2}$。

（2）在向前 2 期的预测值 $\hat{x}_{t+2}$ 中，x_t 前面的系数等于多少？

解：

（1）$\hat{x}_{t+1} = 0.25x_t + 0.75\hat{x}_t = 0.25\times10 + 0.75\times10.5 = 10.375$

$\hat{x}_{t+2} = \hat{x}_{t+1} = 10.375$

（2）因为

$$\hat{x}_{t+2} = \hat{x}_{t+1} = \alpha x_t + \alpha(1-\alpha) x_{t-1} + \cdots$$

所以使用简单指数平滑法，在向前 2 期的预测值 $\hat{x}_{t+2}$ 中，x_t 前面的系数等于平滑系数 α，本例中 $\alpha=0.25$。

【例 6-4】对 1949—1998 年北京市每年最高气温序列（数据见表 A1-18），采用简单指数平滑法预测 1999—2003 年北京市每年的最高气温。

在 Python 中，可以从 statsmodels.tsa.api 中调用 ExponentialSmoothing 函数进行简单指

数平滑，相关指令如下：

ExponentialSmoothing(x,trend=None,seasonal=None)

其中：

- x：序列名。
- trend=None：该序列不包含趋势效应。
- seasonal=None：该序列不包含季节效应。

本例相关指令和输出结果如下：

```
# 导入分析工具
import numpy as np
import pandas as pd
import matplotlib.pyplot as plt
plt.rcParams['font.sans-serif']=['SimHei']          #图片中文字体识别
plt.rcParams['axes.unicode_minus']=False            #图片负号正常显示
from statsmodels.tsa.api import ExponentialSmoothing
from statsmodels.graphics.tsaplots import plot_predict

# 导入数据文件
file18=pd.read_excel('D:\\Ts_Data\\A1_18.xlsx',parse_dates=True,index_col=0)
file18=file18.to_period()

# 绘制时序图（见图 6-12 ）
file18.plot(figsize=())
```

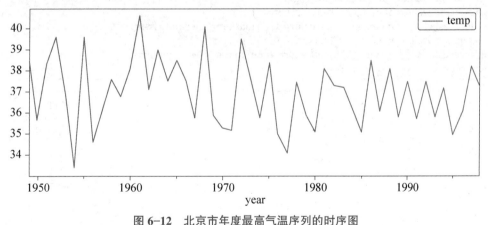

图 6-12　北京市年度最高气温序列的时序图

```
# 进行简单指数平滑模型拟合
fit1_temp=ExponentialSmoothing(file18.temp,trend=None,seasonal=None).fit()
fit2_temp=ExponentialSmoothing(file18.temp,trend=None,seasonal=None).fit(smoothing_level=0.12)

# 输出拟合模型的参数信息和误差平方和(SSE)信息
temp_params = pd.DataFrame(index=[r"$\alpha$",r"$\beta$",r"$\gamma$","SSE"])
params = [ "smoothing_level","smoothing_trend","smoothing_seasonal"]
temp_params["fit1(alpha:LSE)"] = [fit1_temp.params[p] for p in params] + [fit1_temp.sse]
temp_params["fit2(alpha:0.12)"] = [fit2_temp.params[p] for p in params] + [fit2_temp.sse]
temp_params
```

	fit1(alpha:LSE)	fit2(alpha:0.12)
α	1.490116e-08	0.120000
β	NaN	NaN
γ	NaN	NaN
SSE	1.284802e+02	137.250261

```
# 基于简单指数平滑模型，进行 5 期预测，并输出预测结果
fore1_temp=fit1_temp.forecast(5)
fore2_temp=fit2_temp.forecast(5)
fore1_temp.rename("alpha:LSE")
temp_forecasts = pd.DataFrame()
temp_forecasts ["alpha:LSE"] = fore1_temp
temp_forecasts ["alpha:0.12"] = fore2_temp
temp_forecasts
```

	alpha:LSE	alpha:0.12
1999	36.986	36.732925
2000	36.986	36.732925
2001	36.986	36.732925
2002	36.986	36.732925
2003	36.986	36.732925

```
# 绘制预测效果图（见图 6-13）
file18.temp.plot(color="black",legend=True)
fit1_temp.fittedvalues.plot(color="red",marker=".")
temp_forecasts.loc[:,"alpha:LSE"].plot(color="red",marker=".",legend=True)
fit2_temp.fittedvalues.plot(color="blue",marker="+")
temp_forecasts .loc[:,"alpha:0.12"].plot(color="blue",marker="+",legend=True)
plt.show()
```

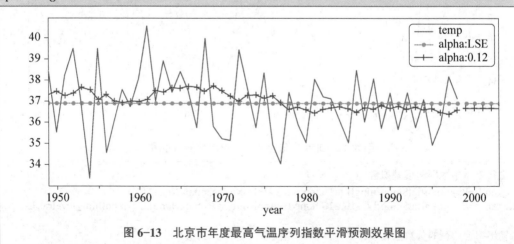

图 6-13 北京市年度最高气温序列指数平滑预测效果图

本例首先绘制该序列的时序图（见图 6-12），可以看出该序列没有明显的趋势和周期效应，所以我们采用简单指数平滑法对该序列进行拟合与预测。

我们拟合了两个简单指数平滑模型：

模型 1：用户不指定平滑系数，平滑系数基于最小二乘估计法，由系统估计输出。

模型 2：用户自行指定平滑系数，比如我们指定 $\alpha=0.12$。

基于模型 1 进行预测时，系统基于最小二乘估计法，得到的平滑系数 α 近似为 0，这意味着所有历史最高气温对未来最高气温的影响是等权重的。这个平滑系数意味着北京市每年的最高气温是纯随机的，最近几年的气温并不会对未来的最高气温有特别的影响。

基于模型 2 进行预测时，平滑系数 $\alpha=0.12$，这意味着最高气温是有历史相关性的。历史最高气温对未来最高气温的影响是以 0.88 倍的速率每期衰减的。

本例中，无论是基于哪种平滑系数，北京市的最高气温都在 37 摄氏度左右波动。

实务中，当研究人员有经验时，通常采用自定义的平滑系数；当研究人员没有经验时，通常采用系统拟合效果最优的平滑系数。

6.3.2　Holt 两参数指数平滑

Holt 两参数指数平滑方法适用于对含有线性趋势的序列进行预测。它的基本思想是具有线性趋势的序列通常可以表示为如下模型结构：

$$x_t = a_0 + bt + \varepsilon_t \tag{6.1}$$

式中，a_0 为截距；b 为斜率；ε_t 为随机波动，$\varepsilon_t \sim N(0, \sigma^2)$。

式（6.1）可以等价表示为如下递推公式：

$$\begin{aligned} x_t &= a_0 + b(t-1) + b + \varepsilon_t \\ &= (x_{t-1} - \varepsilon_{t-1}) + b + \varepsilon_t \end{aligned}$$

不妨记

$$a(t-1) = x_{t-1} - \varepsilon_{t-1}$$
$$b(t) = b + \varepsilon_t$$

显然，$a(t-1)$ 是序列在 $t-1$ 时刻截距的无偏估计值，$b(t)$ 是序列在 t 时刻斜率的无偏估计值。

式（6.1）可以等价表示为：

$$x_t = a(t-1) + b(t) \tag{6.2}$$

Holt 两参数指数平滑就是分别使用简单指数平滑方法，结合序列的最新观察值，不断修匀截距项 $\hat{a}(t)$ 和斜率项 $\hat{b}(t)$，递推公式如下：

$$\hat{a}(t) = \alpha x_t + (1-\alpha)[\hat{a}(t-1) + \hat{b}(t-1)]$$
$$\hat{b}(t) = \beta[\hat{a}(t) - \hat{a}(t-1)] + (1-\beta)\hat{b}(t-1)$$

式中，x_t 为序列在 t 时刻得到的最新观察值；α, β 均为平滑系数，满足 $0 < \alpha, \beta < 1$。

使用 Holt 两参数指数平滑方法，得到向前 k 期的预测值为：

$$\hat{x}_{t+k} = \hat{a}(t) + \hat{b}(t)k, \ \forall k \geqslant 1$$

和简单指数平滑方法一样，两参数指数平滑的平滑系数 α 和 β 的值可以由研究人员根据经验和需要自行给定。对于变化缓慢的序列，常取较小的平滑系数；相反，对于变化迅速的序列，常取较大的平滑系数。现在很多统计软件也支持基于拟合精度最优原则，由计算机自行给出 α 和 β 的估计值。

【例 6-5】对 1898—1968 年美国纽约市人均日用水量序列进行 Holt 两参数指数平滑，预测 1969—1980 年纽约市人均日用水量（数据见表 A1-19）。

基于 ExponentialSmoothing 函数进行 Holt 两参数指数平滑，相关指令如下：

ExponentialSmoothing(x,trend="add",seasonal=None)

其中：

- x：序列名。
- trend="add"：序列包含趋势效应，趋势效应与残差效应是加法关系。
- seasonal=None：该序列不包含季节效应。

本例相关指令和输出结果如下：

```
# 导入数据文件，绘制时序图（见图 6-14）
file19=pd.read_excel('D:\\Ts_Data\\A1_19.xlsx',parse_dates=True,index_col=0)
file19=file19.to_period()
file19.plot()
```

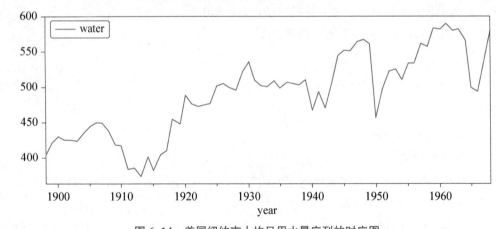

图 6-14　美国纽约市人均日用水量序列的时序图

```
# 进行 Holt 两参数指数平滑模型拟合，并输出参数估计信息
fit_water=ExponentialSmoothing(file19.water,trend="add",seasonal=None).fit()
water_params = pd.DataFrame(index=[r"$\alpha$",r"$\beta$",r"$\gamma$","SSE"])
params = ["smoothing_level","smoothing_trend","smoothing_seasonal"]
water_params["fit(LSE)"] = [fit_water.params[p] for p in params] + [fit_water.sse]
water_params
```

	fit(LSE)
α	0.905340
β	0.000218
γ	NaN
SSE	40734.817274

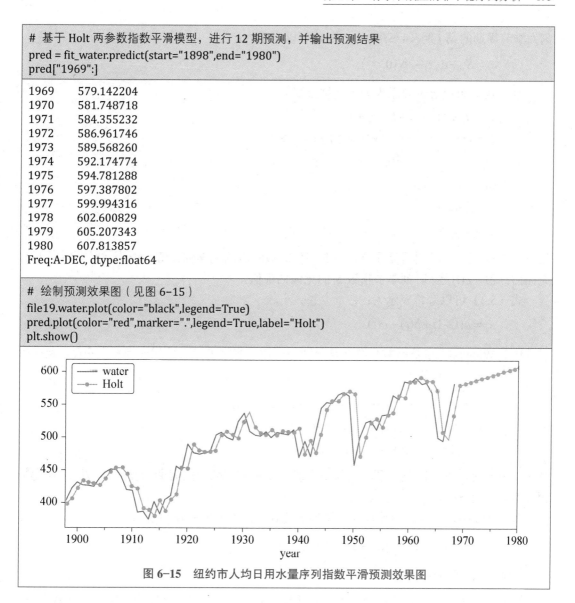

```
# 基于 Holt 两参数指数平滑模型，进行 12 期预测，并输出预测结果
pred = fit_water.predict(start="1898",end="1980")
pred["1969":]
```

```
1969        579.142204
1970        581.748718
1971        584.355232
1972        586.961746
1973        589.568260
1974        592.174774
1975        594.781288
1976        597.387802
1977        599.994316
1978        602.600829
1979        605.207343
1980        607.813857
Freq:A-DEC, dtype:float64
```

```
# 绘制预测效果图（见图 6-15）
file19.water.plot(color="black",legend=True)
pred.plot(color="red",marker=".",legend=True,label="Holt")
plt.show()
```

图 6-15　纽约市人均日用水量序列指数平滑预测效果图

6.3.3　Holt-Winters 三参数指数平滑

为了预测带季节效应的序列，1960 年 Winters 在 Holt 两参数指数平滑的基础上构造了 Holt-Winters 三参数指数平滑。

一、加法模型

对于季节加法模型，序列通常可以表示为如下模型结构：

$$x_t = a_0 + bt + c_t + \varepsilon_t \tag{6.3}$$

式中，a_0 为截距；b 为斜率；c_t 为 t 时刻由季节效应造成的序列偏差；ε_t 为随机波动，且 $\varepsilon_t \sim N(0, \sigma^2)$。

假设每个季节的周期长度为 m 期，每一期的季节指数为 S_1, S_2, $\cdots$, S_m。不妨假设 t 时

刻为季节周期的第 j 期（$1 \leqslant j \leqslant m$），则 c_t 可以表示为：

$$c_t = S_j + e_t, e_t \sim N(0, \sigma_\varepsilon^2)$$

式（6.3）可以等价表示为如下递推公式：

$$x_t = a_0 + b(t-1) + b + c_t + \varepsilon_t$$
$$= (x_{t-1} - c_{t-1} - \varepsilon_{t-1}) + (b + \varepsilon_t) + (S_j + e_t)$$

不妨记

$$a(t-1) = x_{t-1} - c_{t-1} - \varepsilon_{t-1}$$
$$b(t) = b + \varepsilon_t$$
$$c(t) = S_j + e_t$$

显然，$a(t-1)$ 是 $t-1$ 时刻消除季节效应的序列的截距项的无偏估计值，$b(t)$ 是 t 时刻斜率 b 的无偏估计值，$c(t)$ 是 t 时刻季节指数 S_j 的无偏估计值。

式（6.3）可以等价表示为：

$$x_t = a(t-1) + b(t) + c(t) \qquad (6.4)$$

Holt-Winters 三参数指数平滑就是分别使用指数平滑方法，迭代递推参数 $\hat{a}(t)$，$\hat{b}(t)$ 和 $\hat{c}(t)$ 的值，递推公式如下：

$$\hat{a}(t) = \alpha[x_t - c(t-m)] + (1-\alpha)[\hat{a}(t-1) + \hat{b}(t-1)]$$
$$\hat{b}(t) = \beta[\hat{a}(t) - \hat{a}(t-1)] + (1-\beta)\hat{b}(t-1)$$
$$\hat{c}(t) = \gamma[x_t - \hat{a}(t)] + (1-\gamma)c(t-m)$$

式中，x_t 为序列在 t 时刻得到的最新观察值；m 是季节效应的周期长度；α，β，γ 均为平滑系数，满足 $0 < \alpha$，β，$\gamma < 1$。

使用 Holt-Winters 三参数指数平滑加法公式，向前 k 期的预测值为：

$$\hat{x}_{t+k} = \hat{a}(t) + \hat{b}(t)k + \hat{c}(t+k), \forall k \geqslant 1$$

假设 $t+k$ 期为季节周期的第 j 期，则 $\hat{c}(t+k) = \hat{S}_j$（$j = 1, 2, \cdots, m$）。

【例 6-1 续（3）】对 1981—1990 年澳大利亚政府季度消费支出序列使用 Holt-Winters 三参数指数平滑法进行 8 期预测（数据见表 A1-16）。

基于 ExponentialSmoothing 函数进行 Holt-Winters 三参数指数平滑，相关指令如下：

ExponentialSmoothing(x,trend=,seasonal=,seasonal_periods=)

其中：

- x：序列名。
- trend=：趋势效应与其他效应的关系：
（1）trend="add"，加法关系；
（2）trend="mul"，乘法关系。
- seasonal=：季节效应与其他效应的关系：
（1）seasonal="add"，加法关系；

（2）seasonal="mul"，乘法关系。

● seasonal_periods=：季节周期长度。

本例相关指令和输出结果如下：

```
# 导入数据文件
file16=pd.read_excel('D:\\Ts_Data\\A1_16.xlsx',parse_dates=True,index_col=0)
file16=file16.to_period()

# 进行 Holt-Winters 三参数指数平滑模型拟合，并输出参数估计信息
fit_x=ExponentialSmoothing(file16.x,trend="add",seasonal="add",seasonal_periods=4).fit()
x_params = pd.DataFrame(index=[r"$\alpha$",r"$\beta$",r"$\gamma$","SSE"])
params = ["smoothing_level","smoothing_trend","smoothing_seasonal"]
x_params["fit(LSE)"] = [fit_x.params[p] for p in params] + [fit_x.sse]
x_params
```

	fit(LSE)
α	3.493689e-01
β	1.933297e-03
γ	3.523164e-03
SSE	1.247788e+06

```
# 基于 Holt-Winters 三参数指数平滑模型，进行 8 期预测，并输出预测结果
pred = fit_x.predict(0,len(file16)+8)
pred[len(file16):len(file16)+8]
```

```
1991Q1    11537.548422
1991Q2    12631.789092
1991Q3    12062.639220
1991Q4    12500.332374
1992Q1    11870.268683
1992Q2    12964.509354
1992Q3    12395.359482
1992Q4    12833.052636
Freq:Q-DEC, dtype:float64
```

```
# 绘制预测效果图（见图 6-16）
file16.x.plot(color="black",marker="o",legend=True)
pred.plot(color="red",legend=True,label="HoltWinters")
plt.show()
```

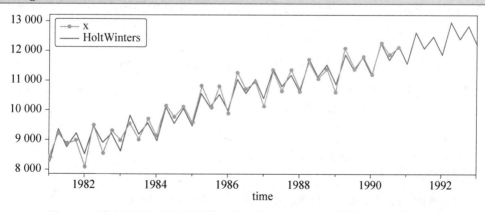

图 6-16　澳大利亚政府季度消费支出序列 Holt-Winters 指数平滑预测效果图

二、乘法模型

对于乘法模型，序列通常可以表示为如下模型结构：

$$x_t = (a_0 + bt + \varepsilon_t)c_t \tag{6.5}$$

式中，a_0 为截距；b 为斜率；ε_t 为随机波动，且 $\varepsilon_t \sim N(0, \sigma^2)$；$c_t$ 为 t 时刻的季节效应。

假设每个季节的周期长度为 m 期，每一期的季节指数分别为 S_1, S_2, $\cdots$, S_m。不妨假设 t 时刻为季节周期的第 j 期（$1 \leqslant j \leqslant m$），则 c_t 可以表示为：

$$c_t = S_j + e_t, e_t \sim N(0, \sigma_\varepsilon^2)$$

式（6.5）可以等价表示为如下递推公式：

$$
\begin{aligned}
x_t &= [a_0 + b(t-1) + b + \varepsilon_t]c_t \\
&= [(x_{t-1} / c_{t-1} - \varepsilon_{t-1}) + (b + \varepsilon_t)](S_j + e_t)
\end{aligned}
$$

不妨记

$$
\begin{aligned}
a(t-1) &= x_{t-1} / c_{t-1} - \varepsilon_{t-1} \\
b(t) &= b + \varepsilon_t \\
c(t) &= S_j + e_t
\end{aligned}
$$

显然，$a(t-1)$ 是 $t-1$ 时刻消除季节效应的序列的截距的无偏估计值，$b(t)$ 是 t 时刻序列的斜率 b 的无偏估计值，$c(t)$ 是 t 时刻序列的季节指数 S_j 的无偏估计值。

式（6.5）可以等价表示为：

$$x_t = [a(t-1) + b(t)]c(t) \tag{6.6}$$

式（6.6）中三个参数的递推公式如下：

$$
\begin{aligned}
\hat{a}(t) &= \alpha[x_t / c(t-m)] + (1-\alpha)[\hat{a}(t-1) + \hat{b}(t-1)] \\
\hat{b}(t) &= \beta[\hat{a}(t) - \hat{a}(t-1)] + (1-\beta)\hat{b}(t-1) \\
\hat{c}(t) &= \gamma[x_t / \hat{a}(t)] + (1-\gamma)c(t-m)
\end{aligned}
$$

式中，x_t 为序列在 t 时刻的最新观察值；m 是季节效应的周期长度；α, β, γ 均为平滑系数，满足 $0 < \alpha, \beta, \gamma < 1$。

使用 Holt-Winters 三参数指数平滑乘法公式，向前 k 期的预测值为：

$$\hat{x}_{t+k} = [\hat{a}(t) + \hat{b}(t)k]\hat{c}(t+k), \forall k \geqslant 1$$

假设 $t+k$ 期为季节周期的第 j 期，则 $\hat{c}(t+k) = \hat{S}_j$ $(j = 1, 2, \cdots, m)$。

【例 6-2 续（4）】对 1993—2000 年中国社会消费品零售总额序列使用 Holt-Winters 三参数指数平滑法进行 12 期预测（数据见表 A1-17）。

```
# 导入数据文件
file17=pd.read_excel('D:\\Ts_Data\\A1_17.xlsx',parse_dates=True,index_col=0)
file17=file17.to_period()

# 进行 Holt-Winters 三参数指数平滑(乘法)模型拟合，并输出参数估计信息
fit_x=ExponentialSmoothing(file17.x,trend="mul",seasonal="mul",seasonal_periods=12).fit()
```

```
x_params = pd.DataFrame(index=[r"$\alpha$",r"$\beta$",r"$\gamma$","SSE"])
params = ["smoothing_level","smoothing_trend","smoothing_seasonal"]
x_params["fit(LSE)"] = [fit_x.params[p] for p in params] + [fit_x.sse]
x_params
```

	fit(LSE)
α	0.446554
β	0.145214
γ	0.199513
SSE	197607.103003

```
# 基于 Holt-Winters 三参数指数平滑模型，进行 12 期预测，并输出预测结果
pred = fit_x.predict(0,len(file17)+11)
pred[len(file17):]
```

```
2001-01    3106.467641
2001-02    2978.649984
2001-03    2855.787945
2001-04    2818.447032
2001-05    2861.390136
2001-06    2934.258129
2001-07    2878.463133
2001-08    2915.454113
2001-09    3128.167005
2001-10    3260.497967
2001-11    3365.084705
2001-12    4077.141123
Freq:M, dtype:float64
```

```
# 绘制预测效果图（见图 6-17）
file17.x.plot(color="black",marker="*",legend=True)
pred.plot(color="red",legend=True,label="HoltWinters")
plt.show()
```

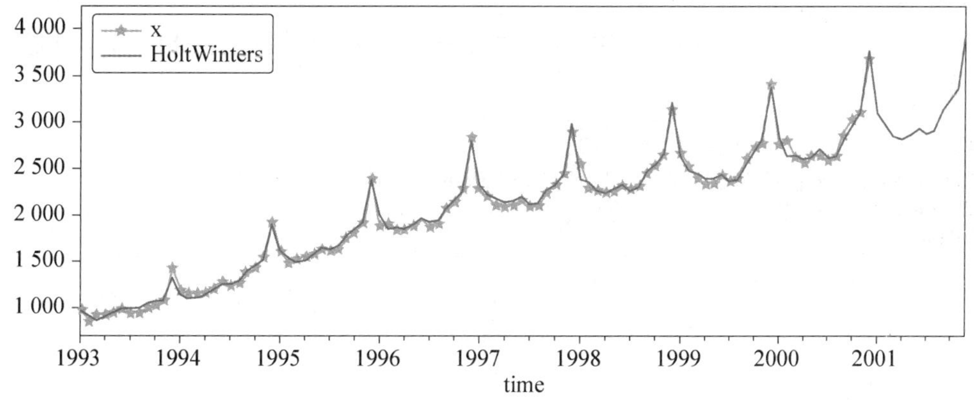

图 6-17 中国社会消费品零售总额序列 Holt-Winters 指数平滑预测效果图

6.4 ARIMA 加法模型

ARIMA 模型也可以对具有季节效应的序列建模。根据季节效应提取的方式不同，又分

为 ARIMA 加法模型和 ARIMA 乘法模型。

ARIMA 加法模型是指序列中季节效应和其他效应之间是加法关系，即

$$x_t = S_t + T_t + I_t$$

这时，各种效应信息的提取都非常容易。通常简单的周期步长差分即可将序列中的季节信息充分提取，简单的低阶差分即可将趋势信息充分提取，提取完季节信息和趋势信息之后的残差序列就是一个平稳序列，可以用 ARMA 模型拟合。

因此，季节加法模型实际上就是通过趋势差分、季节差分将序列转化为平稳序列，再对其进行拟合。它的模型结构通常如下：

$$\Delta_S \Delta^d x_t = \frac{\Theta(B)}{\Phi(B)} \varepsilon_t$$

式中，S 为周期步长；d 为提取趋势信息所用的差分阶数；$\{\varepsilon_t\}$ 为白噪声序列，且 $E(\varepsilon_t)=0$，$\mathrm{Var}(\varepsilon_t)=\sigma_\varepsilon^2$；$\Theta(B)=1-\theta_1 B-\cdots-\theta_q B^q$，为 q 阶移动平均系数多项式；$\Phi(B)=1-\phi_1 B-\cdots-\phi_p B^p$，为 p 阶自回归系数多项式。

该加法模型简记为 ARIMA$(p, (d, S), q)$，或 ARIMA$(p, d, q)\times(0, 1, 0)_S$。

在 Python 中，我们可以基于 SARIMAX 函数进行带季节效应的 ARIMA 模型拟合。SARIMAX 中的 S 就是 seasonal 的缩写，ARIMA 季节模型拟合的相关指令如下：

SARIMAX(x,order=(p,d,q),seasonal_order=(P,D,Q,S))

其中：

- x：序列名。
- order(p, d, q)：非季节效应部分模型的阶数。
- seasonal_order(P, D, Q, S)：P，D，Q 是季节效应部分模型的阶数，S 是季节周期。

（1）加法模型：P=Q=0，D≠0。

（2）乘法模型：P、Q 不全为零。

【例 6-6】拟合 1962—1991 年德国工人季度失业率序列（数据见表 A1-20），并进行 12 期预测。

```
# 读入数据文件，绘制时序图（见图 6-18）
file20=pd.read_excel('D:\\Ts_Data\\A1_20.xlsx',parse_dates=True,index_col=0)
file20=file20.to_period()
file20.plot()
```

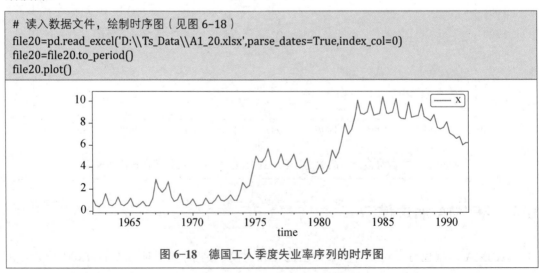

图 6-18　德国工人季度失业率序列的时序图

```
# 进行 1 阶 4 步差分，绘制差分序列的时序图（见图 6-19）
dif_x=file20.x.diff().diff(4).dropna()
dif_x.plot()
```

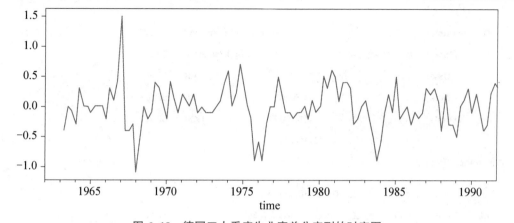

图 6-19　德国工人季度失业率差分序列的时序图

```
# 差分序列平稳性检验
ADF_test(dif_x)
```

ADF检验	
统计量	-6.229847e+00
P值	4.984246e-08
延迟阶数	3.000000e+00

```
# 差分序列的自相关图和偏自相关图（见图 6-20）
fig,axes = plt.subplots(1,2)
fig =plot_acf(dif_x,zero=False,title="ACF",lags=20,ax=axes[0])
fig =plot_pacf(dif_x,zero=False,title="PACF",lags=20,ax=axes[1])
```

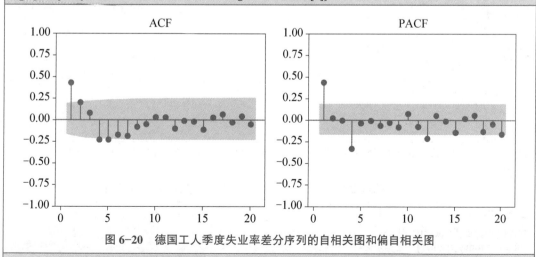

图 6-20　德国工人季度失业率差分序列的自相关图和偏自相关图

```
#拟合 ARIMA((1,4),1,0)(0,1,0)[4]模型
ar=[1,0,0,1]
```

```
mod = SARIMAX(file20.x,order=(ar,1,0),seasonal_order=(0,1,0,4))
x_fit= mod.fit()
x_fit.summary()
```

SARIMAX Results

Dep. Variable:		x	No. Observations:	120
Model:	SARIMAX([1, 4], 1, 0)x(0, 1, 0, 4)		Log Likelihood	-26.697
Date:	Sat, 17 Jun 2023		AIC	59.394
Time:	19:53:55		BIC	67.629
Sample:	03-31-1962		HQIC	62.736
	- 12-31-1991			
Covariance Type:	opg			

	coef	std err	z	P>|z|	[0.025	0.975]
ar.L1	0.4449	0.051	8.680	0.000	0.344	0.545
ar.L4	-0.2720	0.068	-3.975	0.000	-0.406	-0.138
sigma2	0.0927	0.009	10.775	0.000	0.076	0.110

Ljung-Box (L1) (Q):	0.20	Jarque-Bera (JB):	27.57
Prob(Q):	0.65	Prob(JB):	0.00
Heteroskedasticity (H):	0.64	Skew:	0.30
Prob(H) (two-sided):	0.17	Kurtosis:	5.32

```
# 拟合模型显著性检验 (见图 6-21)
LB_plot(x_fit,20)
```

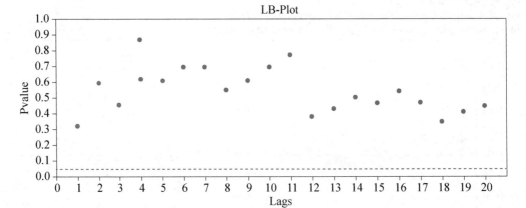

图 6-21　德国工人失业率序列拟合模型残差序列的白噪声检验图

```
# 模型预测
fore=x_fit.get_forecast(12)
fore.summary_frame()
```

	x	mean	mean_se	mean_ci_lower	mean_ci_upper
1992Q1	6.619704	0.306222	6.019520	7.219888
1992Q2	5.862417	0.539567	4.804886	6.919949
1992Q3	5.969033	0.740030	4.518601	7.419464
1992Q4	5.842461	0.912880	4.053249	7.631673
1993Q1	6.143245	1.192420	3.806145	8.480345
1993Q2	5.320327	1.454643	2.469279	8.171374
1993Q3	5.423655	1.682447	2.126120	8.721190
1993Q4	5.331244	1.881818	1.642949	9.019539
1994Q1	5.680913	2.171013	1.425806	9.936020
1994Q2	4.898512	2.467185	0.062919	9.734104
1994Q3	5.021028	2.747452	-0.363878	10.405935
1994Q4	4.927647	3.008669	-0.969235	10.824529

```
# 模型预测（见图 6-22）
fig,ax = plt.subplots()
fig=file20.x.plot(marker=".",linestyle="none")
fig = plot_predict(x_fit,start="1965",end="1995",ax=ax)
legend = ax.legend(loc="upper left")
```

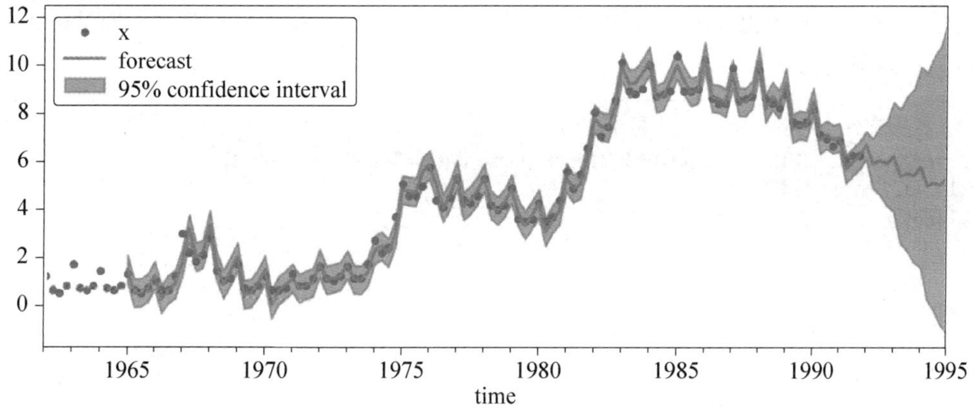

图 6-22　德国工人季度失业率序列拟合预测效果图

　　该序列的时序图（见图 6-18）显示序列具有趋势和季节效应。进行 1 阶差分提取趋势效应，4 步差分提取季节效应，1 阶 4 步差分后序列的时序图（见图 6-19）显示差分序列没有明显趋势和周期特征了，ADF 检验显示差分序列平稳，白噪声检验显示差分序列为非纯随机序列。

　　差分序列的自相关图和偏自相关图（见图 6-20）显示，自相关系数显示出明显的下滑轨迹，这是典型的拖尾属性；偏自相关图除了 1 阶和 4 阶偏自相关系数显著大于 2 倍标准差之外，其他阶数的偏自相关系数基本都在 2 倍标准差范围内波动。所以尝试拟合疏系数模型 AR(1,4)。考虑到前面进行的差分运算，实际上就是拟合疏系数的季节加法模型 ARIMA((1,4),(1,4),0)，该模型也常常记作 ARIMA((1,4),1,0)×(0,1,0)$_4$。

使用条件最小二乘和极大似然混合估计方法，得到该模型的拟合口径如下：

$$(1-B)(1-B^4)x_t = \frac{1}{1-0.444\,9B+0.272B^4}\varepsilon_t, \text{Var}(\varepsilon_t)=0.092\,66$$

接着对模型进行显著性检验。检验结果显示残差序列为白噪声序列，这说明该模型拟合良好，对序列相关信息的提取充分。另外，因为所有参数的估计值均大于其 2 倍标准差，所以参数均显著非零。

将序列拟合值和序列观察值联合做图，如图 6-22 所示。通过图示也可以直观地看出该ARIMA 加法模型对序列的拟合效果良好。

6.5 ARIMA 乘法模型

例 6-6 中的数据是一个既含有季节效应又含有长期趋势效应的简单序列，说它简单是因为这种序列的季节效应、趋势效应和随机波动之间很容易分开，这时简单的季节加法模型即可拟合该序列的发展。

但更为常见的情况是，序列的季节效应、长期趋势效应和随机波动之间存在复杂的交互影响关系，简单的季节加法模型并不足以充分提取其中的相关关系，这时通常需要采用季节乘法模型。

【例 6-7】拟合 1948—1981 年美国女性（20 岁以上）月度失业率序列（数据见表 A1-21）并进行 36 期预测。

```
# 读入数据文件，绘制时序图（见图 6-23）
file21=pd.read_excel('D:\\Ts_Data\\A1_21.xlsx',parse_dates=True,index_col=0)
file21=file21.to_period()
file21.plot()
```

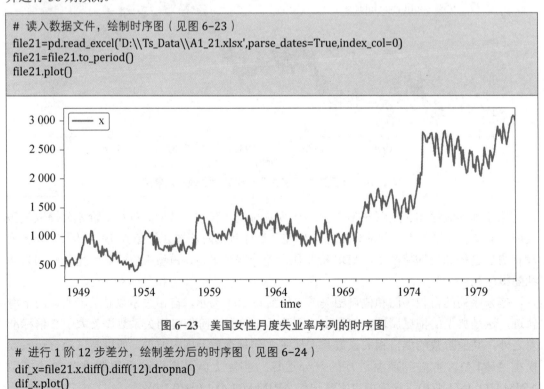

图 6-23　美国女性月度失业率序列的时序图

```
# 进行 1 阶 12 步差分，绘制差分后的时序图（见图 6-24）
dif_x=file21.x.diff().diff(12).dropna()
dif_x.plot()
```

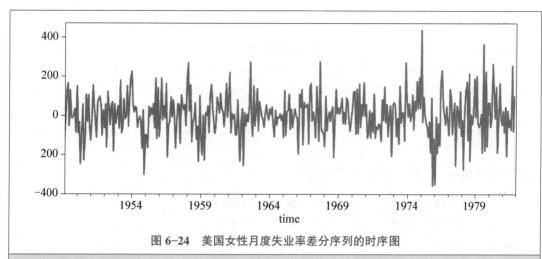

图 6-24　美国女性月度失业率差分序列的时序图

```
# 差分序列平稳性检验
ADF_test(dif_x)
```

ADF检验	
统计量	-7.129141e+00
P值	3.555251e-10
延迟阶数	1.300000e+01

```
# 差分序列的自相关图和偏自相关图（见图 6-25）
fig,axes = plt.subplots(1,2)
fig =plot_acf(dif_x,zero=False,title="ACF",lags=37,ax=axes[0])
fig =plot_pacf(dif_x,zero=False,title="PACF",lags=37,ax=axes[1])
```

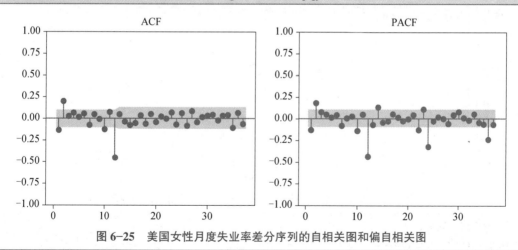

图 6-25　美国女性月度失业率差分序列的自相关图和偏自相关图

```
#拟合 ARIMA(1,1,1)(0,1,1)[12]模型
mod = SARIMAX(file21.x,order=(1,1,1),seasonal_order=(0,1,1,12))
x_fit= mod.fit()
x_fit.summary()
```

SARIMAX Results

Dep. Variable:			x	No. Observations:		408
Model:	SARIMAX(1, 1, 1)x(0, 1, 1, 12)			Log Likelihood		-2327.076
Date:	Wed, 31 May 2023			AIC		4662.153
Time:	21:43:16			BIC		4678.069
Sample:	01-31-1948			HQIC		4668.459
	- 12-31-1981					
Covariance Type:	opg					

	coef	std err	z	P>|z|	[0.025	0.975]
ar.L1	-0.7272	0.167	-4.362	0.000	-1.054	-0.400
ma.L1	0.6037	0.193	3.122	0.002	0.225	0.983
ma.S.L12	-0.7919	0.035	-22.788	0.000	-0.860	-0.724
sigma2	7444.6395	418.878	17.773	0.000	6623.654	8265.625

Ljung-Box (L1) (Q):	0.08	Jarque-Bera (JB):	96.62
Prob(Q):	0.77	Prob(JB):	0.00
Heteroskedasticity (H):	1.56	Skew:	0.69
Prob(H) (two-sided):	0.01	Kurtosis:	4.99

```
# 拟合模型显著性检验（见图 6-26）
LB_plot(x_fit,20)
```

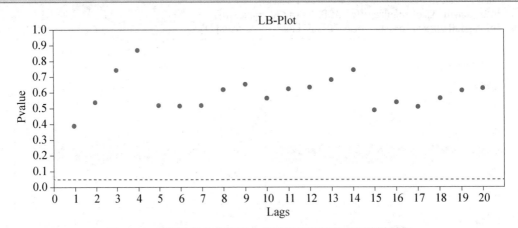

图 6-26　美国女性失业率拟合模型残差序列的白噪声检验图

```
# 模型预测（见图 6-27）
fore=x_fit.get_forecast(36)
fig,ax = plt.subplots( )
fig=file21.x.plot(marker=".",linestyle="none")
fig = plot_predict(x_fit,start="1950",end="1985",ax=ax)
legend = ax.legend(loc="upper left")
```

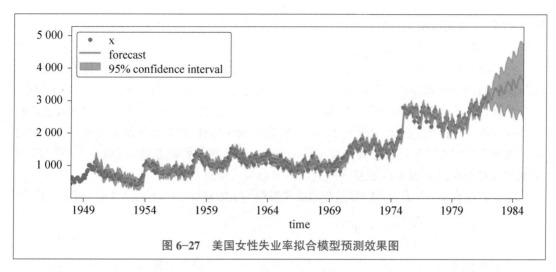

图 6-27　美国女性失业率拟合模型预测效果图

　　该序列的时序图如图 6-23 所示。时序图显示该序列既有长期递增趋势，又有以年为周期的季节效应。对原序列进行 1 阶差分以消除趋势，再进行 12 步差分以消除季节效应，差分序列的时序图如图 6-24 所示。时序图显示差分序列类似平稳。差分序列的 ADF 检验显示差分平稳，因为有显著非零的自相关系数（见图 6-25），所以差分序列为非白噪声序列。

　　考察差分序列的自相关图和偏自相关图（见图 6-25）的性质，为拟合模型定阶。自相关图显示延迟 12 阶自相关系数显著大于 2 倍标准差，这说明差分序列中仍蕴涵非常显著的季节效应。延迟 1 阶、2 阶的自相关系数也大于 2 倍标准差，这说明差分序列还具有短期相关性。观察偏自相关图得到的结论和自相关图的结论一致。

　　乘法模型的构造原理如下：

　　当序列具有短期相关性时，通常可以使用低阶 ARMA(p, q)模型提取。

　　当序列具有季节效应，且季节效应本身还具有相关性时，季节相关性可以使用以周期步长为单位的 ARMA(P, Q)$_s$ 模型提取。

　　由于短期相关性和季节效应之间具有乘积关系，所以拟合模型实际上为 ARMA(p, q)和 ARMA(P, Q)$_s$ 的乘积。综合前面的 d 阶趋势差分和 D 阶以 S 为周期长度的季节差分运算，对原观察值序列拟合的乘法模型的完整结构如下：

$$\Delta^d \Delta_S^D x_t = \frac{\Theta(B)\Theta_S(B)}{\Phi(B)\Phi_S(B)} \varepsilon_t$$

式中：

$$\Theta(B) = 1 - \theta_1 B - \cdots - \theta_q B^q$$
$$\Phi(B) = 1 - \phi_1 B - \cdots - \phi_p B^p$$
$$\Theta_S(B) = 1 - \theta_1 B^S - \cdots - \theta_Q B^{QS}$$
$$\Phi_S(B) = 1 - \phi_1 B^S - \cdots - \phi_P B^{PS}$$

该乘法模型简记为 ARIMA(p, d, q)×(P, D, Q)$_S$。

　　回到例 6-7 的模型定阶阶段，首先考虑 1 阶 12 步差分之后，序列 12 阶以内的自相关系数和偏自相关系数的特征，以确定短期相关模型。自相关图和偏自相关图（见图 6-25）

显示 12 阶以内的自相关系数和偏自相关系数均不截尾，所以尝试使用 ARMA(1, 1)模型提取差分序列的短期自相关信息。

再考虑季节自相关特征，这时考察延迟 12 阶、24 阶等以周期长度为单位的自相关系数和偏自相关系数的特征（横轴为 1，2 等整周期延迟）。自相关图显示延迟 12 阶（1 周期）自相关系数显著非零，但是延迟 24 阶和 36 阶（2 周期和 3 周期）自相关系数落入 2 倍标准差范围内。偏自相关图显示延迟 12 阶、24 阶、36 阶偏自相关系数均显著非零。所以可以认为季节自相关特征是自相关系数 1 周期截尾，偏自相关系数拖尾，这时以 12 步为周期长度的 ARMA(0, 1)$_{12}$ 模型提取差分序列的季节自相关信息。

综合前面的差分信息，我们要拟合的乘法模型为 ARIMA(1, 1, 1)×(0, 1, 1)$_{12}$。模型结构为：

$$\Delta\Delta_{12}x_t = \frac{1-\theta_1 B}{1-\phi_1 B}(1-\theta_{12}B^{12})\varepsilon_t$$

使用条件最小二乘与极大似然混合估计方法，得到该模型的拟合口径如下：

$$\Delta\Delta_{12}x_t = \frac{(1-0.603\,7B)(1+0.791\,9B^{12})}{1+0.727\,2B}\varepsilon_t, \ \mathrm{Var}(\varepsilon_t)=7\,444.639\,5$$

对拟合模型进行检验，检验结果显示残差为白噪声序列，系数均显著非零。这说明该模型拟合良好，对序列相关信息的提取充分。最后将序列拟合值和序列观察值联合做图，如图 6-27 所示。通过图示也可以直观地看出该乘法 ARIMA 模型对序列的拟合效果良好。

6.6 习 题

1. 对 1962 年 1 月至 1975 年 12 月奶牛平均月产奶量序列（数据见表 A1-13）进行因素分解分析。

（1）分析它们受到哪些确定性因素的影响，为该序列选择适当的确定性因素分解模型。

（2）提取该序列的趋势效应。

（3）提取该序列的季节效应。

（4）用指数平滑法对该序列做 2 年期预测。

（5）用 ARIMA 季节模型拟合并预测该序列的发展。

（6）比较分析上面使用过的三种模型的拟合精度。

2. 据美国国家安全委员会统计，1973—1978 年美国月度事故死亡数据如表 6-3 所示（行数据）。

表 6-3　　　　　　　　　　　　　　　　　　　　单位：人

9 007	8 106	8 928	9 137	10 017	10 826	11 317	10 744	9 713
9 938	9 161	8 927	7 750	6 981	8 038	8 422	8 714	9 512
10 120	9 823	8 743	9 129	8 710	8 680	8 162	7 306	8 124
7 870	9 387	9 556	10 093	9 620	8 285	8 433	8 160	8 034
7 717	7 461	7 776	7 925	8 634	8 945	10 078	9 179	8 037
8 488	7 874	8 647	7 792	6 957	7 726	8 106	8 890	9 299

续表

10 625	9 302	8 314	8 850	8 265	8 796	7 836	6 892	7 791
8 129	9 115	9 434	10 484	9 827	9 110	9 070	8 633	9 240

（1）分析该序列受到哪些确定性因素的影响，并为该序列选择适当的确定性因素分解模型。

（2）提取该序列的趋势效应。

（3）提取该序列的季节效应。

（4）用指数平滑法对该序列做 2 年期预测。

（5）用 ARIMA 季节模型拟合并预测该序列的发展。

（6）比较分析上面使用过的三种模型的拟合精度。

3. 使用 $M_{2\times 4}$ 移动平均做预测，求在 2 期预测值 $\hat{x}_t(2)$ 中 x_{t-3} 与 x_{t-1} 前面的系数分别是多少。

4. 使用简单指数平滑法得到 $\hat{x}_t = 5$，$\hat{x}_{t+2} = 5.26$，已知序列观察值 $x_t = 5.25$，$x_{t+1} = 5.5$，求指数平滑系数 α。

5. 现有序列 $\{x_t = t, t = 1, 2, \cdots\}$，用平滑系数为 α 的指数平滑法修匀该序列。假定 $\tilde{x}_0 = 0$，求 $\lim\limits_{t \to \infty} \tilde{x}_t$。

6. 我国 1949—2008 年年末人口总数序列如表 6-4 所示（行数据）。

表 6-4　　　　　　　　　　　　　　　　　　　　　　　　　　　单位：万人

54 167	55 196	56 300	57 482	58 796	60 266	61 465	62 828
64 653	65 994	67 207	66 207	65 859	67 295	69 172	70 499
72 538	74 542	76 368	78 534	80 671	82 992	85 229	87 177
89 211	90 859	92 420	93 717	94 974	96 259	97 542	98 705
100 072	101 654	103 008	104 357	105 851	107 507	109 300	111 026
112 704	114 333	115 823	117 171	118 517	119 850	121 121	122 389
123 626	124 761	125 786	126 743	127 627	128 453	129 227	129 988
130 756	131 448	132 129	132 802				

（1）考察该序列的特征，选择多个模型对 1949—2008 年我国人口总数进行拟合，并比较多个拟合模型的优劣。

（2）选择拟合效果最优的模型，对 2009—2016 年我国人口总数进行预测。

7. 美国艾奥瓦州 1948—1979 年非农产品季度人均收入数据如表 6-5 所示（行数据）。

表 6-5　　　　　　　　　　　　　　　　　　　　　　　　　　　单位：美元

601	604	620	626	641	642	645	655	682	678	692	707
736	753	763	775	775	783	794	813	823	826	829	831
830	838	854	872	882	903	919	937	927	962	975	995
1 001	1 013	1 021	1 028	1 027	1 048	1 070	1095	1 113	1 143	1 154	1 173
1 178	1 183	1205	1 208	1 209	1 223	1 238	1 245	1 258	1 278	1 294	1 314
1 323	1 336	1 355	1 377	1 416	1 430	1 455	1 480	1 514	1 545	1 589	1 634

续表

1 669	1 715	1 760	1 812	1 809	1 828	1 871	1 892	1 946	1 983	2 013	2 045
2 048	2 097	2 140	2 171	2 208	2 272	2 311	2 349	2 362	2 442	2 479	2 528
2 571	2 634	2 684	2 790	2 890	2 964	3 085	3 159	3 237	3 358	3 489	3 588
3 624	3 719	3 821	3 934	4 028	4 129	4 205	4 349	4 463	4 598	4 725	4 827
4 939	5 067	5 231	5 408	5 492	5 653	5 828	5 965				

（1）绘制时序图，考察该序列的确定性因素特征。

（2）选择适当的模型对该序列进行拟合。

（3）对该序列进行为期 5 年的预测。

8. 某城市 1980 年 1 月至 1995 年 8 月每月屠宰生猪数量如表 6-6 所示（行数据）。

表 6-6　　　　　　　　　　　　　　　　　　　单位：头

76 378	71 947	33 873	96 428	105 084	95 741	110 647	100 331	94 133	103 055
90 595	101 457	76 889	81 291	91 643	96 228	102 736	100 264	103 491	97 027
95 240	91 680	101 259	109 564	76 892	85 773	95 210	93 771	98 202	97 906
100 306	94 089	102 680	77 919	93 561	117 062	81 225	88 357	106 175	91 922
104 114	109 959	97 880	105 386	96 479	97 580	109 490	110 191	90 974	98 981
107 188	94 177	115 097	113 696	114 532	120 110	93 607	110 925	103 312	120 184
103 069	103 351	111 331	106 161	111 590	99 447	101 987	85 333	86 970	100 561
89 543	89 265	82 719	79 498	74 846	73 819	77 029	78 446	86 978	75 878
69 571	75 722	64 182	77 357	63 292	59 380	78 332	72 381	55 971	69 750
85 472	70 133	79 125	85 805	81 778	86 852	69 069	79 556	88 174	66 698
72 258	73 445	76 131	86 082	75 443	73 969	78 139	78 646	66 269	73 776
80 034	70 694	81 823	75 640	75 540	82 229	75 345	77 034	78 589	79 769
75 982	78 074	77 588	84 100	97 966	89 051	93 503	84 747	74 531	91 900
81 635	89 797	81 022	78 265	77 271	85 043	95 418	79 568	103 283	95 770
91 297	101 244	114 525	101 139	93 866	95 171	100 183	103 926	102 643	108 387
97 077	90 901	90 336	88 732	83 759	99 267	73 292	78 943	94 399	92 937
90 130	91 055	106 062	103 560	104 075	101 783	93 791	102 313	82 413	83 534
109 011	96 499	102 430	103 002	91 815	99 067	110 067	101 599	97 646	104 930
88 905	89 936	106 723	84 307	114 896	106 749	87 892	100 506		

（1）绘制时序图，直观考察该序列的确定性因素特征。

（2）选择适当的模型对该序列进行因素分解。

（3）选择适当的模型对该序列进行为期 5 年的预测。

9. 某欧洲小镇 1963 年 1 月至 1976 年 12 月每月旅馆入住的房间数如表 6-7 所示（行数据）。

表 6-7   单位：间

501	488	504	578	545	632	728	725	585	542	480	530
518	489	528	599	572	659	739	758	602	587	497	558
555	523	532	623	598	683	774	780	609	604	531	592
578	543	565	648	615	697	785	830	645	643	551	606
585	553	576	665	656	720	826	838	652	661	584	644
623	553	599	657	680	759	878	881	705	684	577	656
645	593	617	686	679	773	906	934	713	710	600	676
645	602	601	709	706	817	930	983	745	735	620	698
665	626	649	740	729	824	937	994	781	759	643	728
691	649	656	735	748	837	995	1 040	809	793	692	763
723	655	658	761	768	885	1 067	1 038	812	790	692	782
758	709	715	788	794	893	1 046	1 075	812	822	714	802
748	731	748	827	788	937	1 076	1 125	840	864	717	813
811	732	745	844	833	935	1 110	1 124	868	860	762	877

（1）考察该小镇旅馆入住情况的规律。

（2）根据该序列呈现的规律，你能想出多少种方法拟合该序列？比较不同方法的拟合效果。

（3）选择拟合效果最好的模型，预测该小镇未来 3 年的旅馆入住情况。

第7章 多元时间序列分析

7.1 伪回归

前面几章中我们介绍的都是一元时间序列的分析方法。

实际上，很多序列的变化规律都会受到其他序列的影响。比如，当我们分析居民消费支出序列时，很自然地会想到消费水平会受到收入水平的影响。如果我们将收入序列作为一个自变量纳入消费序列的研究，也许会得到比单变量分析更准确的预测结果。

把多个序列一起纳入研究，就属于多元时间序列分析的范畴。最简单的多元时间序列分析就是引入自变量序列（也称为输入序列或外生序列）$\{x_{1t}\},\cdots,\{x_{kt}\}$，对响应序列$\{y_t\}$构建 ARIMAX 模型。

ARIMAX 模型的实质是：首先建立响应序列和输入序列之间的回归模型

$$y_t = \beta_0 + \beta_1 x_{1t} + \cdots + \beta_k x_{kt} + \upsilon_t$$

回归模型提取的是响应序列受输入序列影响的那部分信息。

然后对回归残差序列$\{\upsilon_t\}$拟合 ARIMA 模型，进一步提取$\{y_t\}$序列中所蕴涵的但不能被输入序列解释的相关信息

$$\upsilon_t = y_t - (\beta_0 + \beta_1 x_{1t} + \cdots + \beta_k x_{kt}) = \frac{\Theta(B)}{\Phi(B)}\varepsilon_t$$

这两个步骤合起来就构建了 ARIMAX 模型

$$y_t = \beta_0 + \beta_1 x_{1t} + \cdots + \beta_k x_{kt} + \frac{\Theta(B)}{\Phi(B)}\varepsilon_t \tag{7.1}$$

ARIMAX 模型既能提取输入变量对响应变量的影响，又能提取响应变量序列值之间的相关性。这使得它具有非常广泛的实用价值。但在 20 世纪 70 年代，Granger 发现，如果响应序列$\{y_t\}$和输入序列$\{x_{1t}\},\cdots,\{x_{kt}\}$都不平稳，把它们放在一起构建回归模型，就很容易出现伪回归的问题。

为了正确理解伪回归的含义，我们考虑最简单的一种情况：假如我们已知响应序列$\{y_t\}$与输入序列$\{x_t\}$相互独立，它们之间不存在任何线性相关关系。这时我们强行把这两个序列放在一起，构建一元线性回归模型

$$y_t = \beta_0 + \beta_1 x_t + \upsilon_t \tag{7.2}$$

那么理论上，这个一元线性回归模型（7.2）应该不成立。

也就是说，当我们对拟合模型（7.2）进行参数的显著性检验时

$$H_0:\ \beta_1 = 0 \leftrightarrow H_1:\ \beta_1 \neq 0$$

检验结果应该接受 $\beta_1 = 0$ 的原假设才是对的。

如果检验结果恰好和理论结果相反，接受 $\beta_1 \neq 0$ 的备择假设，这时就会认为方程显著成立，继而得出响应序列 $\{y_t\}$ 和输入序列 $\{x_t\}$ 之间具有显著的线性相关关系的错误结论。

拒绝正确的原假设，接受错误的备择假设，这就犯了假设检验中的第一类错误（拒真错误）。由于样本的随机性，拒真错误始终都会存在，我们使用显著性水平 α 代表拒真错误发生的概率

$$P(H_1 \mid H_0) = \alpha$$

在进行模型的显著性检验时，我们会把拒真错误控制在很小的范围里，默认 α=0.05。这意味着，如果两个序列不相关，我们强行把它们放在一起建立回归模型，那么这个回归模型会有95%的概率被我们判定为不成立，只有不到5%的可能性会被错误地判定为模型成立。

1974 年，Granger 和 Newbold 进行了非平稳序列伪回归的随机模拟实验。该实验的设计思想是分别拟合两个随机游走序列：

$$y_t = y_{t-1} + \omega_t$$
$$x_t = x_{t-1} + v_t$$

式中，$\omega_t \overset{i.i.d}{\sim} N(0, \sigma_\omega^2)$；$v_t \overset{i.i.d}{\sim} N(0, \sigma_v^2)$；且 $\mathrm{Cov}(\omega_t, v_s) = 0, \forall\, t,\ s \in T$。

构建 $\{y_t\}$ 关于 $\{x_t\}$ 的回归模型 $y_t = \beta_0 + \beta_1 x_t + \varepsilon_t$，并进行参数的显著性检验。由于 $\{y_t\}$ 和 $\{x_t\}$ 是两个独立的随机游走序列，因此理论上它们应该没有任何相关性，即模型检验应该显著支持 β_1=0 的假定。如果模拟结果显示拒绝原假设的概率远远大于拒真概率 α，即认为伪回归显著成立。

【例 7–1】复现 Granger 的伪回归随机模拟实验，并考察伪回归出现的原因。

Granger 的伪回归随机模拟实验分为两步：

第一步：随机产生两个样本容量为 100 的随机游走序列，一个记作 x，一个记作 y，拟合 x 与 y 的一元线性回归模型（7.2），返回该拟合模型 β_1 的显著性检验统计量的值（z 值）和该统计量的 P 值。为了便于多次随机模拟，我们把这个过程设置为自定义函数 lm_test。

第二步：重复运行第一步 1 000 次，将这 1 000 次回归模型显著性检验的结果（P 值）记录下来，统计这 1 000 个回归模型显著性检验统计量的 P 值小于 0.05 的发生次数，计算出犯第一类错误的真实频次 n。$n/1\,000$ 就是这次模拟的犯第一类错误的真实概率。

```
#导入分析工具库
import numpy as np
import pandas as pd
import matplotlib.pyplot as plt
from scipy.stats import norm

# 伪回归随机模拟的第一步
def lm_test():
    x= np.zeros(100)
    y= np.zeros(100)
    e1= np.random.normal(size=100)
```

```
e2= np.random.normal(size=100)
for i in range(99):
    x[i+1]=x[i]+e1[i]
    y[i+1]=y[i]+e2[i]
lm=SARIMAX(y,exog=x,order=(0,0,0)).fit()
z=lm.zvalues[0]
p=lm.pvalues[0]
return(z,p)

# 伪回归随机模拟的第二步
n=0
N=1000
for i in range(N):
    p=lm_test()[1]
    if p<0.05:
n
```

810

　　因为是随机模拟，故每次拟合结果会略有不同。本次随机模拟结果显示，1 000 次随机拟合中有 810 次回归方程被判定为显著成立。这意味着本次模拟实验中，犯第一类错误的真实概率高达 81%。这么高的伪回归概率是我们不能接受的。

　　为什么会有这么高的伪回归概率呢？

　　因为在一元线性回归中，我们进行方程的显著性检验时通常采用 t 统计量

$$t = \frac{\beta_1}{\sigma_\beta}$$

　　当响应序列和输入序列都平稳时，该统计量近似服从自由度为样本容量的 t 分布。当 $|t| \geqslant t_{1-\alpha/2}(n)$ 时，可以将拒真错误发生的概率准确地控制在显著性水平 α 以内，即

$$P\{|t| \geqslant t_{1-\alpha/2}(n) \,|\, \text{平稳序列}\} \leqslant \alpha$$

　　当响应序列和输入序列不平稳时，随机模拟的结果显示，检验统计量 $t = \beta_1 / \sigma_\beta$ 将不再服从 t 分布，这时 t 统计量样本分布的方差远远大于 t 分布的方差，如果仍然采用 t 分布的临界值进行检验，拒绝原假设的概率就会大大增加，即

$$P\{|t| \geqslant t_{1-\alpha/2}(n) \,|\, \text{非平稳序列}\} \geqslant \alpha$$

这将导致我们无法控制犯第一类错误的概率，非常容易接受回归模型显著成立的错误结论，产生严重的伪回归问题。

　　下面我们基于本次模拟，考察伪回归产生的原因。

　　本次模拟重复 1 000 次，每次都产生了样本容量为 100 的两个随机游走序列 $\{x_t\}$ 和 $\{y_t\}$，对这两个序列建立一元线性回归方程。理论上，β_1 的显著性检验统计量 $t = \beta_1 / \sigma_\beta$ 服从自由度为 100 的 t 分布。由于自由度大于 25 的 t 分布就近似服从标准正态分布，因此 Python 输出的拟合结果中，该检验统计量就直接记为 z 统计量。在我们自定义的函数 lm_test 中，我们已经将 β_1 的 z 统计量的结果输出。现在绘制这 1 000 个 z 统计量的直方图，并与 t 统计量的理论分布（近似标准正态分布）进行对比。

```
#输出 1000 次随机模拟的 z 统计量结果
z= np.zeros(1000)
for i in range(N):
    z[i]=lm_test()[0]

#绘制 z 统计量的直方图和标准正态分布参照图（见图 7-1）
plt.hist(z,density=True,bins=15,range=(-0,20),histtype="bar",color="red",alpha=0.8)
x=np.arange(-20,20,0.01)
p=norm.pdf(x)
plt.plot(x,p,"k",linewidth=2,color="green")
plt.fill_betweenx(p,x,alpha=0.5,color='green')
```

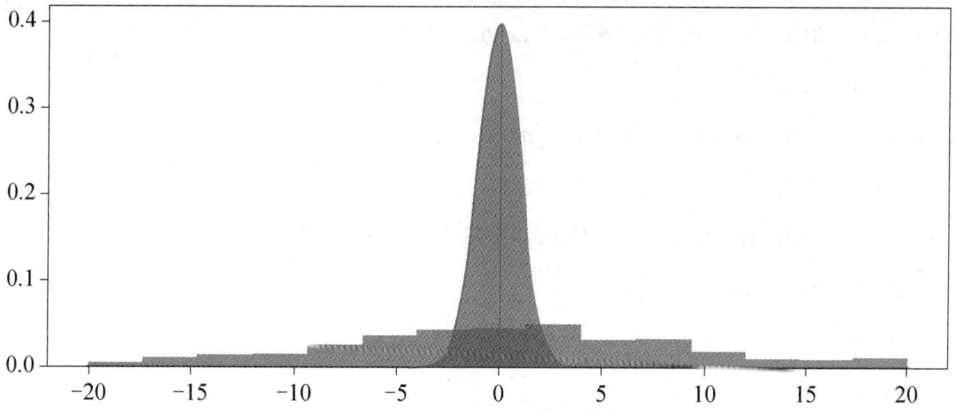

图 7-1　非平稳场合参数检验统计量的直方图

在图 7-1 中，中间高耸的绿色阴影部分是标准正态分布密度函数曲线，下面扁平的红色阴影部分是 β_1 的 z 统计量的直方图。[①] 在进行回归方程的显著性检验时，我们默认 β_1 的 z 统计量近似服从中间高耸的标准正态分布。但如图 7-1 所示，β_1 的样本分布并不服从正态分布，它服从下面的厚尾扁平分布。我们在进行回归方程的显著性检验时，默认 z 统计量落入（−1.96，1.96）范围内的概率为 95%，只有 5% 的 z 统计量会落在这个范围之外，但实际上 z 统计量落在（−1.96，1.96）之外的概率高达 75% 以上。所以，在多元序列非平稳场合，检验统计量不服从理论分布是伪回归产生的根本原因。

伪回归现象的存在使多元时间序列的回归分析陷入困境，因为我们无法判断这个回归模型是不是伪回归。这个问题直到协整概念提出后才得到解决。

7.2　协整模型

7.2.1　单整与协整

一、单整的概念

在单位根检验的过程中，如果检验结果显著拒绝序列非平稳的原假设，即说明序列 $\{x_t\}$ 显著平稳，不存在单位根，这时称序列 $\{x_t\}$ 为零阶单整（integration）序列，简记为 $x_t \sim I(0)$。

---

① 因双色印刷，有关颜色未能展现，详见代码实际运行结果。

假如原假设不能被显著拒绝，说明序列 $\{x_t\}$ 为非平稳序列，存在单位根。这时可以考虑对该序列进行适当阶数的差分，以消除单位根，实现平稳。

假如原序列 1 阶差分后平稳，说明原序列存在一个单位根，这时称原序列为 1 阶单整序列，简记为 $x_t \sim I(1)$。

假如原序列至少需要进行 d 阶差分才能实现平稳，说明原序列存在 d 个单位根，这时称原序列为 d 阶单整序列，简记为 $x_t \sim I(d)$。

二、单整序列的性质

单整衡量的是单个序列的平稳性，它具有如下重要性质：

（1）若 $x_t \sim I(0)$，对于任意非零实数 a，b，则有

$$a + bx_t \sim I(0)$$

（2）若 $x_t \sim I(d)$，对于任意非零实数 a，b，则有

$$a + bx_t \sim I(d)$$

（3）若 $x_t \sim I(0)$，$y_t \sim I(0)$，对于任意非零实数 a，b，则有

$$z_t = ax_t + by_t \sim I(0)$$

（4）若 $x_t \sim I(d)$，$y_t \sim I(c)$，对于任意非零实数 a，b，则有

$$z_t = ax_t + by_t \sim I(k)$$

式中，$k \leqslant \max(d, c)$。

三、协整的概念

在现实生活中我们会发现，虽然有些序列自身的变化是非平稳的，但是序列与序列之间具有非常密切的长期均衡关系。

比如 1978—2002 年，我国农村居民正处于摆脱贫困奔小康的发展阶段，在这一阶段绝大多数家庭都是以收定支，收入与支出之间有着密切的长期均衡关系。图 7-2 显示了在这一阶段中国农村居民家庭人均纯收入对数序列 $\{\ln x_t\}$ 和生活消费支出对数序列 $\{\ln y_t\}$ 的相对变化关系。

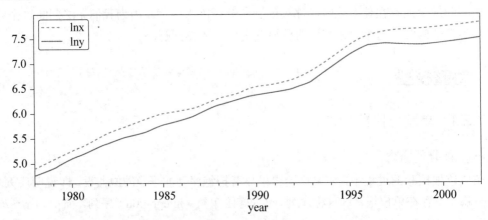

图 7-2　中国农村居民家庭人均纯收入与生活消费支出对数序列的时序图

图 7–2 显示，这两个序列都具有显著的线性递增趋势，所以都是非平稳序列。但是它们之间具有非常稳定的线性相关关系。当收入增多时，生活消费支出也增多，1996 年家庭收入增速放缓时，消费支出的增速也随之放缓。它们的变化速度几乎一致。这种稳定的同变关系让我们怀疑它们之间具有一种内在的平稳机制，这种平稳机制导致它们自身的变化是不平稳的，但是彼此之间具有长期均衡发展的关系。

为了有效地衡量序列之间是否具有长期均衡关系，Engle 和 Granger 于 1987 年提出了协整的概念。

假定自变量序列为 $\{x_1\}$，$\cdots$，$\{x_k\}$，响应变量序列为 $\{y_t\}$，构造回归模型

$$y_t = \beta_0 + \sum_{i=1}^{k} \beta_i x_{it} + \varepsilon_t$$

如果回归残差序列 $\{\varepsilon_t\}$ 平稳，则称响应变量序列 $\{y_t\}$ 与自变量序列 $\{x_1\}$，$\cdots$，$\{x_k\}$ 之间具有协整关系。

协整概念的提出有非常重要的意义，它找到了伪回归产生的原因。伪回归之所以会产生，是因为多元序列之间没有形成稳定的长期均衡关系，这导致它们的回归模型残差序列不平稳。

残差序列不平稳，意味着回归模型的显著性检验统计量的样本分布就如图 7–1 的直方图所示，会严重偏离理论分布，这时回归模型的显著性检验犯第一类错误的概率就会非常高，从而产生严重的伪回归问题。

如果残差序列平稳，就能保证回归模型的显著性检验统计量服从理论的样本分布。这时回归模型的显著性检验犯第一类错误的概率就能控制在显著性水平（$\alpha=0.05$）之下，回归模型的显著性检验结果就是可信的。

有了协整的概念，基于多元序列构建 ARIMAX 模型就变得可操作了。多元序列之间具有协整关系成为构建 ARIMAX 模型的约束条件。这个约束条件显然比要求所有序列都平稳要宽松许多，极大地拓宽了 ARIMAX 模型的适用范围。

7.2.2　协整模型

多元序列之间能否建立回归模型与单个序列是否平稳无关，关键在于它们之间是否具有协整关系，因此，要对多元非平稳序列建模必须先进行协整检验，也称为 Engle-Granger 检验，简称 EG 检验。

一、假设条件
由于自然界中绝大多数序列之间不具有协整关系，因此 EG 检验的假设条件确定为：

　　H_0：多元序列之间不存在协整关系

　　H_1：多元序列之间存在协整关系

由于协整关系主要是通过考察回归残差的平稳性确定的，因此上述假设条件等价于：

　　H_0：回归残差序列 $\{\varepsilon_t\}$ 非平稳

　　H_1：回归残差序列 $\{\varepsilon_t\}$ 平稳

二、EG 检验

EG 检验也称为 EG 两步法，它按照如下两个步骤进行。

步骤一：建立响应序列与输入序列之间的回归模型：

$$y_t = \hat{\beta}_0 + \hat{\beta}_1 x_{1t} + \hat{\beta}_2 x_{2t} + \cdots + \hat{\beta}_k x_{kt} + \varepsilon_t$$

式中，$\hat{\beta}_0, \hat{\beta}_1, \cdots, \hat{\beta}_k$ 是最小二乘估计值。

步骤二：对回归残差序列 $\{\varepsilon_t\}$ 进行平稳性检验。

我们主要采用单位根检验的方法来考察回归残差序列的平稳性，所以，假设条件等价于

$$H_0: \varepsilon_t \sim I(k), k \geqslant 1 \leftrightarrow H_1: \varepsilon_t \sim I(0)$$

EG 检验的原理与计算公式和 DF 检验的原理与计算公式相同，但是蒙特卡罗模拟的结果显示它们的临界值略有不同。EG 检验的临界值不仅与位移项、趋势项等因素有关，而且与回归模型中非平稳变量的个数相关。Mackinnon 提供了 EG 检验的临界值表，并将 EG 检验的临界值表与 ADF 检验的临界值表结合在一起。当非平稳序列的个数为 1（N=1）时，对应的就是 ADF 检验；当非平稳序列的个数大于等于 2（N≥2）时，对应的就是 EG 检验。

如果 EG 检验结果判定协整关系显著成立，那么回归模型

$$y_t = \hat{\beta}_0 + \hat{\beta}_1 x_{1t} + \cdots + \hat{\beta}_k x_{kt} + \varepsilon_t$$

就称为协整方程。它提取了输入序列和响应序列之间所具有的长期均衡发展的关系。

三、拟合 ARIMA 模型

进一步提取残差序列中蕴涵的相关信息

$$\varepsilon_t = y_t - (\hat{\beta}_0 + \hat{\beta}_1 x_{1t} + \hat{\beta}_2 x_{2t} + \cdots + \hat{\beta}_k x_{kt})$$

残差序列包含了响应序列不能由输入序列解释的随机波动。这个随机波动中可能还蕴涵历史信息之间的相关性，所以可以进一步考察 $\{\varepsilon_t\}$ 的自相关和偏自相关信息，构建 ARMA 模型：

$$\varepsilon_t = \frac{\Theta(B)}{\Phi(B)} a_t$$

式中，$\Theta(B)$ 为 q 阶移动平均系数多项式；$\Phi(B)$ 为 p 阶自回归系数多项式；a_t 为白噪声序列，$a_t \sim N(0, \sigma^2)$。

最终得到的模型称为带输入序列的 ARIMA 模型，简写为 ARIMAX 模型：

$$y_t = \hat{\beta}_0 + \hat{\beta}_1 x_{1t} + \hat{\beta}_2 x_{2t} + \cdots + \hat{\beta}_k x_{kt} + \frac{\Theta(B)}{\Phi(B)} a_t$$

【例 7-2】生物学家进行生态动力学研究，每隔 12 小时观察一次草履虫（paramecium，捕食者）和栉毛虫（didinium，被捕食者）的数量变化（数据见表 A1-22）。根据这批实验数据请分析：

（1）实验室环境下捕食者与被捕食者之间具有协整关系吗？

（2）草履虫的数量可以基于哪个模型进行拟合？

（3）假如人为控制栉毛虫的数量，预测草履虫的数量会发生怎样的变化？

1. 导入分析工具和数据文件，绘制时序图

```
# 导入分析工具和自定义函数
import numpy as np
import pandas as pd
import matplotlib.pyplot as plt
plt.rcParams['font.sans-serif']=['SimHei']          #图片中文字体识别
plt.rcParams['axes.unicode_minus']=False            #图片负号正常显示
from statsmodels.tsa.api import
acf,pacf,adfuller,SARIMAX,arma_order_select_ic,seasonal_decompose,ExponentialSmoothing
from statsmodels.graphics.tsaplots import plot_acf,plot_pacf,plot_predict
from statsmodels.stats.diagnostic import acorr_ljungbox as LB_test


def ADF_test(x):
    ADF=pd.DataFrame(adfuller(x)[0:3],index=['统计量','P 值','延迟阶数'],columns=['ADF 检验'])
    return ADF

def LB_plot(x,lags):
    plt.plot(LB_test(x.resid,lags).lb_pvalue,marker=".",linestyle='none')
    plt.yticks(np.arange(0,1.05,0.1))
    plt.xticks(range(lags+1))
    plt.xlabel("Lags")
    plt.ylabel("Pvalue")
    plt.axhline(0.05,c='red',linestyle='--')
    plt.rcParams['font.sans-serif']=['SimHei']
    plt.title('LB-Plot')
return plt.show()

# 读入数据文件
file22=pd.read_excel('D:\\Ts_Data\\A1_22.xlsx',parse_dates=True,index_col=0)

# 绘制时序图（见图 7-3）
file22.Didinium.plot(linestyle="--")
file22.Paramecium.plot()
plt.legend()
```

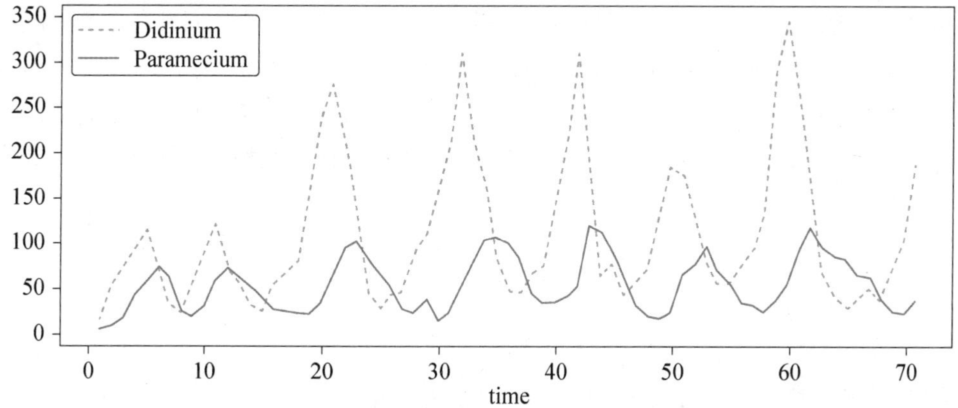

图 7-3　草履虫和栉毛虫每 12 小时观察数量时序图

从时序图（见图 7-3）可以看出随着食物（栉毛虫）数量的增加，捕食者（草履虫）食物丰盈，数量增加。但随着捕食者（草履虫）的数量不断增加，越来越多的栉毛虫被捕食，栉毛虫的数量开始下降。食物（栉毛虫）数量下降又会导致捕食者食物不足，从而数量减少。捕食者少了，栉毛虫又能大量繁殖，于是又开启新一轮的食物增加—捕食者增加—食物减少—捕食者减少的生态循环。

2. 计算互相系数

时序图（见图 7-3）清晰显示出捕食者和被捕食者之间具有长期互动关系。但这种互动关系存在滞后影响。也就是说，栉毛虫数量的变化需要经过若干期的生态反应，才能导致草履虫数量的变化。那么这个生态滞后期是几期呢？

Box 和 Jenkins 构造了互相关函数和互相关系数的概念，考察输入序列对响应序列不同滞后期的影响力度。

延迟 k 阶互相关函数（cross-correlation function）的定义为：

$$\text{Cov}_k = \text{Cov}(y_t, x_{t-k}) = E[(y_t - E(y_t))(x_{t-k} - E(x_{t-k}))]$$

延迟 k 阶互相关系数（cross-correlation coefficient）的定义为：

$$C\rho_k = \frac{\text{Cov}(y_t, x_{t-k})}{\sqrt{\text{Var}(y_t)}\sqrt{\text{Var}(x_{t-k})}}$$

延迟 k 阶互相关系数计算的是响应序列滞后于输入序列 k 期的相关系数，即 $\{y_t\}$ 与 $\{x_{t-k}\}$ 之间的相关系数。

和自相关系数、偏自相关系数一样，根据 Bartlett 定理，互相关系数近似服从零均值正态分布

$$C\rho_k \sim N\left(0, \frac{1}{n-|k|}\right)$$

若

$$C\rho_k > \frac{2}{\sqrt{n-|k|}}$$

即互相关系数超过 2 倍标准差，可以认为显著非零，即 $\{y_t\}$ 和 $\{x_{t-k}\}$ 之间具有显著的相关性。

互相关系数最大的那一期通常就是输入变量和响应变量之间的反应滞后期。如果多阶互相关系数都显著非零（大于 2 倍标准差），就意味着输入序列对响应序列的影响是长期的。

Python 中 statsmodels.tsa.stattools 包中的 ccf 函数可以计算互相关系数，命令格式为：

ccf(y,x)[k]

其中：
- y：响应序列。
- x：输入序列。
- k：延迟阶数。

考察草履虫和栉毛虫的互相关系数的特征，相关指令和输出结果（见图 7-4）如下：

```
from statsmodels.tsa.stattools import ccf
CCF=ccf(file22.Paramecium,file22.Didinium)[0:20]
Lags=range(0,20,1)
plt.vlines(Lags,0,CCF,colors="red",linestyles='solid')
plt.axhline(y=0.0)
plt.xlabel("Lags")
plt.ylabel("CCF")
```

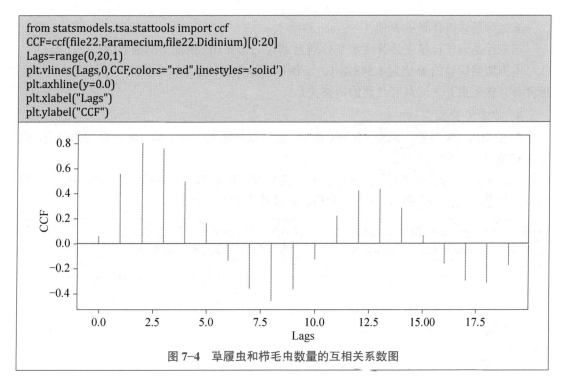

图 7-4　草履虫和栉毛虫数量的互相关系数图

图 7-4 显示，草履虫和栉毛虫数量的互相关系数在延迟 2 阶后达到最大。这意味着栉毛虫数量的变化对 2 期后的草履虫数量的影响最大，而且它们之间周而复始的种群变化规律大概 10 期为一个周期。

3. 协整检验

Python 中 statsmodels.tsa.stattools 包中的 coint 函数可以进行协整检验。命令格式为：

　　　coint(y,x,maxlag =,autolag =)

其中：

- y：响应变量。
- x：输入变量。
- maxlag：最大延迟阶数。
- autolag：如果不确定最大延迟阶数，可以选择让系统根据最小信息量准则自动选择延迟阶数。系统默认基于 AIC 准则选择回归模型的最优延迟阶数。相关指令和输出结果如下：

```
from statsmodels.tsa.stattools import coint
coint(file22.Paramecium,file22.Didinium,maxlag=2)
```
```
(-6.4604625424921,
 1.548406737624896e-07,
 array([-4.05973796,-3.42480959,-3.10559367]))
```

协整检验的输出结果中：

第一行是协整统计量的值；

第二行是该统计量的 P 值；

第三行是该统计量在显著性水平分别为 1%，5% 和 10% 情况下的临界值。

本例协整检验的 P 值为 $1.548\,4\times10^{-7}$，所以可以判断捕食者（草履虫）与延迟 2 阶的被捕食者（栉毛虫）之间具有显著的协整关系。

4. 拟合协整模型

在 SARIMAX 函数中添加 exog=x 选项，就可以将输入序列 x 纳入响应序列的拟合，构造协整模型。

本例中，因为响应序列和输入序列存在滞后期，所以需要先调整响应序列和输入序列的对应关系，使得 $\{y_t\}$ 和 $\{x_{t-k}\}$ 一一对应。相关指令和输出结果如下：

```
y=file22.Paramecium.shift(-2).dropna()      #响应序列去掉最后两期观察值
x=file22.Didinium.shift(2).dropna()         #输入序列去掉最初两期观察值
print(y,x)

time
1       17.26
2       41.97
3       55.97
4       74.91
5       62.52
    ...
65      63.58
66      37.99
67      25.60
68      23.10
69      37.09
Name:Paramecium,Length:69,dtype:float64
time
3       15.65
4       53.57
5       73.34
6       93.93
7      115.40
    ...
67      30.64
68      35.56
69      52.03
70      37.99
71      62.71
Name:Didinium,Length:69,dtype:float64
```

我们调整了响应序列和输入序列的滞后期，产生了新的响应序列 $\{y_t\}$ 和输入序列 $\{x_{t-k}\}$。这两个序列带有原始的时间标签，在调用 SARIMAX 函数时，系统会因为它们的时间标签不同期而报错。为了规避这个问题，可以在指定输入变量时使用 np.array 函数将输入序列指定为数组，抹去时间标签。

```
mod1= SARIMAX(y,exog=np.array(x),order=(0,0,0),trend="c")
fit1= mod1.fit()
fit1.summary()
```

Dep. Variable:	Paramecium	No. Observations:	69
Model:	SARIMAX	Log Likelihood	-290.529
Date:	Mon, 19 Jun 2023	AIC	587.058
Time:	22:12:26	BIC	593.760
Sample:	0	HQIC	589.717
	- 69		
Covariance Type:	opg		

	coef	std err	z	P>|z|	[0.025	0.975]
intercept	23.2764	3.795	6.134	0.000	15.839	30.714
x1	0.2972	0.031	9.510	0.000	0.236	0.358
sigma2	265.9392	53.435	4.977	0.000	161.208	370.671

Ljung-Box (L1) (Q):	20.51	Jarque-Bera (JB):	3.31
Prob(Q):	0.00	Prob(JB):	0.19
Heteroskedasticity (H):	1.93	Skew:	0.52
Prob(H) (two-sided):	0.12	Kurtosis:	2.71

根据模型拟合结果，确定协整模型的口径为：

$$Paramecium_t = 23.236\ 4 + 0.297\ 2Didinium_{t-2} + v_t$$

协整模型显示，草履虫种群的数量大概等于两期之前栉毛虫种群数量的 30%。

5. 拟合 ARIMAX 模型

协整模型提取了食物种群的数量对捕食者种群数量的影响，剔除外生变量的影响，捕食者种群自身的繁衍可能也有自相关性。所以下一步进行协整模型残差序列的白噪声检验，看是否需要进一步提取残差序列中的相关信息。

```
# 协整模型残差序列的白噪声检验（见图 7-5）
LB_plot(fit1,15)
```

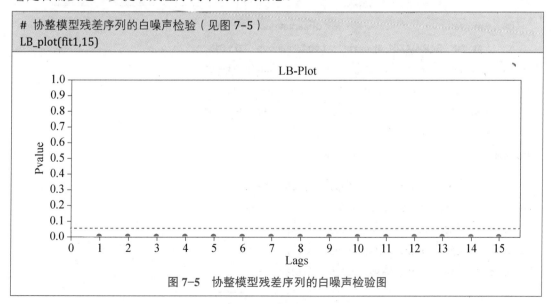

图 7-5 协整模型残差序列的白噪声检验图

协整模型残差序列的白噪声检验结果显示，所有延迟阶数的 P 值均小于 0.05，这意味着残差序列不是纯随机序列，该序列中还蕴涵相关信息值得提取。所以，接下来考察残差序列的自相关图和偏自相关图（见图 7-6），给 ARMA 模型定阶。相关指令和输出结果如下：

```
fig,axes = plt.subplots(1,2)
fig =plot_acf(fit1.resid,zero=False,title="ACF",lags=20,ax=axes[0])
fig =plot_pacf(fit1.resid,zero=False,title="PACF",lags=20,ax=axes[1])
```

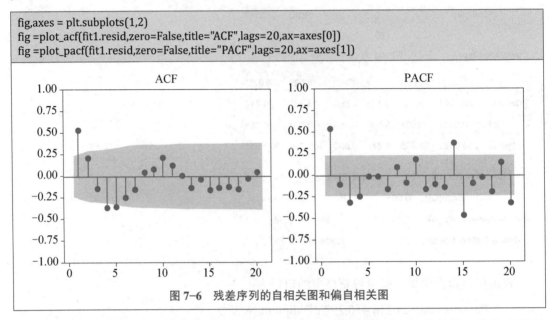

图 7-6　残差序列的自相关图和偏自相关图

自相关图和偏自相关图均显示拖尾特征。经过多个拟合模型之间的比较，我们选择拟合疏系数模型 ARIMA((1, 3), 0, 1)。相关指令和输出结果如下：

```
ar=[1,0,1]
mod2= SARIMAX(y,exog=x,order=(ar,0,1),trend="c")
fit2= mod2.fit()
fit2.summary()
```

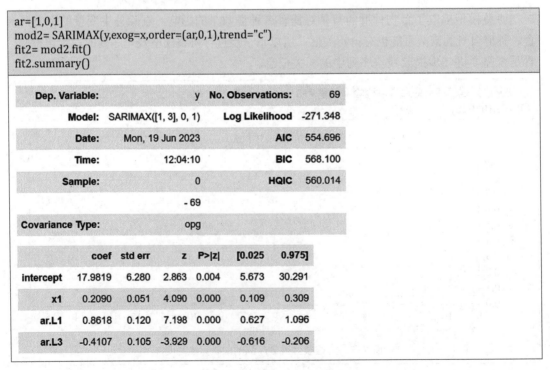

Dep. Variable:			y	No. Observations:		69
Model:		SARIMAX([1, 3], 0, 1)		Log Likelihood		-271.348
Date:		Mon, 19 Jun 2023		AIC		554.696
Time:		12:04:10		BIC		568.100
Sample:		0		HQIC		560.014
		- 69				
Covariance Type:		opg				

	coef	std err	z	P>|z|	[0.025	0.975]
intercept	17.9819	6.280	2.863	0.004	5.673	30.291
x1	0.2090	0.051	4.090	0.000	0.109	0.309
ar.L1	0.8618	0.120	7.198	0.000	0.627	1.096
ar.L3	-0.4107	0.105	-3.929	0.000	-0.616	-0.206

ma.L1	-0.3091	0.225	-1.376	0.169	-0.749	0.131
sigma2	150.8642	24.862	6.068	0.000	102.135	199.593

Ljung-Box (L1) (Q):	0.00	**Jarque-Bera (JB):**	10.91
Prob(Q):	0.96	**Prob(JB):**	0.00
Heteroskedasticity (H):	0.83	**Skew:**	0.35
Prob(H) (two-sided):	0.67	**Kurtosis:**	4.81

根据拟合模型的输出结果，最终拟合的 ARIMAX 模型为：

$$\text{Paramecium}_t = 17.981\,9 + 0.209\text{Didinium}_{t-2} + \frac{1 - 0.309\,1B}{(1 - 0.861\,8B)(1 + 0.410\,7B^3)}\varepsilon_t$$

式中，$\varepsilon_t \sim N(0, 150.864\,2)$。

接着对 ARIMAX 模型进行显著性检验。图 7-7 显示，各阶延迟的 LB 检验统计量的 P 值均大于 0.05，所以该 ARIMAX 模型显著成立。

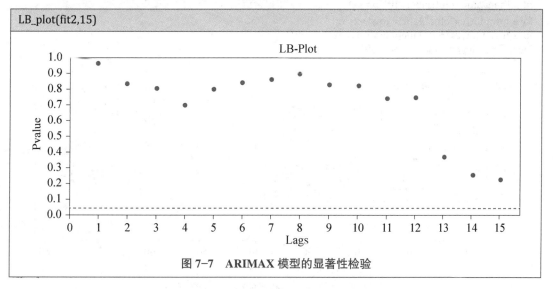

图 7-7　**ARIMAX** 模型的显著性检验

6. 预测

ARIMAX 模型可以通过给定输入变量的不同水平，预测响应序列在不同情景下的发展水平。本例做了两个情景预测：

（1）食物供给低水平情景假定：假设栉毛虫种群的数量比上一个周期普遍减少 50。

（2）食物供给高水平情景假定：假设栉毛虫种群的数量比上一个周期普遍增加 50。

下面的指令可以得到在这两个不同的情景假定下，草履虫种群数量的预测。

```
x_low=x[55:65]-50
fore_low=fit2.forecast(10,exog=x_low)
x_high=x[55:65]+50
fore_high=fit2.forecast(10,exog=x_high)
pd.DataFrame({"Low":fore_low,"High":fore_high})
```

	Low	High
69	35.676205	56.576643
70	45.814983	66.715420
71	58.876400	79.776837
72	90.971020	111.871457
73	99.288837	120.189275
74	79.819894	100.720332
75	52.321532	73.221969
76	32.984140	53.884578
77	27.562830	48.463268
78	26.413435	47.313873

```python
#绘制拟合预测效果图（见图 7-8）
fig,ax = plt.subplots()
fig=y.plot(marker=".",c="black",linestyle="none")
fit2.fittedvalues.plot(label='fit',ax=ax)              #拟合值
fore_low.plot(c="blue",label='low',ax=ax)
fore_high.plot(c="red",label='high',ax=ax)
legend = ax.legend(loc="upper left")
```

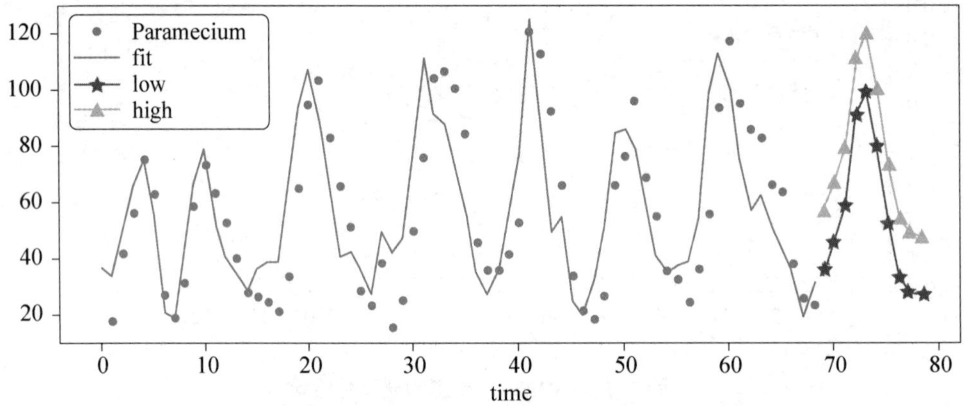

图 7-8　草履虫种群数量的拟合预测效果图

7.2.3　误差修正模型

误差修正模型（error correction model）简称 ECM 模型，最初由 Hendry 和 Anderson 于 1977 年提出，它常常作为协整模型的补充模型出现。协整模型度量序列之间的长期均衡关系，ECM 模型则解释序列的短期波动关系。

下面介绍误差修正模型的构造原理。

假设非平稳响应序列 $\{y_t\}$ 与非平稳输入序列 $\{x_t\}$ 之间具有协整关系，即

$$y_t = \beta x_t + \varepsilon_t \tag{7.3}$$

则回归残差序列为平稳序列：

$$\varepsilon_t = y_t - \beta x_t \sim I(0)$$

在式（7.3）等号两边同时减去 y_{t-1}，则有

$$y_t - y_{t-1} = \beta x_t - y_{t-1} + \varepsilon_t \tag{7.4}$$

将 $y_{t-1} = \beta x_{t-1} + \varepsilon_{t-1}$ 代入式（7.4）等号右边，得

$$y_t - y_{t-1} = \beta x_t - \beta x_{t-1} - \varepsilon_{t-1} + \varepsilon_t \tag{7.5}$$

假定 β 的最小二乘估计值为 $\hat{\beta}$，则 $\hat{\varepsilon}_{t-1} = y_{t-1} - \hat{\beta} x_{t-1}$ 代表的是上一期的误差，特别记作 ECM_{t-1}，则式（7.5）可以整理成如下形式：

$$\Delta y_t = \beta \Delta x_t - \mathrm{ECM}_{t-1} + \varepsilon_t \tag{7.6}$$

这说明响应序列的当期波动（Δy_t）主要受到三方面短期波动的影响：

（1）输入序列的当期波动 Δx_t；

（2）上一期的误差 ECM_{t-1}；

（3）当期的纯随机波动 ε_t。

为了定量地测定这三方面影响的大小，尤其是上一期的误差 ECM_{t-1} 对当期波动 Δy_t 的影响，可以构建 ECM 模型，模型结构如下：

$$\Delta y_t - \beta_0 \Delta x_t + \beta_1 \mathrm{ECM}_{t-1} + \varepsilon_t$$

式中，β_1 称为误差修正系数，表示误差修正项对当期波动的修正力度。根据误差修正模型的推导原理（式（7.6）），可以确定 $\beta_1<0$，即误差修正机制是一个负反馈机制。

具有长期协整关系的多元序列共同构成了一个长期平稳系统，由于各种随机因素的影响，响应变量的真值会在协整均值附近波动，真值偏离协整均值的大小用 ECM 表示。ECM 代表了短期偏离平衡的力度。

只要是协整系统，系统内部就一定有一种维持系统平稳的弹性，这个误差修正系数 β_1 就是系统维持平稳的弹性。β_1 系数的绝对值越大，说明系统对短期波动偏离平稳的反向弹性越大，这种系统就越容易维持长期协整关系。如果 β_1 系数的绝对值很小，就说明系统维持长期协整关系的能力比较弱，很有可能在短期出现一个大的随机波动，系统就再也无法恢复原来的协整关系了。

【例 7–2 续】对草履虫（捕食者）和栉毛虫（被捕食者）数量序列构建误差修正模型（数据见表 A1–22）。

首先产生响应变量差分序列 $\{\Delta y_t\}$、输入变量差分序列 $\{\Delta x_t\}$ 和协整模型（fit1 模型）的残差序列 $\{\mathrm{ECM}_t\}$，把这三个序列写入数据文件 A 中。

然后调用 statsmodels.formula.api 包中的 ols 函数对这三个序列建立多元线性回归模型：

$$\Delta y_t = \beta_0 \Delta x_t + \beta_1 \mathrm{ECM}_{t-1} + \varepsilon_t$$

```
# 整理数据
A=pd.DataFrame()
A["dif_y"]=np.array(y.diff().dropna())
A["dif_x"]=np.array(x.diff().dropna())
A["ECM"]=np.array(fit1.resid[1:69])
A
```

```
# 建立模型
import statsmodels.formula.api as smf
fit3=smf.ols(formula="dif_y~dif_x+ECM",data=A).fit()
fit3.summary()
```

Dep. Variable:	dif_y	R-squared:	0.591
Model:	OLS	Adj. R-squared:	0.578
Method:	Least Squares	F-statistic:	46.89
Date:	Tue, 20 Jun 2023	Prob (F-statistic):	2.48e-13
Time:	03:03:05	Log-Likelihood:	-270.54
No. Observations:	68	AIC:	547.1
Df Residuals:	65	BIC:	553.7
Df Model:	2		
Covariance Type:	nonrobust		

	coef	std err	t	P>|t|	[0.025	0.975]
Intercept	0.1851	1.604	0.115	0.908	-3.018	3.388
dif_x	0.2074	0.029	7.068	0.000	0.149	0.266
ECM	-0.5205	0.099	-5.241	0.000	-0.719	-0.322

Omnibus:	7.705	Durbin-Watson:	1.642
Prob(Omnibus):	0.021	Jarque-Bera (JB):	7.908
Skew:	0.561	Prob(JB):	0.0192
Kurtosis:	4.237	Cond. No.	55.6

根据回归模型拟合结果，得到本例的误差修正模型为：

$$\Delta y_t = 0.185\,1 + 0.207\,4\Delta x_t - 0.520\,5\mathrm{ECM}_{t-1}$$

由该模型的系数含义可知：

（1）$\hat{\beta}_0 = 0.207\,4$，这意味着如果栉毛虫的数量短期增加或减少 1 个单位，就会导致草履虫的数量相应地增加或减少约 0.2 个单位。

（2）如果因为各种随机因素的作用，某个时刻草履虫的真实数量比协整均值多或少 1 个单位，那么下一期草履虫的数量会平均减少或增加 0.5 个单位，这意味着该生态系统纠错的回弹速度超过了 $1/2$（$\hat{\beta}_1 = -0.520\,5$）。这是很大的修正弹性。所以捕食者（草履虫）与被捕食者（栉毛虫）形成的生态平衡是比较稳定的。

7.3　干预模型

时间序列常常受到某些外部事件是否发生的影响，诸如假期、罢工、促销或者政策的改变等。我们称这些外部事件为"干预"。评估外部事件对序列产生的影响称为干预分析（intervention analysis）。

最早的干预分析是 1975 年 Box 和 Tiao（刁锦寰）对美国加利福尼亚州 63 号法令是否

有效抑制了该州空气污染问题的研究。他们首次将干预事件以虚拟变量的方式进行标注，然后把虚拟变量作为输入变量引入序列分析，构建 ARIMAX 模型。他们把这个带虚拟变量回归的 ARIMAX 模型称为干预模型。干预模型实质上就是 ARIMAX 模型的一种特例。

下面就以 Box 和 Tiao 的数据为例，介绍干预分析的思想原理与操作步骤。

【例 7–3】对 1955 年 1 月至 1972 年 12 月加利福尼亚州臭氧浓度序列进行政策干预和季节干预分析（数据见表 A1–23）。

第二次世界大战之后加利福尼亚州经济高速发展，蓬勃发展的经济导致了严重的空气污染。工厂排放的废气、汽车排放的尾气、家用燃气的排放物中都含有大量的氮氧化物和活性碳氢化物，它们在阳光的作用下发生化学反应，这些化学反应物形成严重的雾霾，造成大量人群流泪、咳嗽、肺部受损等。经测量，光化学污染程度可以用臭氧浓度来衡量。为了解决污染问题，该州政府在 1959 年颁布了 63 号法令。该法令要求从 1960 年 1 月起在当地销售的汽油中减少碳氢化物的容许比。1975 年 Box 和 Tiao 根据他们收集的 1955 年 1 月至 1972 年 12 月的月度臭氧浓度序列，分析 63 号法令的颁布和实施对控制该州的光化学污染是否有作用，如果有作用，作用有多大。

在这项研究中，干预变量是 63 号法令的颁布和实施。这是一个定性变量，它没有数值，只有两个属性：（1）1960 年之前没有实施；（2）1960 年之后实施了。基于这种情况，Box 和 Tiao 将干预变量作为虚拟变量进行处理。

记 x_1 是 63 号法令实施变量。如果 63 号法令实施，x_1 取值为 1；如果 63 号法令没有实施，x_1 取值为 0，即

$$x_{1t} = \begin{cases} 0, & t < 1960 \text{ 年 } 1 \text{ 月} \\ 1, & t \geqslant 1960 \text{ 年 } 1 \text{ 月} \end{cases}$$

在研究中，Box 和 Tiao 发现，除了政策法规这个干预变量之外，影响臭氧浓度的还有一个定性变量，那就是季节。首先，冬季有供暖，废气排放比夏季多；其次，冬季温度低，污染物扩散慢；最后，夏季光照强烈，更容易发生臭氧的光化学污染。因此，冬季和夏季对臭氧浓度可能有不同的干预力度。于是他们又构造了两个虚拟变量，用以描述季节对臭氧序列的影响。

把非供暖季（6 月至 10 月）作为夏季，构建夏季干预变量 x_2；把供暖季（当年 11 月至来年 5 月）作为冬季，构建冬季干预变量 x_3：

$$x_{2t} = \begin{cases} 0, & t \text{ 处于 } 11 \text{ 月至来年 } 5 \text{ 月} \\ 1, & t \text{ 处于 } 6 \text{ 月至 } 10 \text{ 月} \end{cases}, \quad x_{3t} = \begin{cases} 0, & t \text{ 处于 } 6 \text{ 月至 } 10 \text{ 月} \\ 1, & t \text{ 处于 } 11 \text{ 月至来年 } 5 \text{ 月} \end{cases}$$

显然，干预变量 x_2 和 x_3 是互补关系，只需要选择其一。不妨将干预变量 x_1，x_2 作为输入变量，与臭氧浓度序列构建 SARIMAX 模型。因为这个 SARIMAX 模型中包含干预变量，所以取名为干预分析模型。下面是构建干预分析模型的步骤。

1. 导入分析工具和自定义函数，读入数据文件，绘制臭氧浓度序列的时序图

```
import numpy as np
import pandas as pd
import matplotlib.pyplot as plt
```

```
plt.rcParams['font.sans-serif']=['SimHei']
plt.rcParams['axes.unicode_minus']=False
from statsmodels.tsa.api import acf,pacf,adfuller,SARIMAX,arma_order_select_ic,
seasonal_decompose,ExponentialSmoothing
from statsmodels.graphics.tsaplots import plot_acf,plot_pacf,plot_predict
from statsmodels.stats.diagnostic import acorr_ljungbox as LB_test

def ADF_test(x):
    ADF=pd.DataFrame(adfuller(x)[0:3],index=['统计量','P 值','延迟阶数'],columns=['ADF 检验'])
    return ADF

def LB_plot(x,lags):
    plt.plot(LB_test(x.resid,lags).lb_pvalue,marker=".",linestyle='none')
    plt.yticks(np.arange(0,1.05,0.1))
    plt.xticks(range(lags+1))
    plt.xlabel("Lags")
    plt.ylabel("Pvalue")
    plt.axhline(0.05,c='red',linestyle='--')
    plt.rcParams['font.sans-serif']=['SimHei']
    plt.title('LB-Plot')
return plt.show()

# 读入数据文件
file23=pd.read_excel('D:\\Ts_Data\\A1_23.xlsx',parse_dates=True,index_col=0)

# 绘制时序图（见图 7-9）
plt.plot(file23.Ozone)
plt.ylabel("Ozone")
plt.axvline(x= pd.to_datetime('1960/1/1',format='%Y/%m/%d'),linestyle='--',color="red")
```

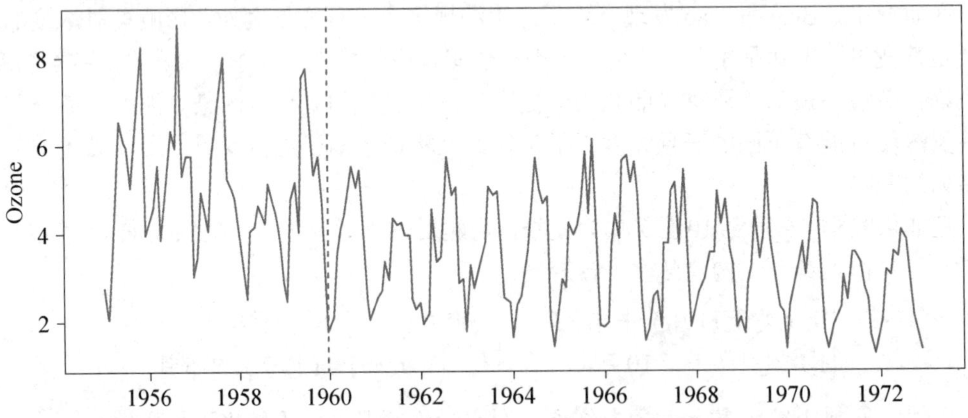

图 7-9　美国加利福尼亚州臭氧浓度序列的时序图

2. 构造干预变量与响应变量的回归模型

```
mod1= SARIMAX(file23.Ozone,exog=file23[["x1","x2"]],order=(0,0,0),trend="c")
fit1= mod1.fit()
fit1.summary()
```

Dep. Variable:	Ozone	No. Observations:	216
Model:	SARIMAX	Log Likelihood	-297.393
Date:	Tue, 20 Jun 2023	AIC	602.786
Time:	10:17:35	BIC	616.287
Sample:	01-01-1955	HQIC	608.241
	- 12-01-1972		
Covariance Type:	opg		

	coef	std err	z	P>|z|	[0.025	0.975]
intercept	4.2410	0.119	35.505	0.000	4.007	4.475
x1	-1.6578	0.135	-12.258	0.000	-1.923	-1.393
x2	1.7497	0.133	13.128	0.000	1.488	2.011
sigma2	0.9192	0.083	11.062	0.000	0.756	1.082

Ljung-Box (L1) (Q):	27.21	Jarque-Bera (JB):	10.40
Prob(Q):	0.00	Prob(JB):	0.01
Heteroskedasticity (H):	0.57	Skew:	0.44
Prob(H) (two-sided):	0.02	Kurtosis:	3.62

　　干预变量属于定性变量，它与响应变量构建的虚拟变量回归实际上拟合了响应变量在不同干预水平下的均值。所以干预分析不用考虑伪回归问题，直接考虑残差序列是否为白噪声序列即可。

　　3. 虚拟变量回归模型残差的白噪声检验

　　检验结果见图 7-10。

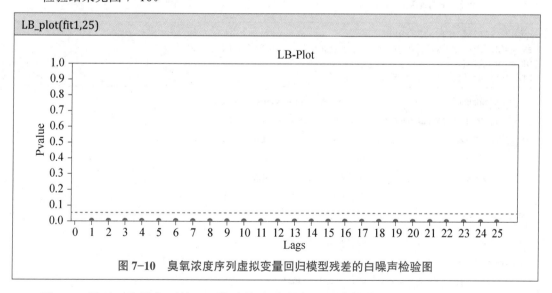

图 7-10　臭氧浓度序列虚拟变量回归模型残差的白噪声检验图

　　图 7-10 显示，残差序列的 LB 检验统计量所有延迟阶数的 P 值均小于 0.05，这意味着残差序列不是纯随机序列，该序列中还蕴涵相关信息值得提取。所以，接下来考察残差序列的自相关图和偏自相关图，为 SARIMAX 模型定阶。

4. 残差序列的自相关图和偏自相关图

残差序列的自相关图和偏自相关图如图 7-11 所示。

```
fig,axes = plt.subplots(1,2)
fig =plot_acf(fit1.resid,zero=False,title="ACF",lags=36,ax=axes[0])
fig =plot_pacf(fit1.resid,zero=False,title="PACF",lags=36,ax=axes[1])
```

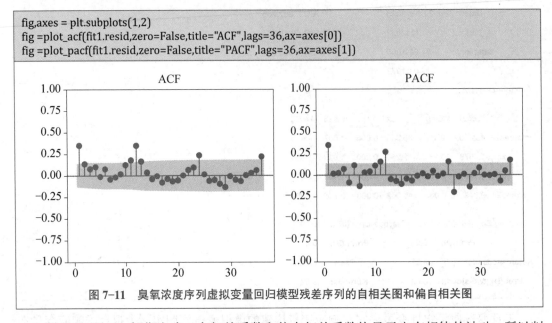

图 7-11　臭氧浓度序列虚拟变量回归模型残差序列的自相关图和偏自相关图

图 7-11 显示，短期之内，自相关系数和偏自相关系数均显示出有规律的波动，所以判断自相关系数和偏自相关系数均拖尾；季节部分提取了 3 个季节的相关信息，在每个季节周期，自相关系数和偏自相关系数都在 2 倍标准差范围之外，所以我们判断季节效应的自相关系数和偏自相关系数也是拖尾的。所以，对残差序列拟合 ARIMA$(1,0,1)\times(1,0,1)_{12}$ 模型。

5. 拟合 SARIMAX 模型

```
mod2= SARIMAX(file23.Ozone,
exog=file23[["x1","x2"]],order=(1,0,1),seasonal_order=(1,0,1,12),trend="c")
fit2= mod2.fit()
fit2.summary()
```

Dep. Variable:	Ozone	No. Observations:	216
Model:	SARIMAX(1, 0, 1)x(1, 0, 1, 12)	Log Likelihood	-259.895
Date:	Tue, 20 Jun 2023	AIC	535.790
Time:	10:17:49	BIC	562.793
Sample:	01-01-1955	HQIC	546.699
	- 12-01-1972		
Covariance Type:	opg		

	coef	std err	z	P>|z|	[0.025	0.975]
intercept	0.0804	0.072	1.117	0.264	-0.061	0.221
x1	-1.4215	0.336	-4.233	0.000	-2.080	-0.763
x2	1.3689	0.282	4.846	0.000	0.815	1.922
ar.L1	0.6690	0.147	4.536	0.000	0.380	0.958
ma.L1	-0.3756	0.181	-2.071	0.038	-0.731	-0.020

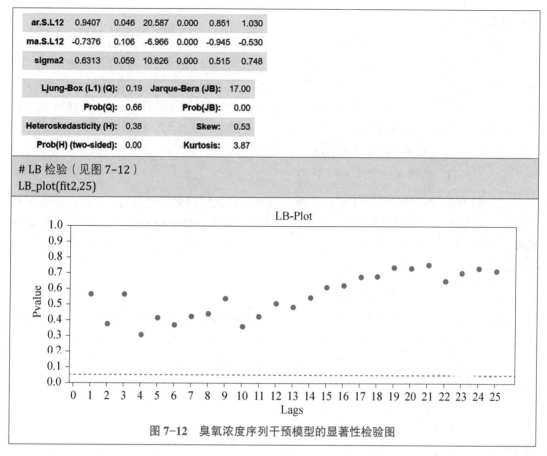

ar.S.L12	0.9407	0.046	20.587	0.000	0.851	1.030
ma.S.L12	-0.7376	0.106	-6.966	0.000	-0.945	-0.530
sigma2	0.6313	0.059	10.626	0.000	0.515	0.748

Ljung-Box (L1) (Q):	0.19	Jarque-Bera (JB):	17.00
Prob(Q):	0.66	Prob(JB):	0.00
Heteroskedasticity (H):	0.38	Skew:	0.53
Prob(H) (two-sided):	0.00	Kurtosis:	3.87

```
# LB 检验（见图 7-12）
LB_plot(fit2,25)
```

图 7-12 臭氧浓度序列干预模型的显著性检验图

我们将 63 号法令（x_1）和季节效应（x_2）引入臭氧浓度建模，构建了如下 SARIMAX 模型：

$$\text{Ozone}_t = 0.080\,4 - 1.421\,5x_{1t} + 1.368\,9x_{2t} + v_t$$
$$v_t = 0.669\,0v_{t-1} + 0.940\,7v_{t-12} + \varepsilon_t - 0.375\,6\varepsilon_{t-1} - 0.737\,6\varepsilon_{t-12}$$
$$\varepsilon_t \sim N(0, 0.631\,3)$$

对该模型的残差序列进行白噪声检验，图 7-12 显示，该拟合模型显著成立。

6. 分析干预效果

根据 $\beta_1 = -1.421\,5$ 且该系数的 z 检验显著非零，可以认为 63 号法令的颁布和实施降低了加利福尼亚州臭氧浓度。这说明该法令的颁布和实施对治理加利福尼亚州的空气污染是显著有效的。又因为在 1960 年之前，加利福尼亚州臭氧序列的平均浓度等于 4.177，63 号法令的实施使臭氧浓度平均降低了 1.421 5，所以 63 号法令的实施使得臭氧浓度比法令实施之前下降了 34%左右。

由于 $\beta_2 = 1.368\,9$ 且该系数的 z 检验显著非零，说明尽管夏季和冬季各有不利的条件，都有可能导致臭氧浓度升高，但夏季强烈的光照比冬季更容易产生臭氧光化学污染。

由例 7-3 的分析可知，干预模型是进行政策效果评估或分析特殊事件影响的有用模型。干预模型的关键是将干预事件以虚拟变量的形式引入响应序列分析。干预事件根据作用机制可以分为三种类型。

（1）阶梯干预。干预事件发生后，对响应序列一直有影响，而且影响力度基本保持不变。很多政策法规性干预都属于这种情况，因为政策法规一旦颁布，就会持续起作用。比如 20 世纪 60 年代，全球平均每个季度会发生 20 多起劫机事件。从 1973 年第一季度开始，机场陆续安装了金属探测器，要求乘客登机之前先接受金属探测器检测。金属探测器检测直到今天仍在使用，可以认为其影响一直存在。阶梯干预变量通常设置为：

$$x_t = \begin{cases} 0, & \text{干预事件发生前} (x < T) \\ 1, & \text{干预事件发生后} (x \geqslant T) \end{cases}$$

（2）脉冲干预。所谓脉冲干预，是指干预事件发生后只有当期影响。比如，某地区某一年冬天特别寒冷，生物学家把这个冬天作为干预变量进行动物种群数量的研究。如果认为极端天气只会影响当年的动物种群数量，这就是一个脉冲干预。脉冲干预变量通常设置为：

$$x_t = \begin{cases} 1, & \text{干预事件发生时} (x = T) \\ 0, & \text{其他时刻} (x \neq T) \end{cases}$$

（3）其他类型的干预。干预有各种类型，但其他类型的干预基本上都可以用阶梯干预和脉冲干预的传递函数或组合来生成。比如，某产品在媒体上做了为期 1 个月的广告宣传。广告宣传对销售所起的作用随着时间的推移递减。这时干预变量可以用阶梯干预的传递函数（AR 结构）表示：

$$z_t = \frac{1}{\Phi(B)} x_t$$

式中：

$$x_t = \begin{cases} 0, & \text{干预事件发生前} (x < T) \\ 1, & \text{干预事件发生后} (x \geqslant T) \end{cases}$$

再比如，上面提到的对动物种群数量的研究，如果认为极端天气不仅会影响当年的动物种群数量，而且对未来（短期）几年动物种群数量也有影响，这时干预变量可以用脉冲干预的传递函数（MA 结构）表示：

$$z_t = \Theta(B) x_t$$

式中：

$$x_t = \begin{cases} 1, & \text{干预事件发生时} (x = T) \\ 0, & \text{其他时刻} (x \neq T) \end{cases}$$

当然，研究人员也可以根据自己对干预特征的理解，自行设计干预变量。

7.4　Granger 因果检验

对于多元时间序列而言，如果能找到对响应变量有显著影响的输入序列，并且验证它们之间具有协整关系，就说明响应序列 $\{y_t\}$ 的一部分波动能被输入序列 $\{x_{1t}\}$, $\{x_{2t}\}$, $\cdots$, $\{x_{kt}\}$

的线性组合解释。这对准确预测 y_t 的波动，或者通过控制输入序列的取值间接控制 $\{y_t\}$ 的发展都是非常有用的。但前提是输入序列 $\{x_{1t}\}$，$\{x_{2t}\}$，$\cdots$，$\{x_{kt}\}$ 和响应序列 $\{y_t\}$ 之间具有真正的因果关系，而且一定是 $\{x_{1t}\}$，$\{x_{2t}\}$，$\cdots$，$\{x_{kt}\}$ 为因，$\{y_t\}$ 为果。

这种因果关系的认定在某些情况下是清晰明确的。比如例 7-2，对于捕食者和被捕食者而言，它们是互为因果的。被捕食者的数量会影响捕食者的数量，同样捕食者的数量也会反过来影响被捕食者的数量。而对于中国农村家庭而言，一定是量入为出，收入的多少影响支出的多少，通常是收入为因，支出为果。在这些问题的研究中，基于我们的生活常识和逻辑判断，就能确定自变量和因变量的关系。

但在有些领域，变量之间的关系可能比较复杂，因果关系的识别并不一目了然。比如，1983 年 D. A. Nichols 想研究对白领阶层薪水调整有决定性影响的宏观经济因素。他收集了四个相关变量：

（1）白领阶层的平均年薪 W；

（2）当年的通货膨胀率 CPI；

（3）当年的失业率 U；

（4）当年的最低工资标准 MW。

他想研究的响应变量是第一个变量——白领阶层的平均年薪 W，那么剩下的三个变量是不是导致年薪变化的"因"变量呢？如果单纯从逻辑上分析，我们很难直接下结论。

因为既有可能是通货膨胀率上涨导致雇主不得不给白领雇员涨薪，这时确实是 CPI 为因，W 为果，也有可能是雇主先给白领阶层涨了薪水，导致商品或服务价格上涨，继而推高了通货膨胀率，这时 W 为因，CPI 为果。因果关系不同，回归模型自变量和因变量的位置就不同，因此 CPI 能不能作为年薪 W 的输入变量并不明确。

失业率 U 与年薪 W 的关系也是如此。既有可能是失业率高导致白领被迫降低年薪以保全工作岗位，也有可能是雇员工资太高，雇主为降低成本而增加裁员，导致失业率上升。这两种情况下，因果关系正好是反的。

最低工资标准 MW 与年薪 W 的关系也有多种可能。既有可能是最低工资标准提高，推高了平均年薪，也有可能是平均年薪增加，推高了最低工资标准。甚至还有第三种可能，就是它们尽管都是薪资水平，但领取的人群不同，有可能它们相互独立，且没有相互影响，那就不必建回归模型了。

在经济、金融领域，这种多个变量都来自相同领域，甚至是同一个系统，但彼此之间的因果关系并不明确的现象比比皆是。那么在协整建模时，首先需要检验变量之间的因果关系。

Granger 在 1969 年给出了序列间因果关系的定义。T.J.Sargent 在 1976 年根据 Granger 对因果性的定义，给出了因果关系检验方法。这使得判断多个序列之间的因果关系有了明确的定义和统计检测方法。

7.4.1　Granger 因果关系的定义

对于因果关系，一定是原因导致了结果。从时间上说，应该是原因发生在前，结果产生在后。就影响效果而言，X 事件发生在前，而且对 Y 事件的发展结果有影响，X 事件才能称为 Y 事件的因。如果 X 事件发生在前，但它发生与否对 Y 事件的结果没有影响，X 事件就不是 Y 事件的因。

基于对这种因果关系的理解，1969 年 Granger 给出了序列间因果关系的定义，我们称之为 Granger 因果关系定义。

定义 7.1　假设 $\{x_t\}$ 和 $\{y_t\}$ 是宽平稳序列。记

（1）I_t 为 t 时刻所有有用信息的集合：

$$I_t = \{x_t, x_{t-1}, x_{t-2}, \cdots, y_t, y_{t-1}, y_{t-2}, \cdots\}$$

（2）X_t 为 t 时刻所有 x 序列信息的集合：

$$X_t = \{x_t, x_{t-1}, x_{t-2}, \cdots\}$$

（3）$\sigma^2(\cdot)$ 为方差函数，

则序列 x 是序列 y 的 Granger 原因，当且仅当 y 的最优线性预测函数使得下式成立：

$$\sigma^2(y_{t+1} \mid I_t) < \sigma^2(y_{t+1} \mid I_t - X_t)$$

式中，$\sigma^2(y_{t+1} \mid I_t)$ 是使用所有可获得的历史信息（其中也包含 x 序列的历史信息）得到的 y 序列 1 期预测值的方差；$\sigma^2(y_{t+1} \mid I_t - X_t)$ 是从所有信息中刻意扣除 x 序列的历史信息得到的 y 序列 1 期预测值的方差。

如果 $\sigma^2(y_{t+1} \mid I_t) < \sigma^2(y_{t+1} \mid I_t - X_t)$，则说明 x 序列历史信息的加入能提高 y 序列的预测精度。进而反推出序列 x 是因，序列 y 是果，简记为 $x \rightarrow y$。

根据 Granger 因果关系定义，两个序列之间存在 4 种不同的因果关系（在此只考虑 x 序列的历史信息对 y_{t+1} 的影响，不考虑 x_{t+1} 对 y_{t+1} 的当期影响，如果考虑当期影响，两序列的因果关系会变成 8 种）：

（1）x 和 y 相互独立，简记为（x，y）；

（2）x 是 y 的 Granger 原因，简记为 $x \rightarrow y$；

（3）y 是 x 的 Granger 原因，简记为 $x \leftarrow y$；

（4）x 和 y 互为因果，这种情况称为 x 和 y 之间存在反馈关系，简记为 $x \leftrightarrow y$。

7.4.2　Granger 因果检验

统计学家基于 Granger 因果关系定义，从不同的角度出发构造检验统计量，至今为止创造了很多种 Granger 因果检验（Granger causality test）方法。比如，1972 年 Sims 提出了简单 Granger 因果检验方法，1976 年 Sargent 提出了直接 Granger 因果检验方法，1979 年 Cheng Hsiao 提出了基于预测误差的 Hsiao 检验方法。其中，直接 Granger 因果检验方法最容易理解，使用最广泛，我们下面要介绍的就是直接 Granger 因果检验方法。

一、假设条件

直接 Granger 因果检验认为绝大多数时间序列的生成过程是相互独立的。因此，原假设为序列 x 不是序列 y 的 Granger 原因；备择假设为序列 x 是序列 y 的 Granger 原因。

$$H_0: \ (x, y) \leftrightarrow H_1: \ x \rightarrow y$$

构造序列 y 的最优线性预测函数，不妨记作：

$$y_t = \beta_0 + \sum_{k=1}^{p} \beta_k y_{t-k} + \sum_{k=1}^{q} \alpha_k x_{t-k} + \sum_{k=1}^{l} \gamma_k z_{t-k} + \varepsilon_t$$

式中，p 为序列 y 的自回归阶数；q 为引入的 x 序列的历史延迟阶数；$\{z_t\}$ 为其他自变量序列。

原假设成立时，意味着 $\alpha_1 = \alpha_2 = \cdots = \alpha_q = 0$。所以假设条件也可以等价表示为：

$$H_0: \ \alpha_1 = \alpha_2 = \cdots = \alpha_q = 0 \leftrightarrow H_1: \ \alpha_1, \alpha_2, \cdots, \alpha_q \ 不全为 \ 0$$

二、检验统计量

有多种方法构建 Granger 因果检验的统计量，在此介绍 F 检验统计量的构造原理。在该检验方法下，需要拟合两个回归模型。

（1）在原假设成立的情况下，拟合序列 y 的有约束预测模型（约束条件为 $\alpha_1 = \alpha_2 = \cdots = \alpha_q = 0$）为：

$$y_t = \beta_0 + \sum_{k=1}^{p} \beta_k y_{t-k} + \sum_{k=1}^{l} \gamma_k z_{t-k} + \varepsilon_{1t}$$

对该模型进行方差分解：

$$\mathrm{SST} = \mathrm{SSR}_{yz} + \mathrm{SSE}_r$$

式中，$\mathrm{SST} = \sum_{i=1}^{n}(y_i - \bar{y})^2$，代表序列 y 的波动平方和，n 为序列长度。SST 可以分解为两部分：一部分波动可以由 y 和 z 的历史信息 $\{y_{t-1}, \ y_{t-2}, \ \cdots, \ y_{t-p}, \ z_{t-1}, \ z_{t-2}, \ \cdots, \ z_{t-l}\}$ 解读，这部分波动记作 SSR_{yz}；另一部分是不能由历史信息解读的，归为随机波动，记作有约束残差平方和 SSE_r：

$$\mathrm{SSE}_r = \sum_{t=1}^{n} \varepsilon_{1t}^2 = \mathrm{SST} - \mathrm{SSR}_{yz}$$

（2）在备择假设成立的情况下，拟合序列 y 的无约束预测模型为：

$$y_t = \beta_0 + \sum_{k=1}^{p} \beta_k y_{t-k} + \sum_{k=1}^{q} \alpha_k x_{t-k} + \sum_{k=1}^{l} \gamma_k z_{t-k} + \varepsilon_t$$

对该模型进行方差分解：

$$\mathrm{SST} = \mathrm{SSR}_{xyz} + \mathrm{SSE}_u$$

式中，$\mathrm{SST} = \sum_{i=1}^{n}(y_i - \bar{y})^2$，代表序列 y 的波动平方和。SST 可以分解为两部分：一部分波动可以由 x，y，z 的历史信息 $\{y_{t-1}, \ y_{t-2}, \ \cdots, \ y_{t-p}, \ x_{t-1}, \ x_{t-2}, \ \cdots, \ x_{t-q}\}$ 解读，这部分波动记作 SSR_{xyz}（实际上还可以对 SSR_{xyz} 再进行分解，分解为 x 的影响和 yz 的影响两部分，$\mathrm{SSR}_{xyz} = \mathrm{SSR}_x + \mathrm{SSR}_{yz}$）；另一部分波动不能由 x，y，z 的历史信息解读，归为随机波动，记作无约束残差平方和 SSE_u：

$$SSE_u = \sum_{t=1}^{n} \varepsilon_{2t}^2 = SST - SSR_x - SSR_{yz}$$

基于有约束残差平方和与无约束残差平方和构造 F 统计量：

$$F = \frac{(SSE_r - SSE_u)/q}{SSE_u/(n-q-p-1)} \sim F(q, n-q-p-1)$$

式中，$SSE_r - SSE_u = SSR_x$，所以分子部分实际上是 x 的回归误差平方和与它的自由度 q 之比，分母部分是无约束残差平方和除以它的自由度。SSR_x 和 SSE_u 相互独立，所以它们各自与自由度之比的商服从 F 分布。

若显著性水平取为 α，则当 F 统计量大于 $F_{1-\alpha}(q, n-p-q-1)$ 时，拒绝原假设，认为序列 x 是序列 y 的 Granger 原因。

需要注意的一个问题是，Granger 因果检验的结果严重依赖于解释变量的延迟阶数，即不同的延迟阶数 p 和 q 可能会得到不同的 Granger 检验结果，所以通常会多拟合几个不同延迟阶数的有约束模型和无约束模型，借助最小信息量准则，使用 AIC 最小的无约束模型和有约束模型的残差平方和计算 F 统计量。

【例 7-4】对 1962—1979 年美国白领阶层平均年薪和可能对它有显著影响的宏观经济因素进行 Granger 因果检验（数据见表 A1-24）。

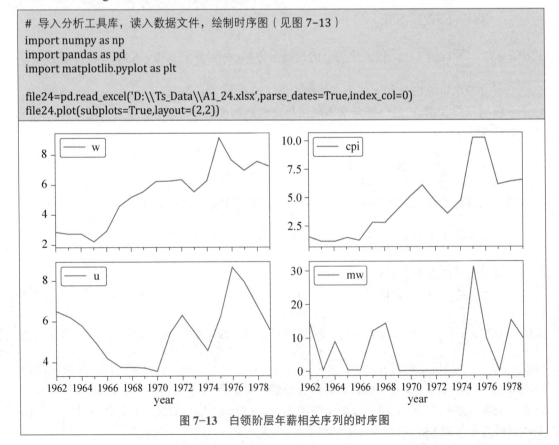

```
# 导入分析工具库，读入数据文件，绘制时序图（见图 7-13）
import numpy as np
import pandas as pd
import matplotlib.pyplot as plt

file24=pd.read_excel('D:\\Ts_Data\\A1_24.xlsx',parse_dates=True,index_col=0)
file24.plot(subplots=True,layout=(2,2))
```

图 7-13　白领阶层年薪相关序列的时序图

这四个序列的时序图如图 7-13 所示，前三个序列（W，CPI，U）都显示出显著的趋势特征，第四个序列（MW）为平稳序列。

以第一个序列（W）为响应序列，另外三个序列为自变量序列，进行 Granger 因果检验。

Python 的 statsmodels.tsa.stattools 包中的 grangercausalitytests 函数可以进行 Granger 因果检验，该函数的命令格式为：

grangercausalitytests(y,x,maxlag=)

其中：

- y：为响应变量，即因果检验中的果。
- x：为自变量，即因果检验中的因。
- maxlag：回归模型中包含的最大延迟阶数。该最大延迟阶数要大于等于所有变量最大的单整阶数。

本例 Granger 因果检验的相关指令和结果如下：

```
#检验通货膨胀率 CPI 是否为白领平均工资 W 的 Granger 原因
from statsmodels.tsa.stattools import grangercausalitytests
grangercausalitytests(file24[["w","cpi"]],maxlag=2)

Granger Causality
number of lags(no zero)1
ssr based F test:         F=2.2873,p=0.1527,df_denom=14,df_num=1
ssr based chi2 test: chi2=2.7774,p=0.0956,df=1
likelihood ratio test:chi2=2.5726,p=0.1087,df=1
parameter F test:        F=2.2873,p=0.1527,df_denom=14,df_num=1

Granger Causality
number of lags(no zero)2
ssr based F test:         F=0.9635,p=0.4115,df_denom=11,df_num=2
ssr based chi2 test: chi2=2.8030,p=0.2462,df=2
likelihood ratio test:chi2=2.5828,p=0.2749,df=2
parameter F test:         F=0.9635,p=0.4115,df_denom=11,df_num=2
```

上面介绍的 Granger 因果检验方法属于 ssr based F test，延迟 1 阶时，该检验方法的 F 统计量的 P 值为 0.152 7，延迟 2 阶时，P 值为 0.411 5。检验结果显示，无论延迟 1 阶还是延迟 2 阶，Granger 因果检验的 F 统计量的 P 值均大于 0.05。所以我们认为基于目前的样本信息，不能判定 CPI 是白领平均工资 W 的 Granger 原因。

```
#检验失业率 U 是否为白领平均工资 W 的 Granger 原因
grangercausalitytests(file24[["u","cpi"]],maxlag=2)

Granger Causality
number of lags(no zero)1
ssr based F test:         F=11.3081,p=0.0046,df_denom=14,df_num=1
ssr based chi2 test: chi2=13.7313,p=0.0002,df=1
likelihood ratio test:chi2=10.0651,p=0.0015,df=1
parameter F test:        F=11.3081,p=0.0046,df_denom=14,df_num=1

Granger Causality
number of lags(no zero)2
ssr based F test:         F=5.6777,p=0.0202,df_denom=11,df_num=2
```

```
ssr based chi2 test: chi2=16.5171,p=0.0003,df=2
likelihood ratio test:chi2=11.3468,p=0.0034,df=2
parameter F test:      F=5.6777,p=0.0202,df_denom=11,df_num=2
```

检验结果显示，无论延迟 1 阶还是延迟 2 阶，Granger 检验的 F 统计量的 P 值均小于 0.05。所以基于这批样本，可以认为失业率 U 是白领平均工资 W 的 Granger 原因。

```
#检验最低工资标准 MW 是否为白领平均工资 W 的 Granger 原因
grangercausalitytests(file24[["mw","cpi"]],maxlag=2)

Granger Causality
number of lags(no zero)1
ssr based F test:        F=0.1160,p=0.7385,df_denom=14,df_num=1
ssr based chi2 test: chi2=0.1408,p=0.7074,df=1
likelihood ratio test:chi2=0.1403,p=0.7080,df=1
parameter F test:       F=0.1160,p=0.7385,df_denom=14,df_num=1

Granger Causality
number of lags(no zero)2
ssr based F test:        F=0.0623,p=0.9400,df_denom=11,df_num=2
ssr based chi2 test: chi2=0.1811,p=0.9134,df=2
likelihood ratio test:chi2=0.1801,p=0.9139,df=2
parameter F test:       F=0.0623,p=0.9400,df_denom=11,df_num=2
```

检验结果显示，无论延迟 1 阶还是延迟 2 阶，Granger 检验的 F 统计量的 P 值均远大于 0.05。所以基于这批样本，不能认为最低工资标准是白领平均工资 W 的 Granger 原因。

7.4.3   Granger 因果检验的问题

在进行 Granger 因果检验时，要注意如下几个问题。

（1）检验结果只说明样本数据特征。例 7-4 的 Granger 因果检验得出结论：白领年薪的波动受失业率的影响，但不受通货膨胀率和最低工资标准的显著影响。这个因果结论是基于这批样本数据，在最大延迟阶数取 2 时得出的。如果换一批数据，或增加样本数据量，或增加延迟阶数得出的因果判别可能会完全不一样。也就是说，Granger 因果检验的结果会受到样本随机性的影响。样本容量越小，样本随机性的影响就越大。因此，最好在样本容量比较大时进行 Granger 因果检验，以保证检验结果相对稳健，而最大延迟阶数则是越大越好。

（2）即使 Granger 因果检验显著拒绝原假设，也不能说明两个序列间具有真正的因果关系。Granger 因果检验的构造思想是：使响应变量预测精度显著提高的自变量可以视作响应变量的因。

这里面存在一个逻辑漏洞：如果变量 x 是变量 y 的因，那么知道 x 的信息对预测 y 是有帮助的，这个结论是对的。也就是说，因果性包含了预测精度的提高。但反过来认为，有助于预测精度提高的变量都是响应变量的因，就不一定正确了。比如，每天太阳快要升起的时候，公鸡都会打鸣，因此根据每天公鸡打鸣的时间，可以准确预测每天太阳升起的时间。根据 Granger 因果关系的定义，公鸡打鸣可以认为是太阳升起的原因，显然这个因果结论是错误的。没有公鸡的存在，太阳依然会升起，公鸡打鸣绝不是太阳升起的原因。这就说明由预测精度的提高反推因果性是不严谨的。

也就是说，因果性可以推出预测精度提高，但预测精度提高不能等价推出因果性。这就意味着，在进行 Granger 因果检验时，即使得出因果关系显著成立的结论，也仅仅是预测精度提高的统计显著性判断，并不意味着两个变量之间一定存在真正的因果关系。

Granger 因果检验是我们在处理复杂变量关系时使用的一种工具，Granger 因果检验的信息可以帮助我们思考模型的结构。它不一定百分之百准确，但有它提供的信息比完全没有信息要强。

7.5 习 题

1. 某地区过去 38 年谷物产量序列如表 7-1 所示。

表 7-1 单位：万吨

24.5	33.7	27.9	27.5	21.7	31.9	36.8	29.9	30.2	32.0	34.0
19.4	36.0	30.2	32.4	36.4	36.9	31.5	30.5	32.3	34.9	30.1
36.9	26.8	30.5	33.3	29.7	35.0	29.9	35.2	38.3	35.2	35.5
36.7	26.8	38.0	31.7	32.6						

这些年该地区相应的降雨量序列如表 7-2 所示。

表 7-2 单位：100mm

9.6	12.9	9.9	8.7	6.8	12.5	13.0	10.1	10.1	10.1	10.8
7.8	16.2	14.1	10.6	10.0	11.5	13.6	12.1	12.0	9.3	7.7
11.0	6.9	9.5	16.5	9.3	9.4	8.7	9.5	11.6	12.1	8.0
10.7	13.9	11.3	11.6	10.4						

（1）使用单位根检验分别考察这两个模型的平稳性。

（2）选择适当模型分别拟合这两个序列的发展。

（3）确定这两个序列之间是否具有协整关系。

（4）如果这两个序列之间具有协整关系，请建立适当的模型拟合谷物产量序列的发展。

2. 我国 1980—2021 年全国人口的结婚率、离婚率和出生率如表 7-3 所示。

表 7-3

年份	结婚率（%）	离婚率（%）	人口出生率（%）	年份	结婚率（%）	离婚率（%）	人口出生率（%）
1980	0.730	0.035	1.821	1986	0.820	0.047	2.243
1981	1.040	0.039	2.091	1987	0.860	0.055	2.333
1982	0.830	0.042	2.228	1988	0.830	0.060	2.237
1983	0.750	0.042	2.019	1989	0.840	0.068	2.158
1984	0.750	0.040	1.990	1990	0.820	0.069	2.106
1985	0.790	0.044	2.104	1991	0.830	0.072	1.968

续表

年份	结婚率（%）	离婚率（%）	人口出生率（%）	年份	结婚率（%）	离婚率（%）	人口出生率（%）
1992	0.830	0.074	1.824	2007	0.750	0.159	1.210
1993	0.780	0.077	1.809	2008	0.830	0.171	1.214
1994	0.780	0.082	1.770	2009	0.910	0.185	1.195
1995	0.770	0.088	1.712	2010	0.930	0.200	1.190
1996	0.770	0.093	1.698	2011	0.970	0.213	1.327
1997	0.740	0.097	1.657	2012	0.980	0.229	1.457
1998	0.720	0.096	1.564	2013	0.990	0.258	1.303
1999	0.710	0.096	1.464	2014	0.960	0.267	1.383
2000	0.670	0.096	1.403	2015	0.900	0.279	1.199
2001	0.630	0.098	1.338	2016	0.830	0.302	1.357
2002	0.610	0.090	1.286	2017	0.770	0.315	1.264
2003	0.630	0.105	1.241	2018	0.728	0.320	1.086
2004	0.670	0.128	1.229	2019	0.662	0.336	1.041
2005	0.630	0.137	1.240	2020	0.579	0.309	0.852
2006	0.720	0.146	1.209	2021	0.540	0.201	0.752

（1）使用单位根检验分别考察这三个序列的平稳性。

（2）分别对着三个序列拟合一元模型。

（3）考察这三个序列之间是否具有协整关系。

3. 我国 1950—2008 年进出口总额数据如表 7-4 所示。

表 7-4　　　　　　　　　　　　　　　　　　单位：亿元

年份	出口	进口	年份	出口	进口	年份	出口	进口
1950	20.0	21.3	1961	47.7	43.0	1972	82.9	64.0
1951	24.2	35.3	1962	47.1	33.8	1973	116.9	103.6
1952	27.1	37.5	1963	50.0	35.7	1974	139.4	152.8
1953	34.8	46.1	1964	55.4	42.1	1975	143.0	147.4
1954	40.0	44.7	1965	63.1	55.3	1976	134.8	129.3
1955	48.7	61.1	1966	66.0	61.1	1977	139.7	132.8
1956	55.7	53.0	1967	58.8	53.4	1978	167.6	187.4
1957	54.5	50.0	1968	57.6	50.9	1979	211.7	242.9
1958	67.0	61.7	1969	59.8	47.2	1980	271.2	298.8
1959	78.1	71.2	1970	56.8	56.1	1981	367.6	367.7
1960	63.3	65.1	1971	68.5	52.4	1982	413.8	357.5

续表

年份	出口	进口	年份	出口	进口	年份	出口	进口
1983	438.3	421.8	1992	4 676.3	4 443.3	2001	22 024.4	20 159.2
1984	580.5	620.5	1993	5 284.8	5 986.2	2002	26 947.9	24 430.3
1985	808.9	1 257.8	1994	10 421.8	9 960.1	2003	36 287.9	34 195.6
1986	1 082.1	1 498.3	1995	12 451.8	11 048.1	2004	49 103.3	46 435.8
1987	1 470.0	1 614.2	1996	12 576.4	11 557.4	2005	62 648.1	54 273.7
1988	1 766.7	2 055.1	1997	15 160.7	11 806.5	2006	77 594.6	63 376.9
1989	1 956.0	2 199.9	1998	15 223.6	11 626.1	2007	93 455.6	73 284.6
1990	2 985.8	2 574.3	1999	16 159.8	13 736.5	2008	100 394.9	79 526.5
1991	3 827.1	3 398.7	2000	20 634.4	18 638.8			

（1）使用单位根检验分别考察进口总额和出口总额序列的平稳性。

（2）分别对进口总额序列和出口总额序列拟合模型。

（3）考察这两个序列是否具有协整关系。

（4）如果这两个序列具有协整关系，请建立适当的模型拟合它们之间的相关关系。

（5）构造该协整关系的误差修正模型。

4. 我国 1979—2014 年社会消费品零售总额和国内生产总值数据如表 7–5 所示。

表 7–5　　　　　　　　　　　　　　　　　　　　单位：亿元

年份	社会消费品零售总额	国内生产总值	年份	社会消费品零售总额	国内生产总值
1979	1 800	4 067.7	1993	14 270.4	35 524.3
1980	2 140	4 551.6	1994	18 622.9	48 459.6
1981	2 350	4 898.1	1995	23 613.8	61 129.8
1982	2 570	5 333	1996	28 360.2	71 572.3
1983	2 849.4	5 975.6	1997	31 252.9	79 429.5
1984	3 376.4	7 226.3	1998	33 378.1	84 883.7
1985	4 305	9 039.9	1999	35 647.9	90 187.7
1986	4 950	10 308.8	2000	39 105.7	99 776.3
1987	5 820	12 102.2	2001	43 055.4	110 270.4
1988	7 440	15 101.1	2002	48 135.9	121 002
1989	8 101.4	17 090.3	2003	52 516.3	136 564.6
1990	8 300.1	18 774.3	2004	59 501	160 714.4
1991	9 415.6	21 895.5	2005	68 352.6	185 895.8
1992	10 993.7	27 068.3	2006	79 145.2	217 656.6

续表

年份	社会消费品零售总额	国内生产总值	年份	社会消费品零售总额	国内生产总值
2007	93 571.6	268 019.4	2011	183 918.6	484 123.5
2008	114 830.1	316 751.7	2012	210 307	534 123
2009	132 678.4	345 629.2	2013	242 842.8	588 018.8
2010	156 998.4	408 903	2014	271 896.1	636 138.7

（1）分别对这两个序列拟合 ARIMA 模型，并预测未来 5 年的序列发展。

（2）考察这两个序列之间是否存在协整关系。

（3）如果存在协整关系，请思考这两个序列之间的因果关系（哪个是自变量，哪个是因变量），并构造协整模型，预测未来 5 年的序列发展。

（4）分析如果中国社会消费品零售总额增长 1%，对国内生产总值有什么影响。

5. 为了降低车祸死亡人数和严重伤害程度，英国从 1983 年 1 月 31 日起实施强制使用安全带的法律。现在收集了 1969 年 1 月至 1984 年 12 月英国每月车祸数据，含每月车祸死亡或重伤的司机人数、前座乘客人数、后座乘客人数，以及行驶里程、汽油价格、安全带强制法律是否生效等数据，详细数据如表 7-6 所示。

表 7-6

时间	司机人数	前座乘客人数	后座乘客人数	行驶里程（公里）	汽油价格（英镑/升）	法律干预
1969 年 1 月	1 687	867	269	9 059	0.102 971 812	0
1969 年 2 月	1 508	825	265	7 685	0.102 362 996	0
1969 年 3 月	1 507	806	319	9 963	0.102 062 491	0
1969 年 4 月	1 385	814	407	10 955	0.100 873 301	0
1969 年 5 月	1 632	991	454	11 823	0.101 019 673	0
1969 年 6 月	1 511	945	427	12 391	0.100 581 192	0
1969 年 7 月	1 559	1 004	522	13 460	0.103 773 981	0
1969 年 8 月	1 630	1 091	536	14 055	0.104 076 404	0
1969 年 9 月	1 579	958	405	12 106	0.103 773 981	0
1969 年 10 月	1 653	850	437	11 372	0.103 026 401	0
1969 年 11 月	2 152	1 109	434	9 834	0.102 730 112	0
1969 年 12 月	2 148	1 113	437	9 267	0.101 997 192	0
1970 年 1 月	1 752	925	316	9 130	0.101 274 563	0
1970 年 2 月	1 765	903	311	8 933	0.100 703 976	0
1970 年 3 月	1 717	1 006	351	11 000	0.100 139 607	0
1970 年 4 月	1 558	892	362	10 733	0.098 621 104	0
1970 年 5 月	1 575	990	486	12 912	0.098 349 285	0

续表

时间	司机人数	前座乘客人数	后座乘客人数	行驶里程（公里）	汽油价格（英镑/升）	法律干预
1970 年 6 月	1 520	866	429	12 926	0.098 080 177	0
1970 年 7 月	1 805	1 095	551	13 990	0.097 279 208	0
1970 年 8 月	1 800	1 204	646	14 926	0.097 410 624	0
1970 年 9 月	1 719	1 029	456	12 900	0.097 425 237	0
1970 年 10 月	2 008	1 147	475	12 034	0.096 380 633	0
1970 年 11 月	2 242	1 171	456	10 643	0.095 738 956	0
1970 年 12 月	2 478	1 299	468	10 742	0.095 106 306	0
1971 年 1 月	2 030	944	356	10 266	0.096 735 967	0
1971 年 2 月	1 655	874	271	10 281	0.096 109 222	0
1971 年 3 月	1 693	840	354	11 527	0.095 367 255	0
1971 年 4 月	1 623	893	427	12 281	0.094 709 592	0
1971 年 5 月	1 805	1 007	465	13 587	0.094 117 62	0
1971 年 6 月	1 746	973	440	13 049	0.093 532 155	0
1971 年 7 月	1 795	1 097	539	16 055	0.092 954 049	0
1971 年 8 月	1 926	1 194	646	15 220	0.092 839 786	0
1971 年 9 月	1 619	988	457	13 824	0.092 724 736	0
1971 年 10 月	1 992	1 077	446	12 729	0.092 269 651	0
1971 年 11 月	2 233	1 045	402	11 467	0.091 706 685	0
1971 年 12 月	2 192	1 115	441	11 351	0.091 262 072	0
1972 年 1 月	2 080	1 005	359	10 803	0.090 711 603	0
1972 年 2 月	1 768	857	334	10 548	0.090 276 328	0
1972 年 3 月	1 835	879	312	12 368	0.089 951 918	0
1972 年 4 月	1 569	887	427	13 311	0.089 099 639	0
1972 年 5 月	1 976	1 075	434	13 885	0.088 679 193	0
1972 年 6 月	1 853	1 121	486	14 088	0.088 159 289	0
1972 年 7 月	1 965	1 190	569	16 932	0.088 902 057	0
1972 年 8 月	1 689	1 058	523	16 164	0.088 181 331	0
1972 年 9 月	1 778	939	418	14 883	0.088 940 293	0
1972 年 10 月	1 976	1 074	452	13 532	0.087 726 61	0
1972 年 11 月	2 397	1 089	462	12 220	0.087 428 846	0
1972 年 12 月	2 654	1 208	497	12 025	0.087 035 43	0
1973 年 1 月	2 097	903	354	11 692	0.086 449 919	0
1973 年 2 月	1 963	916	347	11 081	0.085 872 641	0

续表

时间	司机人数	前座乘客人数	后座乘客人数	行驶里程（公里）	汽油价格（英镑/升）	法律干预
1973 年 3 月	1 677	787	276	13 745	0.085 398 222	0
1973 年 4 月	1 941	1 114	472	14 382	0.083 821 981	0
1973 年 5 月	2 003	1 014	487	14 391	0.084 590 78	0
1973 年 6 月	1 813	1 022	505	15 597	0.084 136 904	0
1973 年 7 月	2 012	1 114	619	16 834	0.083 778 405	0
1973 年 8 月	1 912	1 132	640	17 282	0.083 510 743	0
1973 年 9 月	2 084	1 111	559	15 779	0.082 806 394	0
1973 年 10 月	2 080	1 008	453	13 946	0.081 178 893	0
1973 年 11 月	2 118	916	418	12 701	0.082 853 607	0
1973 年 12 月	2 150	992	419	10 431	0.094 190 119	0
1974 年 1 月	1 608	731	262	11 616	0.092 399 843	0
1974 年 2 月	1 503	665	299	10 808	0.108 161 478	0
1974 年 3 月	1 548	724	303	12 421	0.107 211 689	0
1974 年 4 月	1 382	744	401	13 605	0.114 042 967	0
1974 年 5 月	1 731	910	413	14 455	0.112 454 116	0
1974 年 6 月	1 798	883	426	15 019	0.111 316 253	0
1974 年 7 月	1 779	900	516	15 662	0.110 301 252	0
1974 年 8 月	1 887	1 057	600	16 745	0.108 197 177	0
1974 年 9 月	2 004	1 076	459	14 717	0.107 027 443	0
1974 年 10 月	2 077	919	443	13 756	0.104 946 981	0
1974 年 11 月	2 092	920	412	12 531	0.119 357 749	0
1974 年 12 月	2 051	953	400	12 568	0.117 621 904	0
1975 年 1 月	1 577	664	278	11 249	0.133 027 421	0
1975 年 2 月	1 356	607	302	11 096	0.130 845 244	0
1975 年 3 月	1 652	777	381	12 637	0.128 318 477	0
1975 年 4 月	1 382	633	279	13 018	0.123 547 448	0
1975 年 5 月	1 519	791	442	15 005	0.118 586 812	0
1975 年 6 月	1 421	790	409	15 235	0.116 337 48	0
1975 年 7 月	1 442	803	416	15 552	0.115 161 476	0
1975 年 8 月	1 543	884	511	16 905	0.114 501 197	0
1975 年 9 月	1 656	769	393	14 776	0.113 522 979	0
1975 年 10 月	1 561	732	345	14 104	0.111 930 179	0
1975 年 11 月	1 905	859	391	12 854	0.110 610 529	0

续表

时间	司机人数	前座乘客人数	后座乘客人数	行驶里程（公里）	汽油价格（英镑/升）	法律干预
1975 年 12 月	2 199	994	470	12 956	0.115 274 389	0
1976 年 1 月	1 473	704	266	12 177	0.113 793 486	0
1976 年 2 月	1 655	684	312	11 918	0.112 349 582	0
1976 年 3 月	1 407	671	300	13 517	0.111 753 469	0
1976 年 4 月	1 395	643	373	14 417	0.109 642 523	0
1976 年 5 月	1 530	771	412	15 911	0.108 440 895	0
1976 年 6 月	1 309	644	322	15 589	0.107 884 939	0
1976 年 7 月	1 526	828	458	16 543	0.109 084 769	0
1976 年 8 月	1 327	748	427	17 925	0.107 571 45	0
1976 年 9 月	1 627	767	346	15 406	0.106 164 022	0
1976 年 10 月	1 748	825	421	14 601	0.106 299 999	0
1976 年 11 月	1 958	810	344	13 107	0.104 825 313	0
1976 年 12 月	2 274	986	370	12 268	0.103 451 746	0
1977 年 1 月	1 648	714	291	11 972	0 101 449 92	0
1977 年 2 月	1 401	567	224	12 028	0.100 402 316	0
1977 年 3 月	1 411	616	266	14 033	0.098 862 034	0
1977 年 4 月	1 403	678	338	14 244	0.102 496 154	0
1977 年 5 月	1 394	742	298	15 287	0.103 027 432	0
1977 年 6 月	1 520	840	386	16 954	0.102 178 908	0
1977 年 7 月	1 528	888	479	17 361	0.099 836 643	0
1977 年 8 月	1 643	852	473	17 694	0.092 636 69	0
1977 年 9 月	1 515	774	332	16 222	0.091 814 963	0
1977 年 10 月	1 685	831	391	14 969	0.090 724 304	0
1977 年 11 月	2 000	889	370	13 624	0.090 021 207	0
1977 年 12 月	2 215	1 046	431	13 842	0.089 330 706	0
1978 年 1 月	1 956	889	366	12 387	0.088 442 735	0
1978 年 2 月	1 462	626	250	11 608	0.088 352 569	0
1978 年 3 月	1 563	808	355	15 021	0.086 757 362	0
1978 年 4 月	1 459	746	304	14 834	0.084 995 242	0
1978 年 5 月	1 446	754	379	16 565	0.084 567 944	0
1978 年 6 月	1 622	865	440	16 882	0.084 431 899	0
1978 年 7 月	1 657	980	500	18 012	0.084 350 883	0
1978 年 8 月	1 638	959	511	18 855	0.083 600 983	0

续表

时间	司机人数	前座乘客人数	后座乘客人数	行驶里程（公里）	汽油价格（英镑/升）	法律干预
1978 年 9 月	1 643	856	384	17 243	0.083 417 263	0
1978 年 10 月	1 683	798	366	16 045	0.082 745 14	0
1978 年 11 月	2 050	942	432	14 745	0.085 235 267	0
1978 年 12 月	2 262	1 010	390	13 726	0.084 770 303	0
1979 年 1 月	1 813	796	306	11 196	0.084 458 921	0
1979 年 2 月	1 445	643	232	12 105	0.085 352 119	0
1979 年 3 月	1 762	794	342	14 723	0.087 559 213	0
1979 年 4 月	1 461	750	329	15 582	0.090 382 917	0
1979 年 5 月	1 556	809	394	16 863	0.090 783 294	0
1979 年 6 月	1 431	716	355	16 758	0.108 742 78	0
1979 年 7 月	1 427	851	385	17 434	0.114 142 227	0
1979 年 8 月	1 554	931	463	18 359	0.112 992 933	0
1979 年 9 月	1 645	834	453	17 189	0.111 320 706	0
1979 年 10 月	1 653	762	373	16 909	0.109 126 229	0
1979 年 11 月	2 016	880	401	15 380	0.107 698 459	0
1979 年 12 月	2 207	1 077	466	15 161	0.107 601 574	0
1980 年 1 月	1 665	748	306	14 027	0.103 775 019	0
1980 年 2 月	1 361	593	263	14 478	0.107 114 17	0
1980 年 3 月	1 506	720	323	16 155	0.107 374 774	0
1980 年 4 月	1 360	646	310	16 585	0.111 695 373	0
1980 年 5 月	1 453	765	424	18 117	0.110 638 185	0
1980 年 6 月	1 522	820	403	17 552	0.111 855 211	0
1980 年 7 月	1 460	807	406	18 299	0.109 742 343	0
1980 年 8 月	1 552	885	466	19 361	0.108 193 932	0
1980 年 9 月	1 548	803	381	17 924	0.106 255 363	0
1980 年 10 月	1 827	860	369	17 872	0.104 193 034	0
1980 年 11 月	1 737	825	378	16 058	0.101 933 973	0
1980 年 12 月	1 941	911	392	15 746	0.102 793 825	0
1981 年 1 月	1 474	704	284	15 226	0.104 760 341	0
1981 年 2 月	1 458	691	316	14 932	0.104 002 536	0
1981 年 3 月	1 542	688	321	16 846	0.116 655 515	0
1981 年 4 月	1 404	714	358	16 854	0.115 161 476	0
1981 年 5 月	1 522	814	378	18 146	0.112 989 543	0

续表

时间	司机人数	前座乘客人数	后座乘客人数	行驶里程（公里）	汽油价格（英镑/升）	法律干预
1981 年 6 月	1 385	736	382	17 559	0.113 860 644	0
1981 年 7 月	1 641	876	433	18 655	0.119 118 081	0
1981 年 8 月	1 510	829	506	19 453	0.124 489 986	0
1981 年 9 月	1 681	818	428	17 923	0.123 222 945	0
1981 年 10 月	1 938	942	479	17 915	0.120 677 932	0
1981 年 11 月	1 868	782	370	16 496	0.121 048 983	0
1981 年 12 月	1 726	823	349	13 544	0.116 968 571	0
1982 年 1 月	1 456	595	238	13 601	0.112 750 259	0
1982 年 2 月	1 445	673	285	15 667	0.108 079 307	0
1982 年 3 月	1 456	660	324	17 358	0.108 838 516	0
1982 年 4 月	1 365	676	346	18 112	0.111 291 766	0
1982 年 5 月	1 487	755	410	18 581	0.111 304 009	0
1982 年 6 月	1 558	815	411	18 759	0.115 454 358	0
1982 年 7 月	1 488	867	496	20 668	0.114 768 296	0
1982 年 8 月	1 684	933	534	21 040	0.117 207 431	0
1982 年 9 月	1 594	798	396	18 993	0.119 076 397	0
1982 年 10 月	1 850	950	470	18 668	0.117 965 862	0
1982 年 11 月	1 998	825	385	16 768	0.117 449 127	0
1982 年 12 月	2 079	911	411	16 551	0.116 988 458	0
1983 年 1 月	1 494	619	281	16 231	0.112 610 536	0
1983 年 2 月	1 057	426	300	15 511	0.113 657 016	1
1983 年 3 月	1 218	475	318	18 308	0.113 144 445	1
1983 年 4 月	1 168	556	391	17 793	0.118 495 535	1
1983 年 5 月	1 236	559	398	19 205	0.117 969 401	1
1983 年 6 月	1 076	483	337	19 162	0.117 686 614	1
1983 年 7 月	1 174	587	477	20 997	0.120 059 239	1
1983 年 8 月	1 139	615	422	20 705	0.119 437 746	1
1983 年 9 月	1 427	618	495	18 759	0.118 881 272	1
1983 年 10 月	1 487	662	471	19 240	0.118 462 361	1
1983 年 11 月	1 483	519	368	17 504	0.118 016 598	1
1983 年 12 月	1 513	585	345	16 591	0.117 706 623	1

续表

时间	司机人数	前座乘客人数	后座乘客人数	行驶里程（公里）	汽油价格（英镑/升）	法律干预
1984 年 1 月	1 357	483	296	16 224	0.117 776 09	1
1984 年 2 月	1 165	434	319	16 670	0.114 796 992	1
1984 年 3 月	1 282	513	349	18 539	0.115 735 253	1
1984 年 4 月	1 110	548	375	19 759	0.115 356 263	1
1984 年 5 月	1 297	586	441	19 584	0.114 815 361	1
1984 年 6 月	1 185	522	465	19 976	0.114 777 478	1
1984 年 7 月	1 222	601	472	21 486	0.114 935 98	1
1984 年 8 月	1 284	644	521	21 626	0.114 796 992	1
1984 年 9 月	1 444	643	429	20 195	0.114 093 157	1
1984 年 10 月	1 575	641	408	19 928	0.116 465 522	1
1984 年 11 月	1 737	711	490	18 564	0.116 026 113	1
1984 年 12 月	1 763	721	491	18 149	0.116 066 729	1

（1）研究安全带强制法律的实施是否对司机伤亡数据有显著的干预作用。

（2）研究司机伤亡数据与行驶里程、汽油价格及安全带强制法律的实施之间是否具有协整关系。

（3）研究安全带强制法律的实施是否对前座乘客伤亡数据有显著的干预作用。

（4）研究前座乘客伤亡数据与行驶里程、汽油价格及安全带强制法律的实施之间是否具有协整关系。

（5）研究安全带强制法律的实施是否对后座乘客伤亡数据有显著的干预作用。

（6）研究后座乘客伤亡数据与行驶里程、汽油价格及安全带强制法律的实施之间是否具有协整关系。

（7）研究司机伤亡数据、前座乘客伤亡数据和后座乘客伤亡数据之间是否具有协整关系。

6. 我们想要研究农场工人工资、农场作物的价格、家畜的价格与供应量之间的关系。现在收集到 1867—1947 年玉米价格、玉米产量、生猪价格、生猪产量以及农场工人工资的数据，如表 5-6 所示。

（1）分析这五个变量的单整情况。

（2）分析这五个变量的 Granger 因果关系。

（3）分析农场工人工资、农场作物的价格、家畜的价格与供应量之间是否具有协整关系。如果有，拟合协整模型与误差修正模型，并解释这两个模型中各参数的意义。

7. 我们想研究国民生产总值与货币供应量及利率的关系。现在收集到 1954 年 1 月至 1987 年 10 月 M1 货币量对数序列 log(M1)、美国月度国民生产总值对数序列 log(GNP)，以及短期利率和长期利率序列，如表 7-7 所示。

表 7-7

时间	log(M1)	log(GNP)	短期利率	长期利率
Jan–54		7.249 1	0.010 8	0.026 1
Apr–54	6.115 9	7.245 1	0.008 1	0.025 2
Jul–54	6.129 3	7.257 0	0.008 7	0.024 9
Oct–54	6.141 2	7.271 6	0.010 4	0.025 7
Jan–55	6.151 9	7.292 7	0.012 6	0.027 5
Apr–55	6.159 3	7.303 6	0.015 1	0.028 2
Jul–55	6.162 5	7.316 9	0.018 6	0.029 3
Oct–55	6.161 8	7.325 6	0.023 5	0.028 9
Jan–56	6.164 2	7.323 6	0.023 8	0.028 9
Apr–56	6.158 9	7.328 2	0.026 0	0.029 9
Jul–56	6.150 0	7.328 9	0.026 0	0.031 3
Oct–56	6.147 4	7.339 9	0.030 6	0.033 0
Jan–57	6.141 4	7.348 1	0.031 7	0.032 7
Apr–57	6.133 8	7.347 6	0.031 6	0.034 3
Jul–57	6.124 9	7.353 4	0.033 8	0.036 3
Oct–57	6.115 9	7.337 8	0.033 4	0.035 3
Jan–58	6.103 7	7.317 3	0.018 4	0.032 6
Apr–58	6.108 4	7.322 6	0.010 2	0.031 5
Jul–58	6.118 5	7.346 0	0.017 1	0.035 7
Oct–58	6.128 0	7.369 4	0.027 9	0.037 5
Jan–59	6.140 1	7.381 8	0.028 0	0.039 2
Apr–59	6.144 8	7.400 6	0.030 2	0.040 6
Jul–59	6.148 7	7.396 0	0.035 3	0.041 6
Oct–59	6.131 2	7.404 5	0.043 0	0.041 7
Jan–60	6.129 5	7.421 5	0.039 4	0.042 2
Apr–60	6.121 8	7.418 7	0.030 9	0.041 1
Jul–60	6.130 1	7.419 6	0.023 9	0.038 3
Oct–60	6.122 3	7.411 0	0.023 6	0.039 1
Jan–61	6.126 9	7.421 4	0.023 8	0.038 3
Apr–61	6.134 5	7.433 7	0.023 3	0.038 0
Jul–61	6.136 0	7.447 9	0.023 2	0.039 7
Oct–61	6.142 9	7.470 2	0.024 8	0.040 1
Jan–62	6.147 2	7.483 2	0.027 4	0.040 6
Apr–62	6.149 5	7.493 5	0.027 2	0.038 9
Jul–62	6.145 3	7.502 8	0.028 6	0.039 8
Oct–62	6.147 8	7.501 1	0.028 0	0.038 8
Jan–63	6.156 8	7.514 6	0.029 1	0.039 1

续表

时间	log(M1)	log(GNP)	短期利率	长期利率
Apr−63	6.162 9	7.528 3	0.029 4	0.039 8
Jul−63	6.169 0	7.545 7	0.032 8	0.040 1
Oct−63	6.173 6	7.552 8	0.035 0	0.041 1
Jan−64	6.177 7	7.574 9	0.035 4	0.041 6
Apr−64	6.183 7	7.583 5	0.034 8	0.041 6
Jul−64	6.197 1	7.593 5	0.035 1	0.041 4
Oct−64	6.205 8	7.597 7	0.036 9	0.041 4
Jan−65	6.211 2	7.619 2	0.039 0	0.041 5
Apr−65	6.209 8	7.633 6	0.038 8	0.041 4
Jul−65	6.218 0	7.649 4	0.038 6	0.042 0
Oct−65	6.230 1	7.672 1	0.041 6	0.043 5
Jan−66	6.237 9	7.691 7	0.046 3	0.045 6
Apr−66	6.237 9	7.694 3	0.046 0	0.045 8
Jul−66	6.226 9	7.704 5	0.050 5	0.047 8
Oct−66	6.220 8	7.709 4	0.045 8	0.047 0
Jan−67	6.228 7	7.715 0	0.045 3	0.044 4
Apr−67	6.236 0	7.721 0	0.036 6	0.047 1
Jul−67	6.250 0	7.735 3	0.043 5	0.049 3
Oct−67	6.256 3	7.740 9	0.047 9	0.053 3
Jan−68	6.257 5	7.752 5	0.050 6	0.052 4
Apr−68	6.264 2	7.769 3	0.055 1	0.053 0
Jul−68	6.269 7	7.777 1	0.052 3	0.050 7
Oct−68	6.280 0	7.776 1	0.055 8	0.054 2
Jan−69	6.285 1	7.790 1	0.061 4	0.058 8
Apr−69	6.278 1	7.791 4	0.062 4	0.059 1
Jul−69	6.268 3	7.797 0	0.070 5	0.061 4
Oct−69	6.260 0	7.793 0	0.073 2	0.065 3
Jan−70	6.256 5	7.786 8	0.072 6	0.065 6
Apr−70	6.250 2	7.785 9	0.067 5	0.068 2
Jul−70	6.252 7	7.798 0	0.063 8	0.066 5
Oct−70	6.256 1	7.789 0	0.053 6	0.062 7
Jan−71	6.262 8	7.815 4	0.038 6	0.058 2
Apr−71	6.274 4	7.815 4	0.042 1	0.058 8
Jul−71	6.280 6	7.820 5	0.050 5	0.057 5
Oct−71	6.285 1	7.820 4	0.042 3	0.055 2
Jan−72	6.296 4	7.842 1	0.034 3	0.056 5
Apr−72	6.305 9	7.861 4	0.037 5	0.056 6

续表

时间	log(M1)	log(GNP)	短期利率	长期利率
Jul–72	6.317 9	7.871 7	0.042 4	0.056 3
Oct–72	6.332 4	7.890 3	0.048 5	0.056 1
Jan–73	6.337 2	7.913 5	0.056 4	0.061 0
Apr–73	6.328 1	7.916 1	0.066 1	0.062 3
Jul–73	6.320 9	7.915 1	0.083 9	0.066 0
Oct–73	6.307 2	7.924 0	0.074 6	0.063 0
Jan–74	6.295 5	7.918 4	0.076 0	0.066 4
Apr–74	6.278 1	7.921 2	0.082 7	0.070 5
Jul–74	6.259 2	7.908 1	0.082 8	0.072 7
Oct–74	6.238 1	7.899 3	0.073 3	0.069 7
Jan–75	6.225 2	7.879 6	0.058 7	0.067 0
Apr–75	6.228 1	7.889 7	0.054 0	0.069 7
Jul–75	6.225 5	7.906 5	0.063 3	0.070 9
Oct–75	6.216 6	7.920 3	0.056 8	0.072 2
Jan–76	6.219 0	7.938 9	0.049 45	0.069 1
Apr–76	6.225 5	7.943 4	0.051 7	0.068 9
Jul–76	6.219 8	7.947 5	0.051 7	0.067 9
Oct–76	6.225 2	7.957 5	0.047 0	0.065 5
Jan–77	6.230 7	7.971 1	0.046 2	0.070 1
Apr–77	6.229 9	7.987 1	0.048 3	0.071 0
Jul–77	6.233 2	8.007 0	0.054 7	0.069 8
Oct–77	6.240 3	8.004 4	0.061 4	0.071 6
Jan–78	6.241 6	8.013 2	0.064 1	0.075 8
Apr–78	6.242 4	8.044 3	0.064 8	0.078 5
Jul–78	6.239 3	8.052 8	0.073 2	0.079 3
Oct–78	6.233 8	8.065 1	0.086 8	0.082 0
Jan–79	6.221 2	8.065 2	0.093 6	0.084 4
Apr–79	6.206 8	8.064 3	0.093 7	0.084 4
Jul–79	6.209 0	8.073 2	0.096 3	0.084 8
Oct–79	6.189 5	8.071 3	0.118 0	0.096 1
Jan–80	6.161 2	8.081 3	0.134 6	0.111 5
Apr–80	6.111 9	8.057 4	0.100 5	0.100 2
Jul–80	6.141 8	8.058 0	0.092 4	0.104 3
Oct–80	6.142 7	8.070 7	0.137 1	0.116 4
Jan–81	6.121 0	8.089 8	0.143 7	0.120 1
Apr–81	6.117 4	8.086 5	0.148 3	0.126 6
Jul–81	6.106 8	8.090 9	0.150 9	0.136 0

续表

时间	log(M1)	log(GNP)	短期利率	长期利率
Oct−81	6.102 8	8.076 9	0.120 2	0.132 3
Jan−82	6.111 9	8.061 6	0.128 9	0.134 5
Apr−82	6.102 8	8.064 6	0.123 6	0.129 4
Jul−82	6.107 2	8.056 6	0.097 1	0.122 0
Oct−82	6.141 8	8.058 1	0.079 3	0.103 4
Jan−83	6.165 0	8.066 7	0.080 8	0.104 4
Apr−83	6.182 7	8.089 0	0.084 2	0.103 5
Jul−83	6.201 7	8.103 6	0.091 9	0.112 6
Oct−83	6.207 4	8.121 2	0.087 9	0.113 2
Jan−84	6.209 6	8.146 6	0.091 3	0.115 4
Apr−84	6.215 4	8.159 9	0.098 4	0.126 9
Jul−84	6.217 6	8.166 4	0.103 4	0.123 4
Oct−84	6.219 0	8.170 5	0.089 7	0.113 7
Jan−85	6.236 4	8.182 4	0.081 8	0.114 3
Apr−85	6.250 4	8.188 5	0.075 2	0.109 1
Jul−85	6.280 2	8.198 6	0.071 0	0.105 9
Oct−85	6.297 5	8.205 9	0.071 5	0.100 8
Jan−86	6.316 1	8.221 3	0.068 9	0.089 0
Apr−86	6.357 5	8.219 2	0.061 3	0.079 5
Jul−86	6.393 6	8.221 8	0.055 3	0.078 9
Oct−86	6.429 7	8.225 4	0.053 4	0.078 4
Jan−87	6.448 7	8.236 6	0.055 3	0.076 4
Apr−87	6.453 3	8.248 8	0.057 3	0.085 8
Jul−87	6.445 9	8.259 8	0.060 3	0.090 8
Oct−87	6.446 5	8.274 6	0.060 0	0.092 4

（1）分别绘制这四个序列的时序图，观察这四个序列各自的波动特征，研究它们的单整性，并分别拟合单变量 ARIMA 模型。

（2）考察这四个变量的 Granger 因果关系。

（3）以 GNP 为响应序列，根据因果检验结果选择适当的自变量，考察自变量与响应变量之间是否具有协整关系。

（4）如果这些宏观经济变量之间具有协整关系，则拟合协整模型与误差修正模型，并解释这两个模型中的系数的意义。

附 录

表 A1-1 至表 A1-24 是前面各章提到的一些统计数据列表。

表 A1-1　1884—1939 年英格兰和威尔士地区小麦的平均亩产量

年份	产量	年份	产量	年份	产量	年份	产量
1884	15.2	1898	16.9	1912	14.2	1926	16
1885	16.9	1899	16.4	1913	15.8	1927	16.4
1886	15.3	1900	14.9	1914	15.7	1928	17.2
1887	14.9	1901	14.5	1915	14.1	1929	17.8
1888	15.7	1902	16.6	1916	14.8	1930	14.4
1889	15.1	1903	15.1	1917	14.4	1931	15
1890	16.7	1904	14.6	1918	15.6	1932	16
1891	16.3	1905	16	1919	13.9	1933	16.8
1892	16.5	1906	16.8	1920	14.7	1934	16.9
1893	13.3	1907	16.8	1921	14.3	1935	16.6
1894	16.5	1908	15.5	1922	14	1936	16.2
1895	15	1909	17.3	1923	14.5	1937	14
1896	15.9	1910	15.5	1924	15.4	1938	18.1
1897	15.5	1911	15.5	1925	15.3	1939	17.5

资料来源：Time Series Data Library（citing：Kendall & Ord（1990））.

表 A1-2　1500—1869 年 Beveridge 小麦价格指数序列（行数据）

17	19	20	15	13	14	14	14	14	11
16	19	23	18	17	20	20	18	14	16
21	24	15	16	20	14	16	25.5	25.8	26
29	20	18	16	22	22	16	19	17	17
17	19	20	24	28	36	20	14	18	27
29	36	29	27	30	38	50	24	25	30
31	37	41	36	32	47	42	37	34	36
43	55	64	79	59	47	48	49	45	53
55	55	54	56	52	76	113	68	59	74
78	69	78	73	88	98	109	106	87	77

续表

77	63	70	70	63	61	66	78	93	97
77	83	81	82	78	75	80	87	72	65
74	91	115	99	99	115	101	90	95	108
147	112	108	99	96	102	105	114	103	98
103	101	110	109	98	84	90	120	124	136
120	135	100	70	60	72	70	71	94	95
110	154	116	99	82	76	64	63	68	64
67	71	72	89	114	102	85	88	97	94
88	79	74	79	95	70	72	63	60	74
75	91	126	161	109	108	110	130	166	143
103	89	76	93	82	71	69	75	134	183
113	108	121	139	109	90	88	88	93	106
89	79	91	96	111	112	104	94	98	88
94	81	77	84	92	96	102	95	98	125
162	113	94	85	89	109	110	109	120	116
101	113	109	105	94	102	141	135	118	115
111	127	124	113	122	130	137	148	142	143
176	184	164	146	147	124	119	135	125	116
132	133	144	145	146	138	139	154	181	185
151	139	157	155	191	248	185	168	176	243
289	251	232	207	276	250	216	205	206	208
226	302	261	207	209	280	381	266	197	177
170	152	156	141	142	137	161	189	226	194
217	199	151	144	138	145	156	184	216	204
186	197	183	175	183	230	278	179	161	150
159	180	223	294	300	297	232	179	180	215
258	236	202	174	179	210	268	267	208	224

资料来源：Time Series Data Library（citing：Newton（1988））.

表 A1-3　1820—1869 年太阳黑子年度数据

年份	黑子数	年份	黑子数	年份	黑子数	年份	黑子数
1820	16	1827	50	1834	13	1841	37
1821	7	1828	62	1835	57	1842	24
1822	4	1829	67	1836	122	1843	11
1823	2	1830	71	1837	138	1844	15
1824	8	1831	48	1838	103	1845	40
1825	17	1832	28	1839	86	1846	62
1826	36	1833	8	1840	63	1847	98

续表

年份	黑子数	年份	黑子数	年份	黑子数	年份	黑子数
1848	124	1854	21	1860	96	1866	16
1849	96	1855	7	1861	77	1867	7
1850	66	1856	4	1862	59	1868	37
1851	64	1857	23	1863	44	1869	74
1852	54	1858	55	1864	47		
1853	39	1859	94	1865	30		

资料来源：George E.P.Box，Gwilym M.Jenkins，Gregory C.Reinsel.Time Series Analysis：Forecasting and Control.Third Edition，1994.

表 A1-4　1978—2012 年我国第三产业占国内生产总值的比例序列（%）（行数据）

23.9	21.6	21.6	22	21.8	22.4	24.8	28.7	29.1	29.6
30.5	32.1	31.5	33.7	34.8	33.7	33.6	32.9	32.8	34.2
36.2	37.8	39	40.5	41.5	41.2	40.4	40.5	40.9	41.9
41.8	43.4	43.2	43.4	44.6					

资料来源：中国国家统计局. 各年统计年鉴.

表 A1-5　1970—1976 年加拿大 Coppermine 地区月度降雨量序列（列数据）　　单位：mm

0	0	0	0	0	0	0
0	0	0	0	0	0	0
0	0	0	0	0	0	0
0	0	0	0	0	0	0
0	4	1	12	0	8	27
11	31	7	66	22	12	19
22	31	1	7	34	10	32
48	25	39	73	16	7	54
45	20	7	14	6	13	0
0	5	0	4	0	0	0
0	0	0	0	0	0	0
0	0	0	0	0	0	0

资料来源：Hipel and McLeod（1994），in file: baracos/cminer，Description: Monthly rain，coppermine，mm.，1933-1976.

表 A1-6　1915—2004 年澳大利亚自杀率序列（行数据）　　单位：每 10 万人

4.031 636	3.702 076	3.056 176	3.280 707	2.984 728	3.693 712	3.226 317	2.190 349
2.599 515	3.080 288	2.929 672	2.922 548	3.234 943	2.983 081	3.284 389	3.806 511
3.784 579	2.645 654	3.092 081	3.204 859	3.107 225	3.466 909	2.984 404	3.218 072
2.827 31	3.182 049	2.236 319	2.033 218	1.644 804	1.627 971	1.677 559	2.330 828
2.493 615	2.257 172	2.655 517	2.298 655	2.600 402	3.045 23	2.790 583	3.227 052
2.967 479	2.938 817	3.277 961	3.423 985	3.072 646	2.754 253	2.910 431	3.174 369

续表

3.068 387	3.089 543	2.906 654	2.931 161	3.025 66	2.939 551	2.691 019	3.198 12
3.076 39	2.863 873	3.013 802	3.053 364	2.864 753	3.057 062	2.959 365	3.252 258
3.602 988	3.497 704	3.296 867	3.602 417	3.300 1	3.401 93	3.502 591	3.402 348
3.498 551	3.199 823	2.700 064	2.801 034	2.898 628	2.800 854	2.399 942	2.402 724
2.202 331	2.102 594	1.798 293	1.202 484	1.400 201	1.200 832	1.298 083	1.099 742
1.001 377	0.836 174 3						

资料来源：Neill and Leigh.Do gun buy-backs save lives? Evidence from time series variation.Current Issues in Criminal Justice，vol.20，no.2，2008：145-162.

表 A1-7 1900—1998 年全球 7 级以上地震发生次数序列（行数据）

13	14	8	10	16	26	32	27	18	32	36	24
22	23	22	18	25	21	21	14	8	11	14	23
18	17	19	20	22	19	13	26	13	14	22	24
21	22	26	21	23	24	27	41	31	27	35	26
28	36	39	21	17	22	17	19	15	34	10	15
22	18	15	20	15	22	19	16	30	27	29	23
20	16	21	21	25	16	18	15	18	14	10	15
8	15	6	11	8	7	13	10	23	16	15	25
22	20	16									

资料来源：National Earthquake Information Center. Different lists will give different numbers depending on the formula used for calculating the magnitude，2015.

表 A1-8 某加油站连续 57 天的盈亏序列（行数据）

78	−58	53	−63	13	−6	−16	−14
3	−74	89	−48	−14	32	56	−86
−66	50	26	59	−47	−83	2	−1
124	−106	113	−76	−47	−32	39	−30
6	−73	18	2	−24	23	−38	91
−56	−58	1	14	−4	77	−127	97
10	−28	−17	23	−2	48	−131	65
−17							

资料来源：Brockwell and Davis（1996）.

表 A1-9 1880—1985 年全球气表平均温度改变值序列（行数据） 单位：摄氏度

−0.40	−0.37	0.43	−0.47	−0.72	−0.54	0.47	−0.54	−0.39	−0.19
−0.40	−0.44	−0.44	−0.49	−0.38	−0.41	−0.27	−0.18	−0.38	−0.22
−0.03	−0.09	−0.28	−0.36	−0.49	−0.25	−0.17	−0.45	−0.32	−0.33
−0.32	−0.29	−0.32	−0.25	−0.05	−0.01	−0.26	−0.48	−0.37	−0.20
−0.15	−0.08	−0.14	−0.13	−0.12	−0.10	0.13	−0.01	0.06	−0.17
−0.01	0.09	0.05	−0.16	0.05	-0.02	0.04	0.17	0.19	0.05

续表

0.15	0.13	0.09	0.04	0.11	−0.03	0.03	0.15	0.04	−0.02
−0.13	0.02	0.07	0.20	−0.03	−0.07	−0.19	0.09	0.11	0.06
0.01	0.08	0.02	0.02	−0.27	−0.18	0.09	−0.02	−0.13	0.02
0.03	−0.12	−0.08	0.17	−0.09	−0.04	0.24	−0.16	−0.09	0.12
0.27	0.42	0.02	0.30	0.09	0.05				

说明：平均温度为零点。

资料来源：James Hansen and Sergej Lebedeff（1987）．

表 A1-10　连续读取某次化学反应的 70 个数据（行数据）

47	64	23	71	38	64	55	41	59	48	71	35	57	40
58	44	80	55	37	74	51	57	50	60	45	57	50	45
25	59	50	71	56	74	50	58	45	54	36	54	48	55
45	57	50	62	44	64	43	52	38	59	55	41	53	49
34	35	54	45	68	38	50	60	39	59	40	57	54	23

资料来源：Box and Jenkins（1976）．

表 A1-11　1964—1999 年中国纱年产量序列

单位：万吨

年份	纱产量	年份	纱产量
1964	97.0	1982	335.4
1965	130.0	1983	327.0
1966	156.5	1984	321.9
1967	135.2	1985	353.5
1968	137.7	1986	397.8
1969	180.5	1987	436.8
1970	205.2	1988	465.7
1971	190.0	1989	476.7
1972	188.6	1990	462.6
1973	196.7	1991	460.8
1974	180.3	1992	501.8
1975	210.8	1993	501.5
1976	196.0	1994	489.5
1977	223.0	1995	542.3
1978	238.2	1996	512.2
1979	263.5	1997	559.8
1980	292.6	1998	542.0
1981	317.0	1999	567.0

资料来源：www.ceicdata.com.cn/zh-hans．

表 A1-12　1950—1999 年北京市民用车辆拥有量序列　　　　　　　单位：万辆

年份	车辆拥有量	年份	车辆拥有量
1950	5.43	1975	91.71
1951	6.19	1976	106.70
1952	6.63	1977	119.93
1953	7.18	1978	135.84
1954	8.95	1979	155.49
1955	10.14	1980	178.29
1956	11.74	1981	199.14
1957	12.60	1982	215.75
1958	17.26	1983	232.63
1959	21.07	1984	260.41
1960	22.38	1985	321.12
1961	24.00	1986	361.95
1962	24.80	1987	408.07
1963	26.13	1988	464.38
1964	27.61	1989	511.32
1965	29.95	1990	551.36
1966	33.92	1991	606.11
1967	33.21	1992	691.74
1968	34.80	1993	817.58
1969	37.16	1994	941.95
1970	42.41	1995	1 040.00
1971	49.44	1996	1 100.08
1972	57.74	1997	1 219.09
1973	67.27	1998	1 319.30
1974	78.57	1999	1 452.94

资料来源：北京统计局. 北京 50 年. 北京：中国统计出版社，1999：214.

表 A1-13　1962 年 1 月至 1975 年 12 月每头奶牛平均月产奶量序列（行数据）　　单位：磅

589	561	640	656	727	697	640	599
568	577	553	582	600	566	653	673
742	716	660	617	583	587	565	598
628	618	688	705	770	736	678	639
604	611	594	634	658	622	709	722
782	756	702	653	615	621	602	635
677	635	736	755	811	798	735	697
661	667	645	688	713	667	762	784

续表

837	817	767	722	681	687	660	698
717	696	775	796	858	826	783	740
701	706	677	711	734	690	785	805
871	845	801	764	725	723	690	734
750	707	807	824	886	859	819	783
740	747	711	751	804	756	860	878
942	913	869	834	790	800	763	800
826	799	890	900	961	935	894	855
809	810	766	805	821	773	883	898
957	924	881	837	784	791	760	802
828	778	889	902	969	947	908	867
815	812	773	813	834	782	892	903
966	937	896	858	817	827	797	843

资料来源：Cryer（1986）.

表 A1-14　1889—1970 年美国国民生产总值平减指数序列（行数据）

25.9	25.4	24.9	24	24.5	23	22.7	22.1	22.2	22.9
23.6	24.7	24.5	25.4	25.7	26	26.5	27.2	28.3	28.1
29.1	29.9	29.7	30.9	31.1	31.4	32.5	36.5	45	52.6
53.8	61.3	52.2	49.5	50.7	50.1	51	51.2	50	50.4
50.6	49.3	44.8	40.2	39.3	42.2	42.6	42.7	44.5	43.9
43.2	43.9	47.2	53	56.8	58.2	59.7	66.7	74.6	79.6
79.1	80.2	85.6	87.5	88.3	89.6	90.9	94	97.5	100
101.6	103.3	104.6	105.8	107.2	108.8	110.9	113.9	117.6	122.3
128.2	135.3								

资料来源：Nelson and Plosser（1982），in file：cnelson/prgnp，Description：Annual GNP deflator，U.S.，1889 to 1970.

表 A1-15　1917—1975 年美国 23 岁妇女每万人生育率序列

年份	每万人生育率	年份	每万人生育率
1917	183.1	1927	163.7
1918	183.9	1928	151.9
1919	163.1	1929	145.4
1920	179.5	1930	145.0
1921	181.4	1931	138.9
1922	173.4	1932	131.5
1923	167.6	1933	125.7
1924	177.4	1934	129.5
1925	171.7	1935	129.6
1926	170.1	1936	129.5

续表

年份	每万人生育率	年份	每万人生育率
1937	132.2	1957	268.8
1938	134.1	1958	264.3
1939	132.1	1959	264.5
1940	137.4	1960	268.1
1941	148.1	1961	264.0
1942	174.1	1962	252.8
1943	174.7	1963	240.0
1944	156.7	1964	229.1
1945	143.3	1965	204.8
1946	189.7	1966	193.3
1947	212.0	1967	179.0
1948	200.4	1968	178.1
1949	201.8	1969	181.1
1950	200.7	1970	165.6
1951	215.6	1971	159.8
1952	222.5	1972	136.1
1953	231.5	1973	126.3
1954	237.9	1974	123.3
1955	244.0	1975	118.5
1956	259.4		

资料来源：Hipel and Mcleod（1994）.

表 A1-16　1981—1990 年澳大利亚政府季度消费支出数据（行数据）

单位：百万澳大利亚元

8 444	9 215	8 879	8 990	8 115	9 457	8 590	9 294	8 997	9 574
9 051	9 724	9 120	10 143	9 746	10 074	9 578	10 817	10 116	10 779
9 901	11 266	10 686	10 961	10 121	11 333	10 677	11 325	10 698	11 624
11 052	11 393	10 609	12 077	11 376	11 777	11 225	12 231	11 884	12 109

资料来源：澳大利亚政府统计局.

表 A1-17　1993—2000 年中国社会消费品零售总额序列　单位：亿元

月份	1993 年	1994 年	1995 年	1996 年	1997 年	1998 年	1999 年	2000 年
1	977.5	1 192.2	1 602.2	1 909.1	2 288.5	2 549.5	2 662.1	2 774.7
2	892.5	1 162.7	1 491.5	1 911.2	2 213.5	2 306.4	2 538.4	2 805.0
3	942.3	1 167.5	1 533.3	1 860.1	2 130.9	2 279.7	2 403.1	2 627.0
4	941.3	1 170.4	1 548.7	1 854.8	2 100.5	2 252.7	2 356.8	2 572.0
5	962.2	1 213.7	1 585.4	1 898.3	2 108.2	2 265.2	2 364.0	2 637.0
6	1 005.7	1 281.1	1 639.7	1 966.0	2 164.7	2 326.0	2 428.8	2 645.0

续表

月份	1993 年	1994 年	1995 年	1996 年	1997 年	1998 年	1999 年	2000 年
7	963.8	1 251.5	1 623.6	1 888.7	2 102.5	2 286.1	2 380.3	2 597.0
8	959.8	1 286.0	1 637.1	1 916.4	2 104.4	2 314.6	2 410.9	2 636.0
9	1 023.3	1 396.2	1 756.0	2 083.5	2 239.6	2 443.1	2 604.3	2 854.0
10	1 051.1	1 444.1	1 818.0	2 148.3	2 348.0	2 536.0	2 743.9	3 029.0
11	1 102.0	1 553.8	1 935.2	2 290.1	2 454.9	2 652.2	2 781.5	3 108.0
12	1 415.5	1 932.2	2 389.5	2 848.6	2 881.7	3 131.4	3 405.7	3 680.0

资料来源：中国经济信息网.

表 A1-18　1949—1998 年北京市每年最高气温序列　　　　　单位：摄氏度

年份	温度	年份	温度
1949	38.8	1974	35.8
1950	35.6	1975	38.4
1951	38.3	1976	35.0
1952	39.6	1977	34.1
1953	37.0	1978	37.5
1954	33.4	1979	35.9
1955	39.6	1980	35.1
1956	34.6	1981	38.1
1957	36.2	1982	37.3
1958	37.6	1983	37.2
1959	36.8	1984	36.1
1960	38.1	1985	35.1
1961	40.6	1986	38.5
1962	37.1	1987	36.1
1963	39.0	1988	38.1
1964	37.5	1989	35.8
1965	38.5	1990	37.5
1966	37.5	1991	35.7
1967	35.8	1992	37.5
1968	40.1	1993	35.8
1969	35.9	1994	37.2
1970	35.3	1995	35.0
1971	35.2	1996	36.0
1972	39.5	1997	38.2
1973	37.5	1998	37.2

资料来源：北京统计局. 北京 50 年. 北京：中国统计出版社，1999：13.

表 A1-19　1898—1968 年美国纽约市人均日用水量序列（行数据）　　　单位：升

402.8	421.3	431.2	426.2	425.5	423.6	435.7	445.2	450.1	450.1	439.1
419	417.9	384.2	385.4	374.4	401.3	382.7	403.5	410	454.6	448.2
489.5	476.2	473.2	475.1	476.6	502.7	506.5	499.7	495.5	522.8	537.1
509.1	502.7	500.4	508.4	498.9	507.2	505	503.8	511.4	467.9	493.6
470.5	503.5	544.3	553	551.9	564.4	567.8	562.1	457.3	500.1	522
525.4	511	533.4	534.1	562.9	557.2	584.1	582.6	590.5	581.1	583
567.1	499.3	493.6	533.7	581.1						

资料来源：Hipel and McLeod（1994），in file：annual/nywater，Description：Annual water use in New York city，litres per capita per day，1898-1968.

表 A1-20　1962—1991 年德国工人季度失业率序列（%）（行数据）

1.1	0.5	0.4	0.7	1.6	0.6	0.5	0.7
1.3	0.6	0.5	0.7	1.2	0.5	0.4	0.6
0.9	0.5	0.5	1.1	2.9	2.1	1.7	2.0
2.7	1.3	0.9	1.0	1.6	0.6	0.5	0.7
1.1	0.5	0.5	0.6	1.2	0.7	0.7	1.0
1.5	1.0	0.9	1.1	1.5	1.0	1.0	1.6
2.6	2.1	2.3	3.6	5.0	4.5	4.5	4.9
5.7	4.3	4.0	4.4	5.2	4.3	4.2	4.5
5.2	4.1	3.9	4.1	4.8	3.5	3.4	3.5
4.2	3.4	3.6	4.3	5.5	4.8	5.4	6.5
8.0	7.0	7.4	8.5	10.1	8.9	8.8	9.0
10.0	8.7	8.8	8.9	10.4	8.9	8.9	9.0
10.2	8.6	8.4	8.4	9.9	8.5	8.6	8.7
9.8	8.6	8.4	8.2	8.8	7.6	7.5	7.6
8.1	7.1	6.9	6.6	6.8	6.0	6.2	6.2

资料来源：Philip Hans Franses. Time Series Models for Business and Economic Forecasting. Cambridge University Press，1998.

表 A1-21　1948—1981 年美国女性（20 岁以上）月度失业率序列（行数据）　单位：每万人

446	650	592	561	491	592	604	635	580	510
553	554	628	708	629	724	820	865	1 007	1 025
955	889	965	878	1 103	1 092	978	823	827	928
838	720	756	658	838	684	779	754	794	681
658	644	622	588	720	670	746	616	646	678
552	560	578	514	541	576	522	530	564	442
520	484	538	454	404	424	432	458	556	506
633	708	1 013	1 031	1 101	1 061	1 048	1 005	987	1 006
1 075	854	1 008	777	982	894	795	799	781	776
761	839	842	811	843	753	848	756	848	828

续表

857	838	986	847	801	739	865	767	941	846
768	709	798	831	833	798	806	771	951	799
1 156	1 332	1 276	1 373	1 325	1 326	1 314	1 343	1 225	1 133
1 075	1 023	1 266	1 237	1 180	1 046	1 010	1 010	1 046	985
971	1 037	1 026	947	1 097	1 018	1 054	978	955	1 067
1 132	1 092	1 019	1 110	1 262	1 174	1 391	1 533	1 479	1 411
1 370	1 486	1 451	1 309	1 316	1 319	1 233	1 113	1 363	1 245
1 205	1 084	1 048	1 131	1 138	1 271	1 244	1 139	1 205	1 030
1 300	1 319	1 198	1 147	1 140	1 216	1 200	1 271	1 254	1 203
1 272	1 073	1 375	1 400	1 322	1 214	1 096	1 198	1 132	1 193
1 163	1 120	1 164	966	1 154	1 306	1 123	1 033	940	1 151
1 013	1 105	1 011	963	1 040	838	1 012	963	888	840
880	939	868	1 001	956	966	896	843	1 180	1 103
1 044	972	897	1 103	1 056	1 055	1 287	1 231	1 076	929
1 105	1 127	988	903	845	1 020	994	1 036	1 050	977
956	818	1 031	1 061	964	967	867	1 058	987	1 119
1 202	1 097	994	840	1 086	1 238	1 264	1 171	1 206	1 303
1 393	1 463	1 601	1 495	1 561	1 404	1 705	1 739	1 667	1 599
1 516	1 625	1 629	1 809	1 831	1 665	1 659	1 457	1 707	1 607
1 616	1 522	1 585	1 657	1 717	1 789	1 814	1 698	1 481	1 330
1 646	1 596	1 496	1 386	1 302	1 524	1 547	1 632	1 668	1 421
1 475	1 396	1 706	1 715	1 586	1 477	1 500	1 648	1 745	1 856
2 067	1 856	2 104	2 061	2 809	2 783	2 748	2 642	2 628	2 714
2 699	2 776	2 795	2 673	2 558	2 394	2 784	2 751	2 521	2 372
2 202	2 469	2 686	2 815	2 831	2 661	2 590	2 383	2 670	2 771
2 628	2 381	2 224	2 556	2 512	2 690	2 726	2 493	2 544	2 232
2 494	2 315	2 217	2 100	2 116	2 319	2 491	2 432	2 470	2 191
2 241	2 117	2 370	2 392	2 255	2 077	2 047	2 255	2 233	2 539
2 394	2 341	2 231	2 171	2 487	2 449	2 300	2 387	2 474	2 667
2 791	2 904	2 737	2 849	2 723	2 613	2 950	2 825	2 717	2 593
2 703	2 836	2 938	2 975	3 064	3 092	3 063	2 991		

资料来源: Andrews & Herzberg (1985).

表 A1-22 每隔 12 小时观察的草履虫和栉毛虫数量序列

观察次数	Didinium	Paramecium	观察次数	Didinium	Paramecium
1	15.65	5.76	4	93.93	41.97
2	53.57	9.05	5	115.4	55.97
3	73.34	17.26	6	76.57	74.91

续表

观察次数	Didinium	Paramecium	观察次数	Didinium	Paramecium
7	32.83	62.52	40	127.7	35.35
8	23.74	27.04	41	206.9	41.1
9	56.7	18.77	42	309.9	52.62
10	86.37	31.11	43	156.5	120.2
11	121	58.31	44	63.3	112.8
12	71.48	73.13	45	77.29	92.14
13	55.78	63.21	46	45.11	65.72
14	31.84	52.46	47	57.45	33.54
15	26.87	40.07	48	69.8	21.14
16	53.24	27.67	49	121.7	17.82
17	65.59	26	50	185.2	26.04
18	81.23	24.32	51	175.3	65.61
19	143.9	21	52	139	76.3
20	237.9	33.35	53	77.11	96.07
21	276.6	64.67	54	57.29	68.84
22	222.2	94.34	55	54.79	54.79
23	137.2	103.4	56	75.38	35.8
24	46.45	82.74	57	87.73	32.48
25	27.46	65.4	58	136.4	24.21
26	41.46	51.35	59	290.6	35.73
27	44.73	28.24	60	345.8	55.5
28	88.42	23.27	61	271.6	93.41
29	105.7	38.09	62	156.1	117.3
30	155.2	14.97	63	71.1	95.02
31	205.5	24.84	64	43.86	85.92
32	312.7	49.56	65	30.64	82.6
33	213.7	75.93	66	35.56	66.08
34	163.4	104	67	52.03	63.58
35	85.78	106.4	68	37.99	37.99
36	48.64	100.6	69	62.71	25.6
37	44.49	84.08	70	103.9	23.1
38	63.44	45.3	71	187.2	37.09
39	71.66	35.37			

表 A1-23　1955 年 1 月至 1972 年 12 月加利福尼亚州臭氧浓度序列及其干预变量

日期	臭氧浓度	x_1	x_2	x_3	日期	臭氧浓度	x_1	x_2	x_3
1955/1/1	2.7	0	0	1	1957/9/1	8	0	1	0
1955/2/1	2	0	0	1	1957/10/1	5.2	0	1	0
1955/3/1	3.6	0	0	1	1957/11/1	5	0	0	1
1955/4/1	5	0	0	1	1957/12/1	4.7	0	0	1
1955/5/1	6.5	0	0	1	1958/1/1	3.7	0	0	1
1955/6/1	6.1	0	1	0	1958/2/1	3.1	0	0	1
1955/7/1	5.9	0	1	0	1958/3/1	2.5	0	0	1
1955/8/1	5	0	1	0	1958/4/1	4	0	0	1
1955/9/1	6.4	0	1	0	1958/5/1	4.1	0	0	1
1955/10/1	7.4	0	1	0	1958/6/1	4.6	0	1	0
1955/11/1	8.2	0	0	1	1958/7/1	4.4	0	1	0
1955/12/1	3.9	0	0	1	1958/8/1	4.2	0	1	0
1956/1/1	4.1	0	0	1	1958/9/1	5.1	0	1	0
1956/2/1	4.5	0	0	1	1958/10/1	4.6	0	1	0
1956/3/1	5.5	0	0	1	1958/11/1	4.4	0	0	1
1956/4/1	3.8	0	0	1	1958/12/1	4	0	0	1
1956/5/1	4.8	0	0	1	1959/1/1	2.9	0	0	1
1956/6/1	5.6	0	1	0	1959/2/1	2.4	0	0	1
1956/7/1	6.3	0	1	0	1959/3/1	4.7	0	0	1
1956/8/1	5.9	0	1	0	1959/4/1	5.1	0	0	1
1956/9/1	8.7	0	1	0	1959/5/1	4	0	0	1
1956/10/1	5.3	0	1	0	1959/6/1	7.5	0	1	0
1956/11/1	5.7	0	0	1	1959/7/1	7.7	0	1	0
1956/12/1	5.7	0	0	1	1959/8/1	6.3	0	1	0
1957/1/1	3	0	0	1	1959/9/1	5.3	0	1	0
1957/2/1	3.4	0	0	1	1959/10/1	5.7	0	1	0
1957/3/1	4.9	0	0	1	1959/11/1	4.8	0	0	1
1957/4/1	4.5	0	0	1	1959/12/1	2.7	0	0	1
1957/5/1	4	0	0	1	1960/1/1	1.7	1	0	1
1957/6/1	5.7	0	1	0	1960/2/1	2	1	0	1
1957/7/1	6.3	0	1	0	1960/3/1	3.4	1	0	1
1957/8/1	7.1	0	1	0	1960/4/1	4	1	0	1

续表

日期	臭氧浓度	x_1	x_2	x_3	日期	臭氧浓度	x_1	x_2	x_3
1960/5/1	4.3	1	0	1	1963/1/1	1.7	1	0	1
1960/6/1	5	1	1	0	1963/2/1	3.2	1	0	1
1960/7/1	5.5	1	1	0	1963/3/1	2.7	1	0	1
1960/8/1	5	1	1	0	1963/4/1	3	1	0	1
1960/9/1	5.4	1	1	0	1963/5/1	3.4	1	0	1
1960/10/1	3.8	1	1	0	1963/6/1	3.8	1	1	0
1960/11/1	2.4	1	0	1	1963/7/1	5	1	1	0
1960/12/1	2	1	0	1	1963/8/1	4.8	1	1	0
1961/1/1	2.2	1	0	1	1963/9/1	4.9	1	1	0
1961/2/1	2.5	1	0	1	1963/10/1	3.5	1	1	0
1961/3/1	2.6	1	0	1	1963/11/1	2.5	1	0	1
1961/4/1	3.3	1	0	1	1963/12/1	2.4	1	0	1
1961/5/1	2.9	1	0	1	1964/1/1	1.6	1	0	1
1961/6/1	4.3	1	1	0	1964/2/1	2.3	1	0	1
1961/7/1	4.2	1	1	0	1964/3/1	2.5	1	0	1
1961/8/1	4.2	1	1	0	1964/4/1	3.1	1	0	1
1961/9/1	3.9	1	1	0	1964/5/1	3.5	1	0	1
1961/10/1	3.9	1	1	0	1964/6/1	4.5	1	1	0
1961/11/1	2.5	1	0	1	1964/7/1	5.7	1	1	0
1961/12/1	2.2	1	0	1	1964/8/1	5	1	1	0
1962/1/1	2.4	1	0	1	1964/9/1	4.6	1	1	0
1962/2/1	1.9	1	0	1	1964/10/1	4.8	1	1	0
1962/3/1	2.1	1	0	1	1964/11/1	2.1	1	0	1
1962/4/1	4.5	1	0	1	1964/12/1	1.4	1	0	1
1962/5/1	3.3	1	0	1	1965/1/1	2.1	1	0	1
1962/6/1	3.4	1	1	0	1965/2/1	2.9	1	0	1
1962/7/1	4.1	1	1	0	1965/3/1	2.7	1	0	1
1962/8/1	5.7	1	1	0	1965/4/1	4.2	1	0	1
1962/9/1	4.8	1	1	0	1965/5/1	3.9	1	0	1
1962/10/1	5	1	1	0	1965/6/1	4.1	1	1	0
1962/11/1	2.8	1	0	1	1965/7/1	4.6	1	1	0
1962/12/1	2.9	1	0	1	1965/8/1	5.8	1	1	0

续表

日期	臭氧浓度	x_1	x_2	x_3	日期	臭氧浓度	x_1	x_2	x_3
1965/9/1	4.4	1	1	0	1968/5/1	3.5	1	0	1
1965/10/1	6.1	1	1	0	1968/6/1	3.5	1	1	0
1965/11/1	3.5	1	0	1	1968/7/1	4.9	1	1	0
1965/12/1	1.9	1	0	1	1968/8/1	4.2	1	1	0
1966/1/1	1.8	1	0	1	1968/9/1	4.7	1	1	0
1966/2/1	1.9	1	0	1	1968/10/1	3.7	1	1	0
1966/3/1	3.7	1	0	1	1968/11/1	3.2	1	0	1
1966/4/1	4.4	1	0	1	1968/12/1	1.8	1	0	1
1966/5/1	3.8	1	0	1	1969/1/1	2	1	0	1
1966/6/1	5.6	1	1	0	1969/2/1	1.7	1	0	1
1966/7/1	5.7	1	1	0	1969/3/1	2.8	1	0	1
1966/8/1	5.1	1	1	0	1969/4/1	3.2	1	0	1
1966/9/1	5.6	1	1	0	1969/5/1	4.4	1	0	1
1966/10/1	4.8	1	1	0	1969/6/1	3.4	1	1	0
1966/11/1	2.5	1	0	1	1969/7/1	3.9	1	1	0
1966/12/1	1.5	1	0	1	1969/8/1	5.5	1	1	0
1967/1/1	1.8	1	0	1	1969/9/1	3.8	1	1	0
1967/2/1	2.5	1	0	1	1969/10/1	3.2	1	1	0
1967/3/1	2.6	1	0	1	1969/11/1	2.3	1	0	1
1967/4/1	1.8	1	0	1	1969/12/1	2.2	1	0	1
1967/5/1	3.7	1	0	1	1970/1/1	1.3	1	0	1
1967/6/1	3.7	1	1	0	1970/2/1	2.3	1	0	1
1967/7/1	4.9	1	1	0	1970/3/1	2.7	1	0	1
1967/8/1	5.1	1	1	0	1970/4/1	3.3	1	0	1
1967/9/1	3.7	1	1	0	1970/5/1	3.7	1	0	1
1967/10/1	5.4	1	1	0	1970/6/1	3	1	1	0
1967/11/1	3	1	0	1	1970/7/1	3.8	1	1	0
1967/12/1	1.8	1	0	1	1970/8/1	4.7	1	1	0
1968/1/1	2.1	1	0	1	1970/9/1	4.6	1	1	0
1968/2/1	2.6	1	0	1	1970/10/1	2.9	1	1	0
1968/3/1	2.8	1	0	1	1970/11/1	1.7	1	0	1
1968/4/1	3.2	1	0	1	1970/12/1	1.3	1	0	1

续表

日期	臭氧浓度	x_1	x_2	x_3	日期	臭氧浓度	x_1	x_2	x_3
1971/1/1	1.8	1	0	1	1972/1/1	1.5	1	0	1
1971/2/1	2	1	0	1	1972/2/1	2	1	0	1
1971/3/1	2.2	1	0	1	1972/3/1	3.1	1	0	1
1971/4/1	3	1	0	1	1972/4/1	3	1	0	1
1971/5/1	2.4	1	0	1	1972/5/1	3.5	1	0	1
1971/6/1	3.5	1	1	0	1972/6/1	3.4	1	1	0
1971/7/1	3.5	1	1	0	1972/7/1	4	1	1	0
1971/8/1	3.3	1	1	0	1972/8/1	3.8	1	1	0
1971/9/1	2.7	1	1	0	1972/9/1	3.1	1	1	0
1971/10/1	2.5	1	1	0	1972/10/1	2.1	1	1	0
1971/11/1	1.6	1	0	1	1972/11/1	1.6	1	0	1
1971/12/1	1.2	1	0	1	1972/12/1	1.3	1	0	1

表 A1-24　1962—1979 年美国白领阶层平均年薪及可能对它有显著影响的宏观经济因素

年份	W	CPI	U	MW
1962	2.8	1.477	6.457	15
1963	2.7	1.12	6.192	0
1964	2.7	1.107	5.763	8.696
1965	2.2	1.424	5.018	0
1966	2.9	1.188	4.17	0
1967	4.5	2.775	3.725	12
1968	5.1	2.7	3.723	14.286
1969	5.5	3.943	3.686	0
1970	6.2	5.058	3.556	0
1971	6.2	6.019	5.395	0
1972	6.3	4.629	6.272	0
1973	5.5	3.506	5.433	0
1974	6.2	4.677	4.522	0
1975	9.1	10.247	6.163	31.25
1976	7.6	10.273	8.625	9.524
1977	6.9	6.147	7.877	0
1978	7.5	6.388	6.679	15.217
1979	7.2	6.51	5.494	9.434

参考文献

[1] George E.P.Box，等. 时间序列分析：预测与控制：第三版. 北京：中国统计出版社，1997.

[2] C. 查特菲尔德. 时间序列分析引论：第二版. 厦门：厦门大学出版社，1987.

[3] 特伦斯·C.米尔斯. 金融时间序列的经济计量学模型：第二版. 北京：经济科学出版社，2002.

[4] 高惠璇，等. SAS 系统：SAS/ETS 软件使用手册. 北京：中国统计出版社，1998.

[5] Dickey，D. A.，Fuller. W. A. Distribution of the Estimators for Autoregressive Time Series with a Unit Root. *Journal of the American Statistical Association*，1979，74（366）：427-431.

[6] Engle，R. F. Autoregressive Conditional Heteroskedasticity with Estimates of the Variance of United Kingdom Inflation. *Econometrica*，1982，50（4）：987-1008.

[7] Granger，C. W. J.，Joyeux，R. An Introduction to Long-Memory Time Series Models and Fractional Differencing. *Journal of Time Series Analysis*，1980，1（1）：15-29.

[8] Granger，C. W. J.，Swanson，N. Future Developments in the Study of Cointegrated Variables. *Oxford Bulletin of Economics and Statistics*，1996，58（3）.

[9] 中国人民银行调查统计司. 时间序列 X-12-ARIMA 季节调整——原理与方法. 北京：中国金融出版社，2006.

图书在版编目（CIP）数据

时间序列分析：基于 Python/王燕编著. --北京：
中国人民大学出版社，2024.1
（基于 Python 的数据分析丛书）
ISBN 978-7-300-32478-4

Ⅰ. ①时⋯ Ⅱ. ①王⋯ Ⅲ. ①软件工具–程序设计–
应用–时间序列分析 Ⅳ. ①O211.61-39

中国国家版本馆 CIP 数据核字（2024）第 004482 号

基于 Python 的数据分析丛书
时间序列分析——基于 Python
王　燕　编著
Shijian Xulie Fenxi——Jiyu Python

出版发行	中国人民大学出版社				
社　　址	北京中关村大街 31 号		**邮政编码**	100080	
电　　话	010 – 62511242（总编室）		010 – 62511770（质管部）		
	010 – 82501766（邮购部）		010 – 62514148（门市部）		
	010 – 62515195（发行公司）		010 – 62515275（盗版举报）		
网　　址	http://www.crup.com.cn				
经　　销	新华书店				
印　　刷	大厂回族自治县彩虹印刷有限公司				
开　　本	787 mm×1092 mm　1/16		**版　　次**	2024 年 1 月第 1 版	
印　　张	17.25　插页 1		**印　　次**	2024 年 1 月第 1 次印刷	
字　　数	403 000		**定　　价**	49.00 元	

中国人民大学出版社　理工出版分社

教师教学服务说明

中国人民大学出版社理工出版分社以出版经典、高品质的统计学、数学、心理学、物理学、化学、计算机、电子信息、人工智能、环境科学与工程、生物工程、智能制造等领域的各层次教材为宗旨。

为了更好地为一线教师服务，理工出版分社着力建设了一批数字化、立体化的网络教学资源。教师可以通过以下方式获得免费下载教学资源的权限：

★ 在中国人民大学出版社网站 www.crup.com.cn 进行注册，注册后进入"会员中心"，在左侧点击"我的教师认证"，填写相关信息，提交后等待审核。我们将在一个工作日内为您开通相关资源的下载权限。

★ 如您急需教学资源或需要其他帮助，请加入教师 QQ 群或在工作时间与我们联络。

中国人民大学出版社　理工出版分社

🔔 **教师 QQ 群：** 229223561(统计2组) 982483700(数据科学) 361267775(统计1组)
教师群仅限教师加入，入群请备注 (学校 + 姓名)

☎ **联系电话：** 010-62511967，62511076

✉ **电子邮箱：** lgcbfs@crup.com.cn

📍 **通讯地址：** 北京市海淀区中关村大街 31 号中国人民大学出版社 507 室（100080）